U0244056

五谷轮回
生命永续之**元源原**

任景明 | 主编

Soil to Soil
Essence of Eternal Life

中国财经出版传媒集团

图书在版编目（CIP）数据

五谷轮回：生命永续之元源原/任景明主编．—
北京：经济科学出版社，2021.9
ISBN 978－7－5218－2846－7

Ⅰ.①五…　Ⅱ.①任…　Ⅲ.①生活污水－废水综合利用　Ⅳ.①X703

中国版本图书馆CIP数据核字（2021）第182557号

责任编辑：杨　洋　赵　岩
责任校对：杨　海
责任印制：王世伟

五谷轮回：生命永续之元源原
任景明　主编
经济科学出版社出版、发行　新华书店经销
社址：北京市海淀区阜成路甲28号　邮编：100142
总编部电话：010－88191217　发行部电话：010－88191522
网址：www.esp.com.cn
电子邮箱：esp@esp.com.cn
天猫网店：经济科学出版社旗舰店
网址：http：//jjkxcbs.tmall.com
北京季蜂印刷有限公司印装
787×1092　16开　15.75印张　250000字
2021年10月第1版　2021年10月第1次印刷
ISBN 978－7－5218－2846－7　定价：62.00元

编 委 会

编　　著： 任景明　陈　东　王文燕

序一

中医称：天生五谷，即大米、大豆、高粱、小米、小麦；人生五脏，即心、肝、脾、肺、肾；五谷润五脏。其间又用五行，即金、木、水、火、土，将谷—谷、脏—脏、谷—脏之间的关系相联系。其实西医对营养更加重视，更加精细和微观。中西医对营养在人体健康、人类繁衍中的重要作用都很重视。这也是整体整合医学（Holistic Integrative Medicine），简称整合医学提倡的重要内容之一。

医学和药学，无论是中医或西医在尚不发达的时期，人类早期抗击疾病，强身健体，主要靠摄入营养来增强自身的自然力，其中包括自主生成力、自相耦合力、自发修复力、自由代谢力、自控平衡力、自我保护力和精神统控力等。人体自然力的生成和维持靠的是摄食后的新陈代谢、吐故纳新，由此与自然环境交换物质、交换能量，靠吸收外界的负熵来中和或去除体内代谢产生的正熵，从而达到体内的平衡。因此，正确、合理地从自然环境中摄取各种营养物质，不仅对人体治疗疾病，而且对预防疾病都十分重要。

但是，由于工业化进程、居住城镇化，导致自然环境恶化，加之人类不良生活方式的累加效应，已造成对人类健康极大的影响。怎么解决这个问题？怎么把相应知识和举措有效通俗地告之政府和民众，这是医界包括我本人长期的希望。

任景明主任等编写的这本《五谷轮回——生命永续之元源原》，利用他们在现场长期收集的数据，深刻分析了各种资源在生态文明形成中的作用、意义及问题，提出了自己的主张和见解，有益于合理改善目前的自然环境，提高国人的生活标准和生命质量，可供相关学者、政府工作人员和广大民众参阅和参考。

是为序。

中国工程院院士
美国医学科学院外籍院士
法国医学科学院外籍院士
中国工程院原副院长
2021 年 8 月 18 日

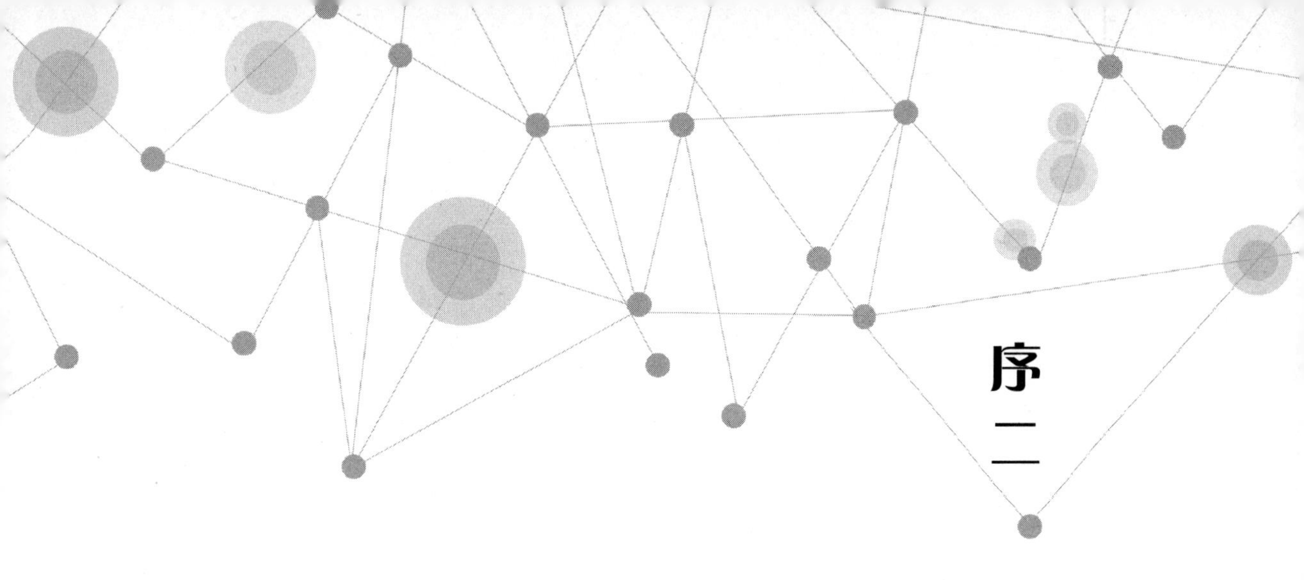

序二

“民以食为天，食以健为先”，人们不断地追求健康长寿，贯穿了人类的进步史。但是，长期以来，大家比较关注的还是农业和生态系统产出的“量”，缺乏对产出“质”的重视。就生态环境保护而言，则关注有害物质的量，不太关注有益物质的缺乏及其可持续性。

我们都知道，如果说，土壤中的矿物质不断地被作物吸收掉、收割走，而不做任何补偿，土壤矿素库必然逐渐枯竭，特别是生物可利用的那部分。任景明提出的“五谷轮回”理念，则是补上了这一环，通过设计合适的路径，让物质流能够很好地再补偿回土壤，这样农业生态系统才是可持续的，土壤才是健康的，所生产的食物才是营养均衡的。所以说，“五谷轮回”这一理念的提出对于农业、环保、健康中国和“碳中和”都具有重大意义。

该理念对于农业的提质增效意义重大。国家现在非常重视农业高质量发展，希望提高农产品质量，其中，农产品中营养物质的提高是重要方面，我在这个方面专门提了发展功能农业的提法，并且列入到了国务院乡村产业振兴的文件和农业农村部、国家粮食和物资储备局等政策文件。“五谷轮回”能够让土壤中的矿物质最大限度减低损耗，从这个角度说“厕所革命”名副其实。

该理念对于环保内涵延伸意义重大。环保监测长期关注有害物质的含量，这肯定是生态安全的重要方面。同时，有益物质的缺乏也非常值得关注。这也是一种安全问题，是营养安全问题。生态环保应该保障、追求生态的可持续，特别是面向人民对更美好生活的向往，“五谷轮回”有助于实现更高质量的生态安全。

该理念对于健康中国建设意义重大。根据营养学家们的研究，我国居民膳食中多种矿物质摄入不足，如：硒、锌、铁、钙，存在隐性饥饿问题。农产品中矿物质的含量正在不断降低，这一点在对长三角居民毛发硒元素的监测中也得到印证。“五谷轮回”可减缓土壤矿物质损耗速度、有效缓解因食物中矿物质缺乏带来的隐性饥饿问题。

该理念对于在“碳中和”中扩大农业碳储库意义重大。农业种养一体化是扩大碳储库的有效途径，“五谷轮回”结合生态高值功能农业，有望为农民主动采取环境友好、生态有机耕作方式提供价值动力。

总之，本书提倡的“五谷轮回”理念是通过“变废为宝”，实现有益物质流形成闭环，使农业生态系统中有限、宝贵的矿物质资源得到可持续、高效利用，是对国家提出的“大力推进农业现代化，加快转变农业发展方式，走产出高效、产品安全、资源节约、环境友好的农业现代化道路”精神的很好响应。

中国科学院院士　赵其国
2021年7月18日

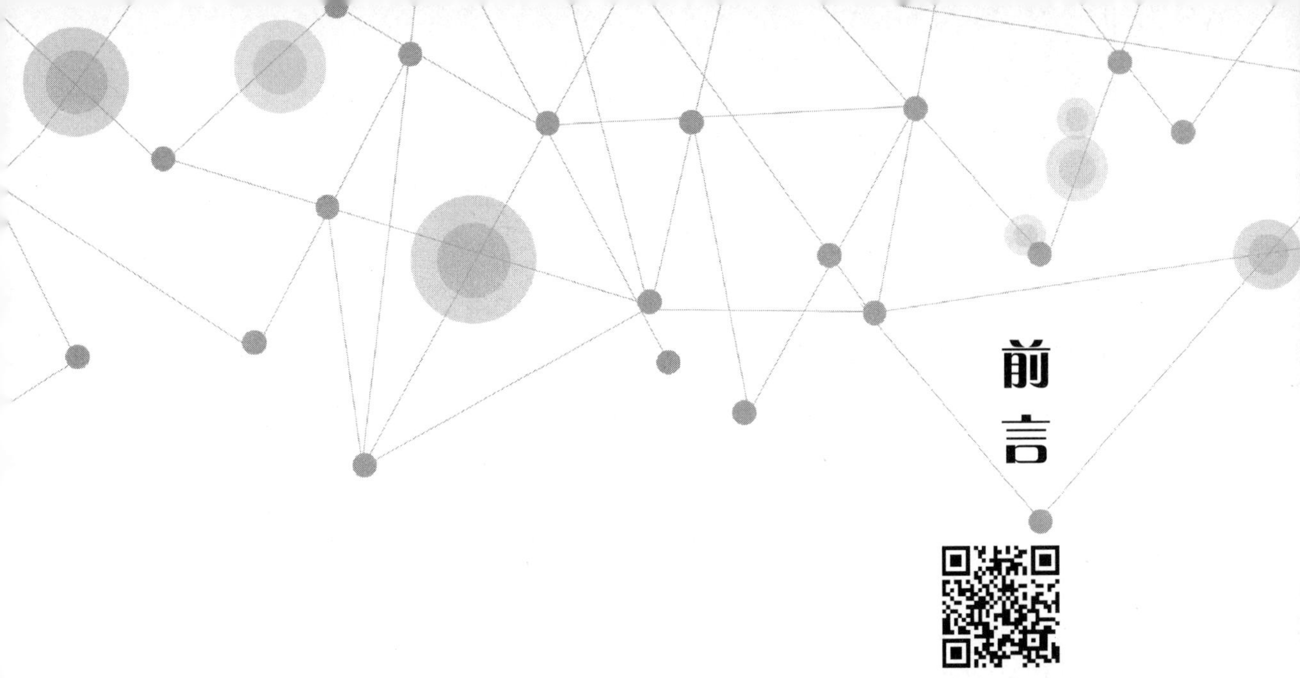

前言

作者分享：真正的厕所革命要实现五谷轮回

自从20世纪70年代我国大规模引进13套大化肥装置之后，我国的化肥生产和使用量突飞猛进，截至2020年我国农用氮磷钾复合肥产量达到5496万吨。中国人在全球7%的耕地上，使用了35%的化肥，相当于美国、印度使用的总和，生产出占全球24%的粮食产量，最终养活了全世界人口总数的20%！与此同时，我国城乡居民的蛋白质摄入得到基本满足，肉、禽、蛋等动物性食品消费量明显增加，优质蛋白摄入比例上升。2020年城市和农村对动物性食品的消费分别由1992年的人均每日69～210克和69克上升到248克和126克；与1992年相比，农村居民膳食结构趋向合理，优质蛋白质摄入的比例从17%增加到31%、脂肪供能比由19%增加到28%，碳水化合物供能比由70%下降到61%[①]。然而大家总是感觉粮食不香了、菜不香了、水果不甜了、肉也不香了！尤其是出生于19世纪50～60年代的人，再也找不到“小时候的味道”了！

与此同时，“营养空洞”和“隐性饥饿”等新词不断见诸文献和报端。“营养空洞”指的是尽管人类摄取了足够量的食物，仍然会缺乏营养，表现为总有吃不饱的感觉，这是由于食

① 资料来源：《2019年中国居民营养与健康状况调查报告》。

物中的营养成分发生了变化。而“隐性饥饿”则指即使摄入了足够的能量，但缺乏足够的维生素和矿物质等微量元素。可以看出二者在内涵和底层驱动力方面是重合的。2014年由联合国粮食及农业组织和世界卫生组织共同举办的第二届国际营养大会上发布的《营养问题罗马宣言》指出，全球约有20亿人口正在遭受“隐性饥饿”。[①] 1991～2015年，我国九省（自治区）18～59岁的成年人硫胺素、尼克酸、钾、钠、钙、磷、镁、铁、锰、锌和铜的平均摄入量下降，视黄醇、硫胺素和维生素C摄入量小于平均需要量的成年人超过50%，核黄素、钙摄入不足人口比例分别超过85%、95%[②]。

如前文所述找不到“小时候的味道”、肥胖、亚健康、慢性病高发等问题的主要原因是“营养空洞”和“隐性饥饿”，而这些都与我们轰轰烈烈进行中的“厕所革命”力推的抽水马桶密切相关，其背后是我们近几十年不恰当的人畜粪便和植物秸秆处理方式造成的。农作物在生长过程中，吸收利用大气中的氮碳氢氧四元素形成植物纤维素、木质素，同时，在微生物的参与下，从土壤中富集大量的矿物元素，参与作物的生物化学合成与代谢。人在吸收粮食、蔬菜、水果等农产品中的碳水化合物、蛋白质、脂肪等营养素的同时，吸收利用其中的丰富矿物质营养素，尤其是与生命过程密切相关的28种生命元素。人体在生长发育到一定水平后，体内生命元素的代谢取得平衡，正常吸收的生命元素通过粪便排泄。由于冲水马桶的使用，人的排泄物不再像过去那样以有机肥的形式还田，而是通过现代化的生活污水管网进入污水处理厂，最后流入江河湖海。作物从土壤中富集的生命元素很大部分赋存在秸秆中，而秸秆禁烧从另外一个方面切断了秸秆还田、五谷轮回的渠道。不断的种植就是一个不断地从土壤带走生命元素的过程，而几十年的弃用农家肥、大量使用化肥，仅仅补充氮磷钾三大生命元素，其余的土壤生命元

---

① 赵桂慎，郭岩彬．中国功能农业发展现状、问题与策略［D］．北京：中国农业大学，2021年．

② 黄秋敏等．1991－2015年我国九省（自治区）成年人膳食微量营养素摄入的变化趋势及其人口学特征［J］．环境与医学，2019（5）．

素出现了大面积的缺失。

发达国家早就发现了土壤元素短缺问题。1936 年，美国参议院颁发了第 264 号文件，文件中包括这样一段警告："一个惊人的事实是，在数百万英亩的土地上再也没有足够的矿物质，而从这些土地上出产的食物（水果、蔬菜和粮食）正在让我们变得饥饿——无论我们吃多少东西都难以消除这种饥饿。"1992 年，世界各国家领导人在《1992 年地球峰会报告》（*Earth Summit in* 1992）中总结说，在过去 10 年间，土壤的矿物质损耗在欧洲国家超过了 76%，在美国则超过了 80%。中国地质调查局前些年开展的全国重点地区多目标地球化学调查中的成果显示，武汉地区大部分生命元素低于区域背景值 20% 左右。将多目标区域地球化学调查相关结果与鄢明才等在 1997 年所作的中国土壤元素背景值的研究结果做比较，就会发现土壤生命元素贫乏问题已经凸显。如李欢等研究发现北京市平原地区土壤中 54 种矿物元素中的 35 种低于全国背景值，其中锑（Sb）、砷（As）、钍（Th）、钨（W）、溴（Br）、铀（U）、碘（I）、钼（Mo）等不足全国背景值的 80%，有机质仅为全国平均值的 52%，而且耕地中的 13 种元素含量显著低于林地。吴松等发现云南地区水田、旱地和园地土壤元素含量均低于草地和林地，铬（Cr）在水田中的含量仅为草地中的 6.2%。此外，承德市富硒土壤出现镉（Cd）缺乏，黑龙江省海伦市长发镇高达 89% 的黑土地的有益生命元素缺乏。

缺乏生命元素的土壤必然导致农产品"营养空洞"。美国学者唐纳德·戴维斯分析了美国农业部记录的 1950 ~ 1999 年 43 种园艺作物的 13 种果蔬的营养成分、产量，发现这些果蔬的蛋白质、钙、磷、铁、核黄素（维生素 B_2）和维生素 C 含量在过去的半个世纪的确"下滑"了：红萝卜的铁含量下降 24%，茄子的维生素 C 含量下降 44%，西兰花的钙含量减少了 37%，冬瓜的核黄素含量已经大幅下降了 52%。据山东弘毅农场数据显示，即使不考虑食物中的农药残留与环境污染问题，目前流行的农业模式生产的食物，与六不用生态农业模式（不用农药、化肥、除草剂、地膜、激素与转基因种子）比较，仍存在严重的营养元素、维生素、糖类、氨基酸、蛋白质下降现象，比如，山东弘毅生态农场六不用技术种植的小麦面粉，比普通的面粉，钙含量高76%，铁含量高64%，钼含量高430%；16种氨基酸含量高14.2%。黄瓜维生素C含量高49%，大蒜素含量高260%。

“营养空洞”的食品必然带来一系列的健康问题。1912年，诺贝尔奖得主艾利克斯·卡莱尔（Alexis Carrel）博士预言：“土壤中的矿物质控制着植物、动物和人的新陈代谢。土壤的肥沃程度决定了所有生命的健康程度。”“今天的人们永远不可能摄取足够量的蔬菜和水果，为他的身体系统提供塑造完美体格所需要的矿物质，因为他的胃不可能装得下。”1988年，《健康和营养部长报告》得出结论说，美国每21起死亡就有15起与营养缺乏有关。2017年6月发表在《中国预防医学杂志》上的一次最新、最权威、范围最广的中国居民营养与健康状况的调查成果表明，中国居民3种宏量营养素（蛋白质、脂肪、碳水化合物）供给充足，但膳食脂肪摄入过多，维生素、钙、铁、锌等微量营养素缺乏现象普遍存在。大城市、中小城市、普通农村及贫困农村居民营养素摄入存在差异。据《2019年中国居民营养与健康状况调查报告》显示，1982~2019年居民日摄入主要营养素显著下降，硫胺素从2.5毫克下降到1毫克，抗坏血酸从129.4毫克下降到102.6毫克，钙从694.5毫克下降到390.6毫克，铁从37.3毫克下降到23.3毫克，磷从1623.2毫克下降到980.3毫克。

生命元素事关生命全过程。从已有文献得知，生命元素具有以下诸多生理功能：构成人体骨骼、肌肉等组织，造血，合成维生素、激素、酶等生命物质参与代谢，维护神经机能，酸碱平衡与代谢平衡，能量的形成和储存，提高与维护免疫力，抗癌防癌，抗衰老等。两度获诺贝尔奖得主鲍林（Linus Pauling）曾说过：“每一种疾病、每一种病痛都可以追溯到矿物质缺乏上去”。尽管笔者尽力考证这句话的出处而不得，但是从人体的一切组织物质都是化学元素组成的角度理解，应该是成立的。除了中医提出的情志方面的疾病和其他细菌病毒感染类疾病及生活方式病（多食、少动、熬夜、看手机）外，影响居民健康水平的主要诱因是病从口入。这其中包括了两大方面：不该有的有了（污染物）和该有的没有了或严重不足了（生命元素等营养素）。

发达国家应对生命元素缺乏的策略是服用各种矿物质补剂，实际上由于这些补剂的吸收率问题而效果不是太明显。我们国家也催生出矿物质营养素补剂的市场，但是由于没有国家标准，也仅仅是纳入食品、营养品的监管。作为最大的发展中国家，我国居民生命元素补充显然不能主要依靠化学生命元素补剂解决矿物质缺乏问题。近年来，许多科技创新企业响应“厕所革命”号召，立足于解决居民如厕卫生和环境污染问题，研发了大量包括微水负压（类似飞机、高铁上的厕所）和微生物降解无下水马桶在内的源分离技术，从源头上把人畜粪便分离出来资源化利用。“特石模式”利用微生物秸秆发酵和两相变压厌氧生物发酵技术，极大地提高了秸秆还田和土壤固碳的效果和效率。这些技术发明和实践探索，都为人畜粪便和秸秆还田，培育营养丰富的土壤和健康的土壤生态系统奠定了技术支撑基础，也使得现代化条件下基于五谷轮回原则发展生态农业、有机农业和功能农业，从日常膳食中提供包括生命元素在内的丰富、均衡的营养素成为可能。

以上就是本书编著的背景，围绕“不当人畜粪便和秸秆处理方式的生态环境影响—土壤生命元素缺乏及健康效应—基于五谷轮回原则的厕所革命和秸秆还田技术与实践—营养健康的土壤生态系统—发展生态有机功能农业—实现五谷轮回”的逻辑展开。

本书原名《真正的厕所革命——要实现五谷轮回》，后经集思广益形成现在的书名《五谷轮回——生命永续之元源原》。五谷轮回，通俗地说就是从土壤中生长出来的粮食、蔬菜、水果、牧草，经过人和其他动物摄食之后，其排泄物和秸秆全量还田的生物地球化学循环过程。元，取初始之意；源，取源头、源分离之意；原，取还原，本原之意。元源原，合在一起就是五谷轮回过程，从初始之元，经过源分离的过程，最后还原初始之元，实现五谷轮回之循环往复、生生不息之生物地球化学循环过程。这个过程对于包括人类在内的自然生物都是生命之元初、源头和本原！全书共分为5章，下面是各章的具体内容。

第1章：从居民营养状况和健康状况引出营养空洞、隐性饥饿和五谷轮回的前世今生。回顾近几十年中国居民的营养摄入和健康状况，探索了居民健康现状形势严峻、“隐性饥饿”现象凸显问题背后的根源在于五谷轮回路径的不畅；化学农业、冲水马桶、秸秆禁烧等违背五谷轮回精神，导致了土壤生命元素缺乏、人体生命元素缺乏、居民健康状况恶化，不可持续；而遵循五谷轮回精神的中国传统农业技术，正如《四千年农夫》一书中所阐述的持续数千年不衰。

第 2 章：从生命元素是什么、生命元素发挥着怎样的作用、生命元素所依存的五谷轮回的主要节点角度，思考生命元素再次回归五谷轮回的潜能。结合科研文献阐述了生命元素及其在人体中的主要功能，并根据最新科研论文成果和国家统计数据，核算主粮作物、肉类等从土壤中带走生命元素的强度和速率，以及作物秸秆、人畜粪便中生命元素的潜在可利用量，定量探讨了生命元素通过五谷轮回路径回归土壤、补充土壤缺素的可行性。

第 3 章：从冲水马桶的发展、冲水马桶的代价、源分离技术等方面，阐述生命永续的源头。回顾了冲水马桶的发展历程及其对社会发展的贡献，结合最新科研论文成果和国家统计数据，定量计算了冲水马桶造成的资源、环境代价及温室气体减排压力，并对厕所技术现状及其基于五谷轮回精神的未来发展方向做了探讨。

第 4 章：从土壤生命元素的补充角度，总结了目前面对土壤缺素问题的急救方案和永久方案，急救方案为直接补充矿物质元素肥，治标不治本；永久方案是在现代科技水平条件下，以新的技术和理论支撑五谷轮回，发展有机农业、生态农业和功能农业技术，并对其发展现状、存在的技术瓶颈及应用案例等做了介绍，为实现集生态环境保护、人体健康保障为一体的五谷轮回通路指明了方向。

第 5 章：现阶段对五谷轮回认识不够，从理念宣传、立法支持、技术创新、生态环境保护转型和设立国家重大专项几方面，提出实现五谷轮回的国家策略和路径。

第 4 章、第 5 章介绍的土壤改良、源分离技术及案例，是作者在编著本书过程中调查了解到的，符合生态卫生原则、节约资源、环境友好的技术和实际案例，不代表是全国最好的技术，也不一定就适合所有的地区和情景，只是为了说明作者倡导的五谷轮回在现代化条件下是可以实现的，不会再回到传统旱厕的尴尬和刀耕火种的原始农耕模式。相信随着五谷轮回理念的深入人心，更先进、更人性、更生态的源分离技术产品和生态有机农业实践会如雨后春笋般不断涌现，届时我们的生态文明建设一定会得到发扬光大！

通过以上内容的分析，我们希望带给读者以下7点共识：

1. 生命元素是生命起源的物质基础，也是包括人类在内的一切生物物种生存繁衍的物质基础，须臾不能离开。

2. 生命元素，尤其是微量元素，人类身体健康应保持的最佳浓度范围极窄，超过一定的阈值就会中毒，低于一定的水平就会营养不良并可能诱发疾病。

3. 人类千万年来都是从食物中获得所需的生命元素，目前含有生命元素的各种化学补剂，只能像药品一样救急，最有效和安全的生命元素摄入来源还是一日三餐，因此发展生态有机农业和功能农业才是治本的长久之计。

4. 食品（粮蔬果和副食肉蛋奶）中的生命元素来自土壤，因此保证土壤中活性生命元素的丰度是根本。对应的人为措施有两条，一是人畜粪便和秸秆的全量还田（把从土壤中拿走的活性生命元素还回去），二是科学的、足量的施用矿物质元素肥料。

5. 为了养活不断增加的人口，数十年持续大规模施用化肥、过度高产，大量补充了氮磷钾而没有均衡补充其他生命元素，不当的人畜粪便和秸秆处理方式加剧了这个问题，造成了除氮磷钾以外的土壤生命元素严重匮乏和土壤生命元素之间比例的失衡。标本兼治且可持续的对策是：科学足量补充矿物质肥和全面的五谷轮回。具体策略与路径见第4章和第5章。

6. 现代源分离技术和生物降解秸秆还田技术，已经足以支撑现代化条件下的彻底五谷轮回，不会回到尴尬的旱厕和刀耕火种的原始农耕时代，尤其是经过近几年“厕所革命”的大浪淘沙，锤炼出了一些基本能满足需求的实用新型技术。

7. 鉴于从土壤中富集和带走的生命元素在果实和秸秆中的赋存分别占1/3和2/3，因此要实现五谷轮回必须像重视人畜粪便还田一样重视秸秆还田。实施治标策略在土壤矿物质和有机质全面恢复正常水平后，如果实现了人畜粪便和秸秆全量还田的全面五谷轮回，从理论和实践上讲是不需要化肥也可以实现土壤营养素的均衡和高质量稳产高产的。

本书由任景明研究员主编，全书主题、结构、逻辑和篇章布局由任景明研究员提出，各章内容主要由任景明和陈东博士完成，王文燕博士协助完成了一部分内容。本书以五谷轮回为主线，力图打通大环境、大生态、大农业、大健康诸领域，旨在让包括各级决策者在内的所有人都回归五谷轮回的科学常识，一起努力打造健康的土壤、健康的食品和健康的身心。本书内容涉及市政、环境、生态、土壤、农业、健康诸领域，受作者知识背景和理论实践缺失的影响，尽管书稿主要是梳理各相关行业专家的已有理论研究和实践探索成果，但难免出现这样或那样的不足，还请各位读者不吝指正，待本书再版时予以订正。

书籍编著过程中得到太多人的帮助与支持。首先，感谢夏青研究员，指导我开始研究区域水污染和厕所革命，并为书稿的修改出谋划策；其次，要特别感谢中国科学院大连化学物理研究所的徐恒泳研究员、中国科学院地质与地球物理研究所的刘建明研究员、中国科学院植物研究所的蒋高明研究员、中国科学技术大学的尹雪斌研究员、北京科技大学的李子富教授、南昌大学江西医学院的颜世铭教授提供文献和拨冗审稿，上海特石生物的韩农董事长、北京万若环境的张健博士、北京金山生态动力素的尹吉山董事长、北京蓝洁士科技发展的吴昊董事长、甘肃张掖兰标生物科技的田兰总经理等，为书稿提供了丰富的案例素材，更要感谢樊代明院士、赵其国院士等相关领域专家作序和推荐阅读，感谢生态环境部环境工程评估中心的谭民强主任等单位领导、陕西省生态环境厅孙丽副厅长和评估中心杨林副主任等领导为本书出版提供的大力支持。感谢四川洲际华盛能源有限公司、神木县隆德矿业有限责任公司为向全国市、县委书记赠书活动提供的资助。感谢经济科学出版社为本书的编辑出版付出的辛勤劳动和智慧。最后，特别感谢我自己、陈东和王文燕的家人们，为了在我退休前半年时间内能够把五谷轮回理念付诸书面提供的全力支持。

谨以此书献给我们伟大的中国共产党建党100周年！

任景明

2021年7月1日

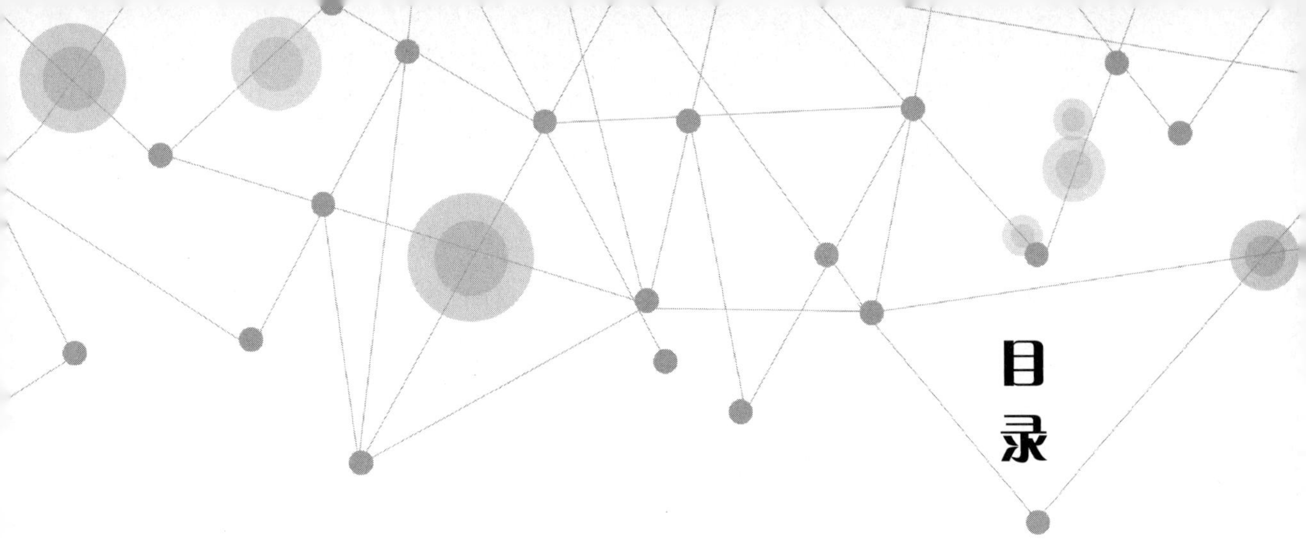

目录

第1章
五谷轮回之前世今生

五谷轮回，是反映矿物质元素在土壤、植物、动物和人类之间的循环流动过程，即矿物质元素被植物吸收富集、人类摄食动植物产品而间接摄食矿物质元素、多余的矿物质元素从人体排出并回归土壤，然后再被植物吸收而进入下一个循环过程。矿物质元素参与植物、动物和人类的生命活动，具有非常重要的基础生理功能。矿物质元素的缺乏会导致一系列的不良后果，如植物的生长不良以及人们熟知的“大脖子”病等。本书从中国居民健康的角度来重新审视五谷轮回问题，并结合当前环境污染与防治现状等，探讨在统筹推进“五位一体”总体布局的情况下，怎样通过新时代的五谷轮回途径实现生命的健康永续。

1.1 居民营养：宏量营养素过剩、微量营养素不足

居民营养是反映一个国家或地区经济、社会发展、卫生保健水平和人口素质的重要指标，也是公共卫生及疾病预防工作的信息基础。世界上许多发达国家，如美国、日本、加拿大、澳大利亚等，为了评估和了解国民营养总体状况都开展过全国性的调查研究工作。我国从新中国成

立就十分重视居民的营养工作，最早于1959年开展了全国范围的营养调查工作，随后曾于1982年、1992年、2002年、2010~2012年及2019年分别开展。2014年国家卫生和计划生育委员会正式制定了《中国居民慢性病与营养监测工作方案》，明确提出将现有慢性病及其危险因素监测、营养与健康状况监测进行整合及扩展，建立适合我国国情的慢性病及危险因素和营养监测系统。2015年和2020年分别开展了中国居民营养与慢性病状况调查工作。

居民营养主要包括能量、宏量营养素、维生素和矿物元素等。食物是居民营养来源的物质基础。近20年来，随着我国经济发展水平的飞速发展，我国居民可获得的主要食物如粮食、水果、蔬菜、肉类、水产品等逐年增加，油料、瓜果等供应充足（见图1-1）。与此同时，中国居民营养摄入情况如表1-1所示。能量、蛋白质和碳水化合物摄入量基本满足生命活动需求；维生素A、维生素B_1、维生素B_2等摄入量不足；矿物质营养素钠超过推荐摄入量的400%、钙不足推荐摄入量的50%，钾、镁、硒摄入量不足，铁、铜、磷略微过量。此外，居民摄入的营养素中能量、碳水化合物、维生素、矿物质均有明显的逐年下降趋势。整体上呈现居民人均食物占有量增加，而营养素的摄入量逐年下降，营养比例严重失衡。

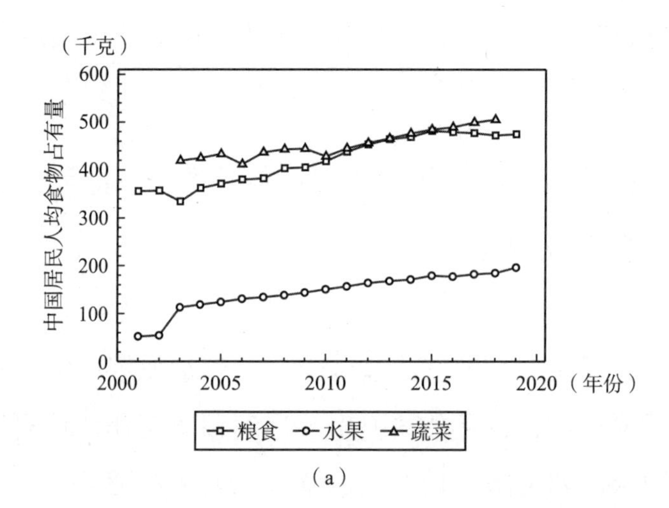

（a）

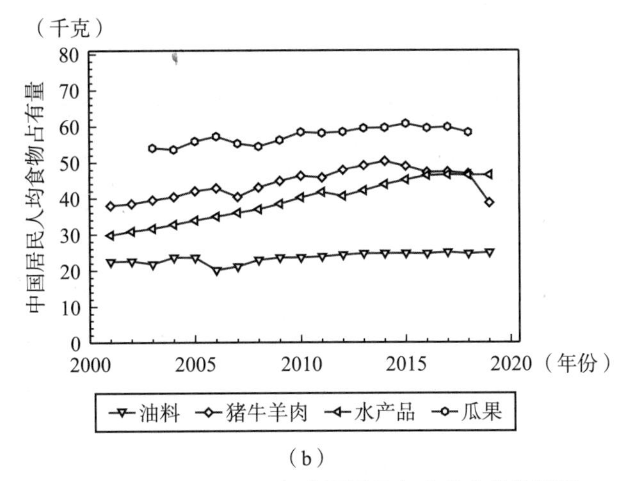

（b）

图1-1　2000~2020年中国居民年人均食物资源量

资料来源：国家统计局网站。

表1-1　　中国居民历年营养素日摄入量与标准人体推荐摄入量

营养素	1982年	1992年	2002年	2010~2012年	2015~2017年	2019年	推荐摄入量（2013年）
能量（兆焦耳）	10.42	9.74	9.42	9.08	8.33	9.43	9.41
蛋白质（克）	66.7	68.0	65.9	64.5	60.4	66.1	60.0
脂肪（克）	48.1	58.3	76.3	79.9	79.1	76.2	
碳水化合物（克）			321.2	300.8	266.7		120.0
膳食纤维（克）	8.1	13.3	12.0	10.8	10.4	12.0	
视黄醇（微克）	53.8	156.5				152.9	
视黄醇当量（VA，毫克）	119.5	476.0	469.2	443.5	432.9	478.8	800.0
硫胺素（VB_1，毫克）	2.5	1.2	1.0	0.9	0.8	1.0	1.4
核黄素（VB_2，毫克）	0.9	0.8	0.8	0.8	0.7	0.8	1.4
烟酸（毫克）			14.7	14.3	14.4		15.0
抗坏血酸（VC，毫克）	129.4	100.2	88.4	80.4	80.3	89.8	100.0
维生素E（毫克）			35.6	35.9	37.4		
维生素E-a（毫克）			8.2	8.6			14.0

续表

营养素	1982 年	1992 年	2002 年	2010～2012 年	2015～2017 年	2019 年	推荐摄入量（2013 年）
钾（毫克）			1700.1	1616.9	1547.2		2000.0
钠（毫克）			6268.2	5702.7	6046.0		1400.0
钙（毫克）	694.5	405.4	388.8	366.1	356.3	390.6	800.0
镁（毫克）			308.8	284.9	264.9		330.0
铁（毫克）	37.3	23.4	23.2	21.5	21.0	23.3	12.0
锰（毫克）			6.8	5.9			4.5
锌（毫克）			11.3	10.7	10.3		12.5
铜（毫克）			2.2	1.9			0.8
磷（毫克）	1623.2	1057.8	978.8	954.6		980.3	720.0
硒（微克）			39.9	44.6	41.6		60.0

资料来源：中国统计局网站。

1.2 居民健康：慢性病高发且居死亡率首位

1992 年以来，中国居民健康风险日益增加，疾病的患病率和死亡率有逐年增加的态势，具体如下：

脑血管疾病。《2013 全球疾病负担研究》显示，中国是全球卒中危险因素暴露水平较高的国家之一，约 94% 的卒中负担由可控性危险因素造成。《国家卫生服务调查分析报告》显示，1993 年我国卒中患病率为 0.40%，2013 年为 1.23%，2017 年为 2.08%①。2001 年中国城市居民脑血管病死亡率为 111.0/10 万、农村脑血管病死亡率为 112.6/10 万②；2014 年城市居民脑血管病死亡率为 125.78/10 万、农村脑血管病死亡率

① 王陇德，王金环，彭斌等．中国脑卒中防治报告 2016 概要［J］．中国脑血管病杂志，2017，4（14）：53－60；中国心血管健康与疾病报告（2019）节选二：脑血管病［J］．心脑血管病防治，2020，20（6）：52－544.

② 杨俊峰，梁晓峰．中国国民脑血管疾病死亡分析［J］．中国公共卫生，2003（6）：1－90.

为151.91/10万；而到了2017年城市居民脑血管病死亡率为126.58/10万，农村为157.48/10万，分别位居死因顺位的城市第3位和农村第1位，全国152.5万人死于脑血管病，死因位列恶性肿瘤和心脏病之后，为死因顺位的第三位①。

恶性肿瘤。2001年我国城市居民恶性肿瘤死亡率为135.6/10万，农村居民死亡率为105.4/10万②；2002～2011年全国恶性肿瘤死亡率在137.1/10万～156.3/10万之间，其中肺癌、胃癌和肝癌三者之和占恶性肿瘤死亡率的60%③；2014年全国恶性肿瘤发病率为278.1/10万，城市居民发病率为302.1/10万，农村居民为248.9/10万；全国死亡率为168.0/10万，城市居民死亡率为174.3/10万，农村居民为160.1/10万④。

心脏病。2001年我国城市居民心脏病死亡率为92.3/10万，农村居民死亡率为70.5/10万⑤；2002～2011年城市平均心脏病死亡率106.7/10万，农村87.4/10万，并且呈现明显的逐年增加趋势⑥。虽然尚未查到全国居民2012年以后的心脏病数据，但是从上海虹口区2002～2018年的逐年心脏病死亡率统计数据也能部分反映中国的整体情况。上海虹口区男性心脏病的死亡率从2002年的95.05/10万增加到2018年的193.97/10万，女性心脏病的死亡率从2002年的95.56/10万增加到2018年的214.86/10万⑦。

超重。1992年我国0～6岁、7～17岁、18～44岁、45～59岁、大

---

① 王陇德，王金环，彭斌等.《中国脑卒中防治报告2016》概要［J］. 中国脑血管病杂志，2017，4（14）：53－60.

②⑤ 杨俊峰，梁晓峰. 中国国民脑血管疾病死亡分析［J］. 中国公共卫生，2003（6）：1－90.

③ 贾士杰，范慧敏，刘伟等.2002～2011年中国恶性肿瘤死亡率水平及变化趋势［J］. 中国肿瘤，2014，12（12）：999.

④ 曹毛毛，陈万青. 中国恶性肿瘤流行情况及防控现状［J］. 中国肿瘤临床，2019，46（3）：47－51.

⑥ 方佳英，陈霖祥，唐文瑞等.2002～2011年中国心脏病死亡的流行病学分析［J］. 汕头大学医学院学报，2014，27（2）：7－125.

⑦ 邓华，姚文，叶景虹等.2002－2018年上海市虹口区居民心脏病死亡情况及人口构成影响分析［J］. 心脑血管病防治，2021，21（1）：72－75.

于59岁人口超重率分别为2.3%、3.9%、14.8%、22.9%、20.2%，2002年分别为3.4%、4.5%、22.6%、29.0%、24.3%，2012年18~44岁、45~59岁、大于59岁人口超重率分别为26.4%、36.9%、31.9%，2015年我国45~59岁、大于59岁人口超重率分别为36.84%、30.14%[①]。

肥胖。1992年我国0~6岁、7~17岁、18~44岁、45~59岁、大于59岁人口肥胖率分别为1.6%、1.8%、2.6%、6.8%、6.7%，2002年分别为2.0%、2.1%、6.4%、10.2%、8.9%[②]，2012年18~44岁、45~59岁、大于59岁人口肥胖率分别为11.0%、13.9%、11.6%，2015年45~59岁、大于59岁人口肥胖率分别为15.73%、10.75%[③]。

高血压。2002年我国居民成人高血压患病率为18.8%，2010~2012年高血压患病率为25.2%（男性26.2%，女性24.1%；城市26.8%，农村23.5%）[④]，2012~2015年我国高血压患病率为27.9%（城市为26.9%，农村为28.8%）[⑤]。

糖尿病。1994年我国25~64岁居民糖尿病标化患病率为2.51%，1996年20~74岁居民标化患病率为3.21%，2002年18岁以上城市人口患病率为5.4%、农村为1.8%[⑥]，2013年中国成人糖尿病的标化患病率为10.9%（女性为10.2%、男性为11.7%，城市12.6%、农村9.5%）、糖尿病前期患病率为35.7%（女性为35.0%、男性为36.4%，城市为34.3%、农村为37.0%）[⑦]。

血脂异常。2002年我国居民高胆固醇血症患病率为1.6%，2010年

---

①③ 宋孟娜，程潇，孔静霞等．我国中老年人超重，肥胖变化情况及影响因素分析［J］．中华疾病控制杂志，2018，22（8）：8－804.

② 马冠生，李艳平，武阳丰等．1992至2002年间中国居民超重率和肥胖率的变化［J］．中华预防医学杂志，2005（5）：17－21.

④⑦ 王拥军，李子孝，谷鸿秋等．中国卒中报告2019（中文版）（2）［J］．中国卒中杂志，2020，15（11）：55－1145.

⑤ 王增武，王文．中国高血压防治指南（2018年修订版）解读［J］．中国心血管病研究，2019，17（3）：7－193.

⑥ 杨文英．中国糖尿病的流行特点及变化趋势［J］．中国科学：生命科学，2018，48（8）：8－15.

为5.6%，2015年为5.8%。高甘油三酯血症的患病率，2002年为5.7%，2010～2012年为13.6%，2015年为15.0%。低密度脂蛋白胆固醇血症的患病率，2002年为18.8%、2010～2012年为35.5%、2015年为24.9%。高低密度脂蛋白胆固醇血症的患病率，2002年为1.3%、2010～2012年为5.6%，2015年为7.2%[①]。

1.3　“隐性饥饿”：因为隐性所以不知

世界卫生组织将营养素摄入不足或营养失衡称之为“隐性饥饿”。中国营养学会荣誉理事何志谦教授解释说：“隐性饥饿”是指微量营养素的缺乏，它是一种人体一时难以感觉到的状态，但如果忽视的话就可以影响人体的健康”。营养学专家黎黍匀将“隐性饥饿”定义为机体由于营养不平衡或者缺乏某种维生素及人体必需的矿物质，同时又存在其他营养成分过度摄入，从而产生隐蔽性营养需求的饥饿症状。由此可见人体吸收的营养元素一旦不足或比例失衡（部分成分过剩而部分成分缺乏）时，就会形成“隐性饥饿”。

2016年9月1日，中国工程院院士、中国农业科学院副院长万建民在《产业前沿技术大讲堂》作专题报告时指出，2015年我国粮食总产量超过了6亿吨，数量上已基本能够满足人民需求，但是“质”的问题却没有解决：长期微量营养素的缺乏和失衡，导致大量国人，尤其是偏远山区的贫困人群营养不良，并由此引发各种慢性疾病。2019年由联合国世界粮食计划署、美团点评和50多家餐饮品牌共同发起“拒绝隐性饥饿”健康饮食倡导行动，联合国世界粮食计划署中国办公室副国别代表玛哈·艾哈迈德在活动致辞中介绍，目前全球有超过20亿人处于“隐性饥饿”状态，中国有超过3亿人的“隐性饥饿”人口，是世界上

---

① 王拥军，李子孝，谷鸿秋等．中国卒中报告2019（中文版）（2）[J]．中国卒中杂志，2020，15（11）：55－1145.

受该问题严重困扰的国家之一①。《现代医学》发现，70%的慢性疾病包括糖尿病、心血管疾病、癌症、肥胖症、亚健康等都与人体营养元素摄取的不均衡有关（“隐形饥饿”）。“隐性饥饿”除了损害健康，也在影响经济发展。据世界银行统计，“隐性饥饿”导致的智力低下、劳动能力丧失、免疫力下降等健康问题，造成的直接经济损失占全球GDP的3%～5%。

1.4 五谷轮回：以现代化的名义被切断

正如万建民院士所讲，目前我国粮食的“量”上去了，“质”却有问题，导致了“隐形饥饿”，出现了前面所述的人均食物量逐年增加而居民的健康状况却逐年恶化的现象。“质”的问题很可能源于冲水马桶的应用和作物秸秆的不合理利用切断了五谷轮回路径，造成土壤中微量元素的持续流失，土壤微量元素的亏缺必然导致食物中微量元素含量下降，人吃饱了（体积）而微量元素摄入量却不足。在冲水马桶和化学农业应用较早的英美等发达国家，均有文献报道粮食和水果中的微量元素大幅下降，有的元素含量降幅高达80%，若要达到原来的微量元素摄入水平，至少要吃以前5倍的食物量，这显然是不现实的，人类的胃容量毕竟有限②。

从以上内容我们可以看出，中国居民数十年来，食物获得量稳步增长，而营养元素摄入量却在降低且不均衡、居民患病率上升，“隐形饥饿”正在扩张，五谷轮回路径的阻断成为主因。我们从以下几个与五谷轮回相关的主题来看看我们的推断是否合理。

1.《四千年农夫》—永续农业

《四千年农夫》（*Farmers of Forty Centuries*），由美国著名土壤学家富

① 中国超3亿“隐性饥饿”人口 我们该关注些什么［Z］. 新浪网，2019－10－20.

② Mineral Nutrient Composition of Vegetables, Fruits and Grains: the Context of Reports of Apparent Historical Declines.

兰克林·H. 金教授在20世纪初期所著，程存旺、石嫣等译。其背景为肥沃的北美大草原在短短的不足百年的开发过程中，肥沃土壤大量流失，美国农耕体系的可持续性受到严重挑战，时任美国农业部土壤所所长的富兰克林·H. 金教授萌生了考察东亚三国农耕体系的想法，急切想了解人口密度高的东亚三国如何在有限的土地上获得足够的、可持续的粮食，并于1909年春开启了考察之旅。考察发现中国将人畜粪便和生活垃圾埋在干净的土壤中自然净化，培肥土壤；还将淤泥、作物秸秆及燃料灰烬等施用于土壤，这就是中国延续了4000年土壤肥力不减、支撑庞大人口粮食需求的农业秘密。中国当年每平方英里的农用土地供养1783人、212头牛或者驴、399头猪；而以改良的农用土地为基准，1900年美国农村每平方英里仅供养61人、30匹马和骡子（施用化学肥料）；中国农业模式下的土地生产力是美国的数十倍，并指出美国依靠化学肥料保持土壤肥力的方法是不可持续的。

人畜粪便还田培肥，这就是五谷还田的最初模式，在中国持续了数千年，土壤肥力不减，人类兴旺发达。

2. 中国化学农业的发展

19世纪初德国人J. 李比希研究植物生长与某些化学元素间的关系，1840年他阐述了农作物生长所需要的营养物质是从土壤中获取的，确定了氮、钙、镁、磷和钾等元素对农作物生长的意义，并预言农作物生长所需要的营养物质将会在工厂里生产出来。1909年哈伯法合成氨工艺的出现为化学肥料的大规模生产奠定了基础。

我国化学肥料行业的发展主要经历了起步（1949~1978年）、发展（1978~1995年）和成熟（1995年至今）三个重要的历史阶段，化学肥料生产从无到有，化肥应用从少到多，有力保障了我国农业的生产。起步阶段缺少化肥生产技术，主要依靠苏联援助、侯德榜博士开发的合成氨联产碳酸氢铵工艺，并从西方国家集中引进13套大型合成氨和尿素装置等。1978年以后在国家专项资金和国际金融组织的支持下，建立了大量的化肥生产厂，当年化肥生产量为869.3万吨、施用量为884.0万吨，到1994年我国化肥总产量位居世界第二、施用量位居世界第一（3314.0万吨）。1995年以后，我国化肥行业从计划经济过渡到市场经济、建立了现代企业制度，进行了结构的调整，硝铵产量由历史最高比例的60%下降到不足30%，高浓度磷铵、重钙复合肥的产量占比由1990年的2.9%提高到2000年的40%左右①。

在化学肥料大规模生产以前我国农业肥料以农家肥为主。20世纪70年代以后随着大氮肥工业的发展和改革开放的实施，化肥的使用开始迅速增加。农业生产中使用的化学肥料主要为氮磷钾肥，2019年化肥施用折纯量达到5404万吨，单位面积平均用量约为434千克/公顷，接近国际公认化肥使用安全标准的2倍；而化学肥料的利用效率较低，氮肥仅为35%、磷肥和钾肥不足20%。过量化学肥料的施用造成了严重的农业面源污染，2017年农业源水污染物排放量占全国水污染物排放总量的比例为：化学需氧量占49.8%、氨氮占22.4%，总氮占46.5%，总磷占67.2%。此外，我国磷矿资源储备量不足，2019年仅为32亿吨，占世界储量的4.61%，而当年开采量高达9332.4万吨，照此计算中国磷矿资源仅够开采34年，面临严重的资源枯竭危机②！

化学农业的盛行，导致化学肥料产量巨大、施用过量，但化学肥料的利用效率低下，未被利用部分进入水体造成了严重的面源、农业源污染，也为原本可以成为优质有机肥的人畜排泄物的浪费找到了借口，在面临资源枯竭危机、生态文明建设压力的今天，其不可持续性越发突显。

3. “厕所革命”与冲水马桶的应用

2015年国家旅游局在全国范围内启动三年旅游厕所建设和管理行动，“厕所革命”开始逐步从景区扩展到全域、从城市扩展到农村。全国爱国卫生运动委员会办公室在农村大力推广的厕所有六大类：三格化

---

① 杨立国．我国化肥行业现状及加入世贸组织后发展战略研究［D］．北京：中国农业大学，2005.

② 吴发富，王建雄，刘江涛等．磷矿的分布、特征与开发现状［J］．中国地质，48（1）：20.

粪池式、双瓮漏斗式、三联沼气池式、粪尿分集式、完整下水道式和双坑交替式厕所。现代生活文明要求厕所必须具备卫生性、舒适性和便利性。卫生性是厕所要满足卫生防疫的要求，舒适性是在感官方面不至于让人感到不适，便利性是人们能够方便地使用厕所。在所推广的六种无害卫生厕所中，只有以冲水马桶为主要厕具的三格化粪池厕所和完整下水道式厕所满足需要[①]。

《中国社会统计年鉴2019》统计结果表明，自开展“厕所革命”以来我国卫生厕所普及率逐年增加，截至2018年普及率约80%，其中达到无害化水平的卫生厕所占卫生厕所总数的3/4左右。经济发达的省市卫生厕所的普及率更高，如北京、上海2017年卫生厕所的普及率接近100%，而黑龙江、青海等地不到20%。

《第二次全国污染源普查公报》数据显示，2017年生活源水污染物排放量为：化学需氧量983.44万吨、氨氮69.91万吨、总氮146.52万吨、总磷9.54万吨、动植物油30.97万吨，分别占年污水污染物排放总量的45.9%、72.6%、48.2%、30.3%、100%。冲水马桶的应用，提高了如厕的卫生性和舒适性，但也以水为载体将人体排泄物输送到了污水集中处理设施，既损失了人畜粪便资源化还田利用的机遇，又严重污染了环境。

小厕所，大民生。2021年7月，国家主席习近平强调：“十四五”时期要继续把农村厕所革命作为乡村振兴的一项重要工作，发挥农民主体作用，注重因地制宜、科学引导，坚持数量服从质量、进度服从实效，求好不求快，坚决反对劳民伤财、搞形式摆样子，扎扎实实向前推进。各级党委和政府及有关部门要各负其责、齐抓共管，一年接着一年干，真正把这件好事办好、实事办实[②]。7月23日中共中央政治局委员、国务院副总理胡春华在全国农村厕所革命现场会强调，要把农村厕所革

---

① 沈峥，刘洪波，张亚雷．中国“厕所革命”的现状、问题及其对策思考［J］．中国环境管理，2018，10（2）：8－45.

② 习近平对深入推进农村厕所革命作出重要指标［Z］．中国政府网，2021－7－23.

命作为乡村振兴的重要工作切实抓好，要坚持求好不求快、扎实稳步推进，坚持质量第一、确保改一个成一个，要因地制宜探索适宜方式和技术，要充分发挥农民主体作用，确保农民群众从中受益。

从国家领导人讲话内容和生活源污染现状来看，厕所革命任重道远，目前的改厕现状还达不到国家领导人和居民的期望，改厕方式、厕所技术、改厕与乡村建设等方面还需认真思考。尤其是大家对人粪尿资源化利用实现五谷轮回的意义和过分强调统一推广水冲厕所带来的弊端都认识不足，需要在下一步的实践中得到矫正。

4. 秸秆禁烧

我国每年产生大量的作物秸秆，据统计 2015 年产量大概在 10.4 亿吨左右，可收集秸秆资源量约 9 亿吨。秸秆焚烧是一种经济便捷、效果明显的处置方式，焚烧后秸秆中的无机元素直接还田，焚烧中产生的高温环境直接杀死作物病虫害卵，不影响下季耕种[①]。其缺点在于产生大量烟雾，产生 PM2.5、一氧化碳、氮氧化物等空气污染物，影响交通安全，威胁公众健康。因此我国各级人民政府近年来禁止秸秆焚烧，在国家层面有《大气污染防治法》和《固体废物污染环境防治法》等，其他部门也有类似规定，如《民用机场管理条例》《治安管理处罚法》《突发事件应对法》《消防法》等。

国家鼓励秸秆资源化利用，即肥料化、原料化、饲料化、基料化、能源化利用。肥料化利用方式有直接还田、间接还田、焚烧等。近年来农村劳动力大幅转移，“空心村”现象较为普遍，秸秆直接和间接还田方式难以实现。秸秆焚烧，最为便捷、简单的方式又被禁止，因此秸秆肥料化利用途径不畅，只能采用其他利用途径或废弃掉。

中国传统农业中的五谷轮回模式可以使农业可持续性发展，而中国目前实行的冲水马桶、秸秆禁烧等与五谷轮回精神背道而驰，以资源、环境的代价换得了表面的物质丰富、生活美好，而实际农田却养分匮

① 石祖梁．我国农作物秸秆综合利用现状及焚烧碳排放估算［J］．中国农业资源与区划，2017，38（9）：32－37.

乏。因此，在新的时代背景下，应秉承原有五谷轮回之精神，以环境学、土壤学、生态学和农业科学等现代科学技术之手段，开启五谷轮回之健康、友好、永续之路。

1.5　小结

改革开放40多年，居民生活条件得到了极大改善，居民膳食也更加丰富。在摄入足量甚至是超量的宏量营养素的同时，因为主客观原因大量施用化肥、农药和禁烧秸秆，进而以现代化的名义切断了五谷轮回的生物地球化学循环，造成食品“营养空洞”、居民“隐性饥饿”。由于没有摄入足量均衡的中微量生命元素，导致慢性病高发且居死亡率之首。这种局面必须引起决策者和民众的高度重视，并尽快扭转。

第2章

生命永续之元*

生命永续，带有美好的愿景，希望生命能够长长久久。在本书中，生命永续更多地体现的是生命健康、生生不息之意，包括土壤、微生物、植物、动物、人类等，侧重于人类的健康与生生不息。元，初始之意，万物之本元。生命永续之元，意在表达生生不息，健康可持续的基础是什么，即元素、构成生命的或与生命相关的元素。本章主要从生命元素是什么、生命元素发挥着怎样的作用、生命元素所依存的五谷轮回的主要节点的角度，思考生命元素再次回归五谷轮回的潜能。

2.1 生命元素：种类多样

在天然的条件下，地球上可以找到 90 多种元素。根据嫣明才等 1997 年的地质调查结果，中国土壤中化学元素的丰度如表 2－1 所示。人体中的元素主要依靠食物的传递，绝大部分来自于土壤，与土壤中的组成有高度的相关性。依据目前生物实验和检测技术水平，从正常人体

---

* 本部分引用了颜世铭．实用元素医学［M］．郑州：河南医科大学出版社，1993.

内可以检测出的元素有 81 种①。一般将人体中的元素分为生命必需元素、潜在有益元素、沾染元素和有毒元素，将维持生命正常功能所不可缺少的必需元素简称为生命元素，根据其在人体内的含量有常量元素和微量元素（占人体总重量 1/10000 以下的元素）之分，常量元素约占体重的 99.95%，微量元素所占质量不超过体重的 0.05%②。其中常量生命元素主要为：氧、碳、氮、钙、硫、磷、钠、钾、镁和氯等；微量生命元素主要为：铁、铜、锌、钴、锰、铬、钼、镍、钒、锡、硅、硒、碘、氟等。

表 2-1　中国土壤的化学元素丰度（10^{-6}）

元素	平均值	元素	平均值	元素	平均值
SiO_2	65.0	Ge	1.3	Sr	170
Al_2O_3	12.6	Hf	7.4	Ta	1.1
Fe_2O_3	3.4	Hg	40	Te	(0.02)
FeO	1.2	I	2.2	Th	12.5
MgO	1.8	In	55	Ti	4300
CaO	3.2	Ir	0.022	Tl	0.6
Na_2O	1.6	Li	30	U	2.6
K_2O	2.5	Mn	600	V	82
H_2O+	4.2	Mo	0.8	W	1.8
CO_2	2.7	N	640	Zn	68
OrgC	(0.35)	Nb	16	Zr	250
Ag	80	Ni	21	Y	23
As	10	Os	0.04	La	38
Au	1.4	P	520	Ce	72

① 郭鹄飞，乔杰，魏小渊等．人体微量元素及检测技术在临床应用的研究［J］．世界最新医学信息文摘，2019，19（5）：6-155.

② 王夔．生命科学中的微量元素分析与数据手册［M］．北京：中国计量出版社，1998.

续表

元素	平均值	元素	平均值	元素	平均值
Ba	500	Pd	0.65	Nd	32
Be	1.8	Pt	0.50	Sm	5.8
Bi	0.3	Rb	100	Eu	1.2
Br	3.5	Re	(0.1)	Gd	5.1
Cd	0.09	Rh	0.017	Tb	0.8
Cl	68	Ru	0.06	Dy	4.7
Co	13	S	150	Ho	1.0
Cr	65	Sb	0.8	Er	2.8
Cs	7	Sc	11	Tm	0.42
Cu	24	Se	0.2	Yb	2.6
F	480	Sn	2.5	Lu	0.40
Ga	17.0				

注：Ag、Au、Hg、In、Ir、Os、Pd、Pt、Re、Rh、Ru：10^{-9}，括号内的值为参考值。

资料来源：鄢明才，顾铁新，迟清华等．中国土壤化学元素丰度与表生地球化学特征［J］．物探与化探，1997（3）：7－161.

目前，标准人体（70千克体重）中生命元素含量如表2－2所示，人体与地壳中生命元素的相关性如图2－1所示，最近数十年土壤、食物中的生命元素含量变化及人均日摄入量如表2－3所示。从图2－1可以看出，人体中的生命元素含量与土壤中生命元素含量存在明显的正相关性（个别元素除外，如Si等），存在按比例传递的特征。最近几十年来，可能因为化学农业的盛行和五谷轮回路径的切断，全球土壤中生命元素不断流失、食物中的生命元素含量不断降低，人体摄入的生命元素量也逐年大幅降低，从元素医学和功能医学的观点看，是引起人类慢性病高发和健康状况日益恶化的最主要的原因之一。

表 2-2　　标准人体中生命元素含量

元素	重量（%）	含量（克）	元素	重量（%）	含量（克）
氧	65.0	45000	砷	$<1.4\times10^{-4}$	<0.1
碳	18.0	12600	锑	$<1.3\times10^{-4}$	<0.09
氢	10.0	7000	镧	$<7\times10^{-5}$	<0.05
氮	3.0	2100	铌	$<7\times10^{-5}$	<0.05
钙	1.5	1050	钛	$<2.1\times10^{-5}$	<0.015
磷	1.0	700	镍	$<1.4\times10^{-5}$	<0.01
钾	0.25	175	硼	$<1.4\times10^{-5}$	<0.01
硫	0.2	140	铬	$<8.6\times10^{-5}$	<0.006
钠	0.15	105	钌	$<8.6\times10^{-6}$	<0.006
氯	0.15	105	铊	$<8.6\times10^{-6}$	<0.006
镁	0.05	35	锆	$<8.6\times10^{-6}$	<0.006
铁	0.0057	4	钼	$<7\times10^{-6}$	<0.005
锌	0.0033	2.3	钴	$<4.3\times10^{-6}$	<0.003
铷	0.0017	1.2	铍	$<3\times10^{-6}$	<0.002
锶	2×10^{-4}	0.14	金	$<14\times10^{-6}$	<0.001
铜	1.4×10^{-4}	0.1	银	$<1.4\times10^{-6}$	<0.001
铝	1.4×10^{-4}	0.1	锂	$<1.3\times10^{-6}$	$<9\times10^{-4}$
铅	1.1×10^{-4}	0.08	铋	$<4.3\times10^{-7}$	$<3\times10^{-4}$
锡	4.3×10^{-5}	0.03	钒	$<1.4\times10^{-7}$	$<10^{-4}$
碘	4.3×10^{-5}	0.03	铀	3×10^{-8}	2×10^{-5}
镉	4.3×10^{-5}	0.03	铯	$<1.4\times10^{-8}$	$<10^{-5}$
锰	3×10^{-5}	0.02	镓	$<3\times10^{-9}$	$<2\times10^{-5}$
钡	2.3×10^{-5}	0.016	镭	1.4×10^{-8}	10^{-5}

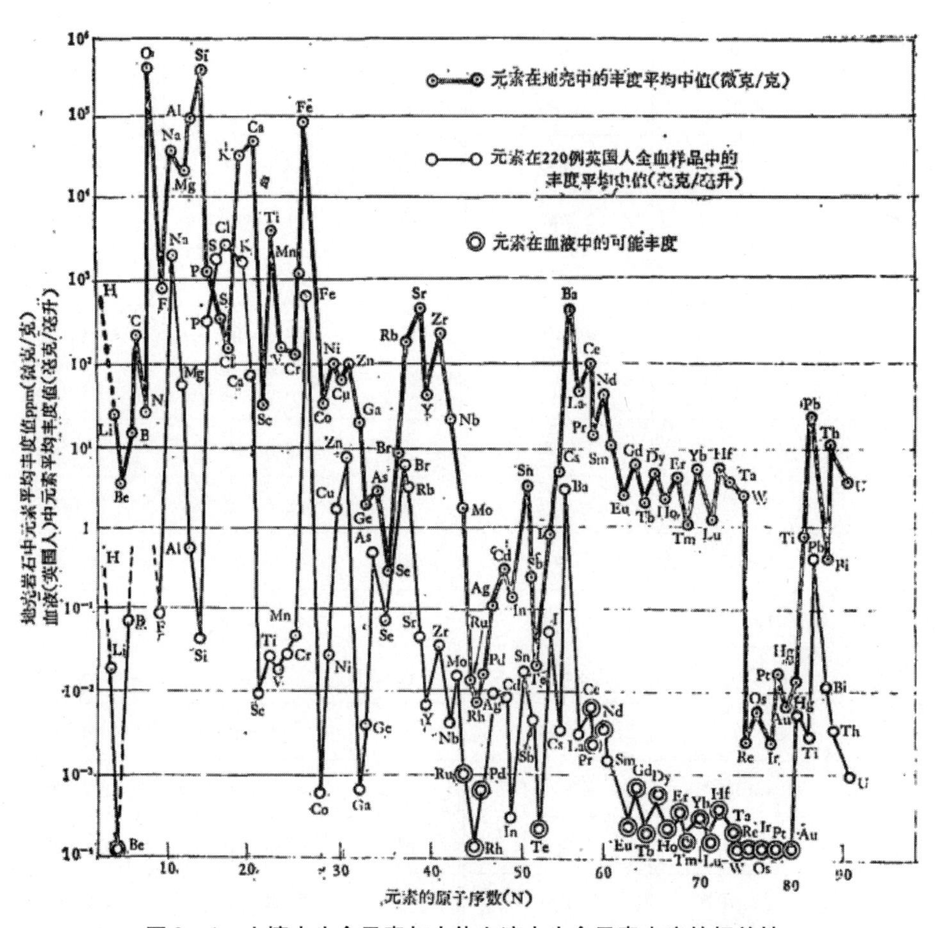

图 2－1　土壤中生命元素与人体血液中生命元素丰度的相关性

资料来源：李文范．地球化学元素与癌［J］．长春地质学院学报，1978（3）：8－112.

表 2 – 3　　生命元素在土壤、食物中的含量及人均摄入量状况

	国外		国内		对策措施	
	文献报告	范围强度	文献报告	范围强度	治标措施	治本之策
土壤缺素	《美国参议院第264号文件》(*United States senate document#264*)	1936年，美国参议院颁发的第264号文件中也包含这样一段警告：“一个惊人的事实是，在数百万英亩的土地上再也没有足够的矿物质，而从这些土地上出产的食物（水果、蔬菜和粮食）正在让我们变得饥饿——无论我们吃多少东西都难以消除这种饥饿。今天的人们永远不可能摄取足够量的蔬菜和水果，为他的身体系统提供塑造完美体格所需要的矿物质，因为他的胃不可能装得下。”	《环境中硒的生物地球化学循环和营养调控及分异成因》	硒的土壤背景值为0.29毫克/千克，中国72%的国土存在不同程度的缺硒	1. 土壤补充生命元素矿物肥料； 2. 人体补充矿物质补剂	1. 五谷轮回：人畜粪便和秸秆完全还田； 2. 基于矿物质营养素丰富的健康土壤发展生态有机农业和功能农业
	《1992年地球峰会报告》(*Earth summit report in 1992*)	在过去75～85年，北美土壤矿物质流失了85%、南美流失了76%、亚洲流失了76%、非洲流失了74%、欧洲流失了72%、澳大利亚流失了55%	《三七不同间隔年限种植土壤中微量元素动态变化规律研究》	有效钙：新土平均含量863毫克/千克，连作后平均841毫克/千克 有效镁：新土平均含量136毫克/千克，连作后平均129毫克/千克		
			《北京平原区土壤地球化学特征及影响因素分析》	土壤中28种元素的含量低于全国土壤背景值		

续表

	国外		国内		对策措施	
	文献报告	范围强度	文献报告	范围强度	治标措施	治本之策
农产品缺素	《芬兰谷类水果蔬菜中的矿物质和微量元素含量变化》(*Changes in the mineral and trace element contents of cereals, fruits and vegetables in Finland*)	芬兰谷类、蔬菜、水果等 28 种食物，21 世纪初比 20 世纪 70 年代的 K、Mn、Zn、Cu、Al、Pb、Cd、Ni 等微量元素显著降低	《东北不同年代玉米品种籽粒主要矿质元素含量及其对氮肥的响应》	Zn：20 世纪 70 年代品种比 20 世纪 60 年代下降 6.57%、20 世纪 80 年代比 20 世纪 70 年代下降 2.97%、20 世纪 90 年代比 20 世纪 80 年代下降 14.19%，21 世纪初比 20 世纪 90 年代下降 4.74%； Mn：19 世纪 70 年代品种比 20 世纪 60 年代增加 7.59%、20 世纪 80 年代比 20 世纪 70 年代下降 7.32%、20 世纪 90 年代比 20 世纪 80 年代下降 11.67%，21 世纪初比 20 世纪 90 年代下降 6.44%； Cu：20 世纪 70 年代品种比 20 世纪 60 年代增加 9.86%、20 世纪 80 年代、20 世纪 90 年代、21 世纪初比 20 世纪 70 年代下降 11.61%、29.49%、38.64%； Ca：20 世纪 70 年代品种比 20 世纪 60 年代下降 8.16%、20 世纪 90 年代、21 世纪初比 20 世纪 80 年代下降 14.33%、22.3%； Mg：20 世纪 70 年代品种与 20 世纪 60 年代差异不明显、20 世纪 80 年代、20 世纪 90 年代、21 世纪初比 20 世纪 70 年代下降 10.37%、14.32%、13.35%	1. 土壤补充生命元素矿物肥料； 2. 人体补充矿物质补剂	1. 五谷轮回：人畜粪便和秸秆完全还田； 2. 基于矿物质营养素丰富的健康土壤发展生态有机农业和功能农业
	《过去 160 年小麦谷物中矿物质含量下降的证据》(*Evidence of decreasing mineral density in wheat grain over the last 160 years*)	1968~2005 年小麦籽粒中 Zn、Cu、Mg、Fe 含量下降趋势明显				
	《食品化学成分》(*Chemical composition of Foods*)	英国 20 种蔬菜和 20 种水果，1991 年与 1960 年相比，蔬菜中 Ca 下降了 19%、Mg 下降了 35%、Cu 下降了 81%、Na 下降了 43%，水果中 Mg 下降了 11%、Fe 下降了 32%、Cu 下降了 36%、K 下降了 20%	《水稻品种改良过程中籽粒矿物质元素和淀粉品质的变化》(*Changes in mineral elements and starch quality of grains during the improvement of japonica rice cultivars*)	江苏省 12 种代表性水稻品种，21 世纪初、20 世纪 90 年代与 20 世纪 80 年代相比，稻谷中 Zn、Mn、Fe、Cu、Ca 等元素含量明显下降		

续表

	国外		国内		对策措施	
	文献报告	范围强度	文献报告	范围强度	治标措施	治本之策
人体摄入不足	《芬兰谷类水果蔬菜中的矿物质和微量元素含量变化》(*Changes in the mineral and trace element contents of cereals, fruits and vegetables in Finland*)	芬兰居民21世纪初日均食物摄入量比20世纪70年代增加，但是日均矿物元素摄入量降低，P降低了4%、Mn降低了14%、Zn降低了25%、Cu降低了20%、Fe降低了30%、Co降低了25%、Ni降低了45%、Cd降低了35%	《2019年中国居民营养与健康状况调查报告》	1982年、1992年、2019年中国居民矿物元素摄入量逐年降低，钙摄入量分别为694.5毫克/天、405.4毫克/天、390.6毫克/天，磷摄入量为1623.2毫克/天、1057.8毫克/天、980.3毫克/天，铁摄入量为37.3毫克/天、23.4毫克/天、23.3毫克/天	1. 土壤补充生命元素矿物肥料； 2. 人体补充矿物质补剂	1. 五谷轮回：人畜粪便和秸秆完全还田； 2. 基于矿物质营养素丰富的健康土壤发展生态有机农业和功能农业
	《矿物质元素摄入量是影响美国成年人血压变化的一个微弱但非常重要的因素》(*Mineralintake rations art a weak but significant factor in blood pressure variabiliy in US Adults*)	美国成年人的K、Ca、Mg日摄入量低于推荐值，不到2%的人达到推荐的钠钾摄入比例，不到16%的人达到推荐的钠钙摄入比例				

2.2　生命元素功能：生命体的支撑

两度获诺贝尔奖得主莱纳斯·鲍林（Linus Pauling）曾说过："每一种疾患、每一种病痛都可以追溯到矿物质缺乏上去"。我们今天所遭遇到的大多数问题都肇始于在矿物质匮乏的土地上栽种的粮食，以及吃这些粮食的动物。1912 年，诺贝尔奖得主艾利克斯·卡莱尔（Alexis Carrel）博士预言："土壤中的矿物质控制着植物、动物和人的新陈代谢"。1988 年，《健康和营养部长报告》得出结论说，美国每 21 起死亡就有 15 起与营养缺乏有关（几乎占到了 75%）。1994 年，美国议会得出一个重要的结论，正常的营养吸收能防止慢性疾病①。

以上从正反两方面说明矿物质对人体健康的重要性，即生命元素生理功能的正常发挥是生命健康的基石。需要说明的是，即使是生命必需的元素，它们在体内的含量都有一个最佳的浓度范围，超过或低于这个范围，对健康都会产生不利影响。例如，硒是重要的生命必需元素，成人每天摄取量以 100 微克左右为宜，若长期低于 50 微克可能引发癌症、心肌损伤等；若过量摄入，又可能造成腹泻、神经官能症及缺铁性贫血等中毒反应，甚至死亡。同时，生命必需元素的存在形式对人体健康也直接相关，如铁在生物体内不能以游离态存在，只有存在于特定的生物大分子结构（如蛋白质）包围的封闭状态之中，才能担负起正常的生理功能，铁一旦成为自由铁离子就会催生过氧化反应产生过氧化氢和一些自由基，干扰细胞的代谢和分裂，导致病变。

① 诺贝尔奖得主：土壤中消失的矿物质和我们的健康［Z］. 搜狐网，2018 - 9 - 12.

2.2.1 常量元素的生理功能

1. 组成生物体内的蛋白质、脂肪、碳水化合物和核糖核酸的结构单元，也是构成地球上生命体的物质基础。这些元素包括碳、氢、氧、氮、硫、磷

（1）碳，元素符号：C。

种类：常量元素，占人体体重23%。

主要功能：碳元素是人类最早发现和利用的元素之一，也是组成生命的重要基础元素。在人体内碳主要以糖类、蛋白质、脂类等有机物的形式存在，生命的基本单元氨基酸、核苷酸都是以碳元素做骨架变化而来的。还有部分以无机盐的形式存在，主要是碳酸氢盐缓冲系统，这些含碳化合物在机体内发挥着重要的生理功能。

（2）氢，元素符号：H。

种类：常量元素，占人体体重10%。

主要功能：氢与氧都是有机物的主要元素，构成糖类、脂类、蛋白质、核酸、碳酸氢盐和水。近年随着自由基及抗氧化医学的流行，氢气的抗氧化作用正在被广泛开发。氢气是一种新型选择性抗氧化和理想的抗炎物质，推测对延缓衰老和缓解炎症有相当作用。大量生物学研究证据表明，氢气是目前被确定具有选择性中和羟基自由基和亚硝酸阴离子作用的唯一具有选择性抗氧化的物质，这正是氢气对抗氧化损伤治疗疾病的分子基础。另外，氢分子体积极小，可快速渗透扩散至全身，能穿透各类生理屏障和细胞膜，进入细胞核，带走一般手段无法消除的恶性活性氧。更重要的是，氢气在清除活性氧后自身可以变成水被人体利用，不会影响其他良性活性氧和生物分子的正常功能。有研究认为氢气对60多种人类常见疾病具有疗效，有望成为临床治疗和健康保健的新手段。其中，饮用饱和氢气水（富氢水）则是最常采用的方式之一。

（3）氧，元素符号：O。

种类：常量元素，占人体体重61%。

主要功能：氧（气）是人体进行新陈代谢的关键物质，是人体生命活动的第一需要。吸入的氧转化为人体内可利用的氧，称为血氧。血液携带血氧向全身输入能源，血氧的输送量与心脏、大脑的工作状态密切相关。心脏泵血能力越强，血氧的含量就越高；心脏冠状动脉的输血能力越强，血氧输送到心、脑及全身的浓度就越高，人体重要器官的运行状态就越优良。缺氧和富氧对人体的影响如表2－4所示。

表2－4　缺氧和富氧对人体的影响

氧气浓度（%体积）	征兆（大气压力下）
100%	致命/6分钟（绝对密闭环境，如高压氧舱或深水）
50%	致命/4～5分钟经治疗可痊愈（绝对密闭环境，如高压氧舱）
>23.5%	富氧
20.9%	氧气浓度正常
19.5%	氧气最小允许浓度
15%～19%	降低工作效率，并可导致头部、肺部和循环系统问题
10%～12%	呼吸急促，判断力丧失，嘴唇发紫
8%～10%	智力丧失，昏厥，无意识，脸色苍白，嘴唇发紫，恶心呕吐
6%～8%	8分钟
4%～6%	40秒内抽搐，呼吸停止，死亡

过度吸氧的副作用：早在19世纪中叶，英国科学家保尔·伯特发现，如果让动物吸纯氧会引起中毒，人类也同样。人如果在大于0.05兆帕（半个大气压）的纯氧环境中，对所有的细胞都有毒害作用，吸入时间过长，就可能发生“氧中毒”。肺部毛细血管屏障被破坏，导致肺水肿、肺淤血和出血，严重影响呼吸功能，进而使各脏器缺氧而发生损害。在0.1兆帕（1个大气压）的纯氧环境中，人只能存活24小时，就会发生肺炎，最终导致呼吸衰竭、窒息而死。人在0.2兆帕（2个大气

压）高压纯氧环境中，最多可停留1.5~2小时，超过了会引起脑中毒，生命节奏紊乱，精神错乱，记忆丧失。如进入0.3兆帕（3个大气压）甚至更高的纯氧环境下，人会在数分钟内发生脑细胞变性坏死，抽搐昏迷，导致死亡。

另外，过量吸氧还会加速生命衰老。进入人体的氧与细胞中的氧化酶发生反应，可生成过氧化氢，进而变成脂褐素。这种脂褐素是加速细胞衰老的有害物质，它堆积在心肌，使心肌细胞老化，心功能减退；堆积在血管壁上，造成血管老化和硬化；堆积在肝脏，削弱肝功能；堆积在大脑，引起智力下降，记忆力衰退，人变得痴呆；堆积在皮肤上，形成老年斑。

（4）氮，元素符号：N。

种类：常量元素，占人体体重2.60%。

主要功能：氮元素与碳元素一起主要用于蛋白质的合成、非必需氨基酸的合成、核酸的合成。氮元素是构成人体的必须元素，人们要获得它必须通过食用动植物。而最根本的来源就是植物，植物中氮元素最基本的来源是土壤，而化肥或者有机肥是目前提高土壤氮最关键的方法。基于氮元素对人类食物来源方面的作用，人们必须改善化肥和有机肥对植物生长的影响。氮元素的各种氧化物是NO、NO_2等，这是影响我们大气环境的主要物质，这些物质的来源主要包括石油煤炭能源的燃烧，汽车等交通工具的尾气排放以及生活垃圾过多造成的氮循环失衡。另外氮在生活圈的循环也会对其他元素循环造成影响，如碳的循环、温室效应、光化学污染被证实都和氮循环有关。

由此可见氮元素不仅仅对人类个体起决定性作用，对人类生活的环境也有不可忽视的影响。我们只有更全面的认识氮循环，了解化肥和有机肥，对各种含氮有害物的排放加以控制才能使氮元素对人更加有益。

（5）硫，元素符号：S。

种类：常量元素，占人体体重0.20%。

主要功能：硫是人体中不可缺少的常量化学元素之一，它是构成氨基酸的重要组成部分，是构成细胞蛋白、组织液和各种辅酶的重要成分，是维护身体健康及美容、护肤的必备营养元素。硫还有助于体内的新陈代谢，可维护大脑功能正常、促进肠胃的消化吸收及增强人体的抵抗力等。有些硫化物能治疗牙龈疾病、口腔溃疡、痤疮、眼睛发炎、风湿性关节炎、红斑狼疮、动脉硬化、糖尿病、疲劳等疾病。

硫是表皮系统的重要构成元素，存在于身体所有的细胞中，其中皮肤、指甲和毛发里的硫含量特别高。硫至少是3种维生素（即硫胺、泛酸和生物素）的组成部分。体内的硫大多数都是由摄入的蛋白质带来的，因为某些组成蛋白质的氨基酸如半胱氨酸和蛋氨酸中含有硫。

硫存在于每一个细胞，不仅是人体所需的较大量元素，也是构成氨基酸的成分之一，而且有助于维护皮肤、头发及指甲的健康、光泽，维持氧平衡，帮助脑功能正常运作。硫还与B族维生素一起在人体的基本代谢等方面起着重要作用。需要注意的是，元素状态及硫酸化合物状态下的硫是无法被人体吸收利用的，只有有机化合物形态的硫物质如含硫氨基酸、辅酶A、维生素B_1等，才能使皮肤健康，毛发有光泽；有助于维持人体基本代谢，有益于脑功能；促进胆汁分泌，帮助消化；有助于抵抗细菌感染。

（6）磷，元素符号：P。

种类：常量元素，占人体体重1.10%。

主要功能：成年人体中磷的含量约为700克，80%以不溶性磷酸盐的形式沉积于骨骼和牙齿中，其余主要集中在细胞内液中。磷元素对人体的作用有很多，首先，磷元素是构成人体细胞膜的成分之一，可以增强人体细胞膜的作用，有效的保护人体细胞，并利于人体某些化合物的合成与分泌，使体内的某些激素、营养物质等发挥其重要作用。其次，磷元素可以与钙元素一起作用于骨骼，促进骨骼发育与牙齿的正常生长。一旦缺乏磷元素，容易导致骨骼、牙齿发育不全。此外，磷元素还可以与脂肪合成磷脂，共同作用于人体，磷脂在人体细胞膜中起着重要的作用，它可以有效的促进人体新陈代谢的速度加快，并可以协调人体组织和器官，这可以有效的代谢人体内的部分废物和毒素，利于人体健康免疫状态的提高。它是细胞内液中含量最多的阴离子，是构成骨质、核酸的基本成分，既是肌体内代谢过程的储能和释能物质，又是细胞内的主要缓冲剂。缺乏磷和摄入过量的磷都会影响钙的吸收，而缺钙也会影响磷的吸收。每天摄入的钙、磷比为 Ca/P≈1～1.5 最好，有利于两者的吸收。正常的膳食结构一般不会缺磷。

2. 调节体液的渗透压、电解质的平衡和酸碱平衡，维持核糖体的最大活性，以便有效地合成蛋白质

（1）钠，元素符号：Na。

种类：常量元素，占人体体重 0.14%。

主要功能：钠是人体肌肉组织和神经组织的主要成分之一，是血液酸碱度的缓冲剂，它参与水的代谢，保证体内水的平衡，调节体内水分与渗透压。钠离子还是构成人体体液的重要成分，汗液、尿液、胆汁、胰汁中都含有钠离子。钠可以维持血压正常，增强神经和肌肉兴奋性，与能量的生产、利用、肌肉运动、能量代谢都有关系，糖的代谢和氧的利用也需要钠的参与。概括起来钠对人体的主要生理作用包括：

①在细胞外液，钠是带正电的主要离子，参与水的代谢，并能保证体内水的平衡，也可以调节体内水分与渗透压。

②可以维持体内酸碱平衡。

③胰汁、胆汁、汗和泪水的组成成分。

④对人体腺嘌呤核苷三磷酸（adenosine triphosphate，ATP）有生产和利用的作用，钠与肌肉运动、心血管功能、能量代谢都有关系。此外，钠还参与糖代谢、氧的利用。

⑤能够维持血压正常。

⑥可以增强神经肌肉兴奋性。

（2）钾，元素符号：K。

种类：常量元素，占人体体重 0.20%。

主要功能：钾参与细胞的新陈代谢活动，为某些酶的正常活动提供适宜的条件。钾最突出的作用是维持心肌细胞正常的兴奋性、自律性和传导性。低血钾和高血钾对人体的损害都是很严重的，轻者可导致疲倦、烦躁，严重的可造成心律失常，甚至突然死亡。钾元素对人体的生理作用概括起来包括：

①能够维持细胞代谢，因为钾是细胞内主要的阳离子，细胞内酶的活动主要依靠钾离子的浓度，所以钾在细胞新陈代谢中的作用至关重要。

②能维持细胞内外的渗透压和酸碱平衡，低血钾容易发生代谢性碱中毒。

③保持神经肌肉的应激性能，当血钾过高的时候神经肌肉就会过度兴奋，血钾过低的时候神经肌肉又会麻痹。很多患者在低钾血症发病时会出现肌无力、乏力，严重的会影响到呼吸肌，威胁到病人的生命。

④能够维持正常的心肌收缩运动的协调，高钾、低钾都有可能导致猝死，所以在日常生活中一定要关注血钾的情况，一旦在体检或者特殊状态下，比如胃肠道功能紊乱、摄入不足、排泄过多、大汗、创伤、烧伤等有大量体液丢失的时候，要特别关注血钾。

（3）氯，元素符号：Cl。

种类：常量元素，占人体体重0.12%。

主要功能：氯是一种非金属元素，它经常以化合态的形式存在，对人体有着非常重要的生理意义。是人体必需的矿物质之一，它和钠、钾形成的化合物作用于人体的血液、体液的酸碱平衡，而这种平衡是人体健康的保证，也是人体免疫力的有力保障。氯还是消毒液、漂白剂的主要成分，以及形成胃酸的主要成分。在肌肉的应激能力方面，起到保持身体柔软性的作用，当人体内氯缺乏时，会引起呼吸缓慢、有气无力、肌肉收缩不足、腹胀、手脚麻木、牙齿脱落、大量脱发等症状，对人身体造成伤害。氯元素对人体的生理作用概括起来包括：

①维持体液酸碱平衡。

②氯离子与钠离子是细胞外液中维持渗透压的主要离子，二者约占总离子数的80%左右，调节与控制着细胞外液的容量和渗透压。

③参与血液一氧化碳（CO）二价离子运输。

④氯离子还参与胃液中胃酸形成，胃酸促进维生素 B_{12} 和铁的吸收；

激活唾液淀粉酶分解淀粉，促进食物消化；刺激肝脏功能，促使肝代谢废物排出；氯还有稳定神经细胞膜电位的作用。

另外，氯气的危害也值得我们注意：

①氯气对眼、呼吸道黏膜有刺激作用，能引起流泪、咳嗽、咳少量痰、胸闷、气管炎和支气管炎、肺水肿等呼吸道症状，严重的会导致休克、死亡。第一次世界大战时曾经被用作化学武器（窒息性毒剂）。

②氯气对环境有严重危害，对水体可造成污染。

③氯气可助燃，湿润的氯气具有强腐蚀性。

接触氯气时，需注意全身严格防护，严禁直接嗅闻、接触氯气，不得将含氯气的废气直接排放到大气中。

3. 骨骼、牙齿和细胞壁形成时的必要结构成分，还在传送激素影响、触发肌肉收缩和神经信号、诱发血液凝结和稳定蛋白质结构中起着重要的作用

（1）钙，元素符号：Ca。

种类：常量元素，占人体体重1.40%。

主要功能：99%以羟基磷酸钙的形式存在于骨骼和牙齿中，血液中占0.1%。离子态的钙可促进凝血酶原转变为凝血酶，使伤口处的血液凝固。钙在其他多种生理过程都有重要作用，如在肌肉的伸缩运动中，它能活化ATP酶，保持肌体正常运动。缺钙，少儿会患软骨病，中老年人出现骨质疏松症（骨质增生），受伤易流血不止。钙还是很好的镇静剂，有助于神经刺激的传达，神经的放松，也可以代替安眠药使你容易入眠，缺钙神经就会变得紧张，脾气暴躁、失眠。钙还能降低细胞膜的渗透性，防止有害细菌、病毒或过敏原等进入细胞中。钙还是良好的镇痛剂，能帮助减少疲劳、加速体力的恢复。成人对钙的日需要量推荐值为1.0克/日以上。奶及奶制品是理想的钙源，此外海参、黄玉参、芝麻、蚕豆、虾皮、干酪、小麦、大豆、芥末、蜂蜜等也含有丰富的钙。适量的维生素D_3及磷有利于钙的吸收。葡萄糖酸钙及乳酸钙易被吸收，是较理想的钙的补充片剂。

（2）氟，元素符号：F。

种类：常量元素，占人体体重0.0037%。

主要功能：氟是地球表面分布最广的人体必需的常量元素之一，与钙磷代谢有密切关系。人体通过水、食物和空气等多种途径摄入氟，微量氟有促进儿童生长发育和防龋齿的作用，过量的氟是一种全身性毒物，主要表现在对骨骼和牙齿的损害，但对非骨骼组织也有广泛的毒性作用。氟元素对人体的生理作用概括起来包括：

①防龋齿功能，氟在牙釉质大部分矿化之后，可以在牙齿表面形成氟磷灰石保护层，从而可以提高牙齿的强度，增强牙釉质的抗酸能力。另外氟可以减少由于细菌活动产生的酸、抑制嗜酸细菌的活性、对抗某些酶对牙齿的损害，以防止龋齿的发生。

②参与磷钙代谢，有利于钙磷在骨骼中的沉积和利用，增加骨骼的硬度，加速骨骼的形成。

③防治贫血，氟能够促进肠道对铁的吸收。研究发现缺氟可以引起动物的造血功能障碍。

④适量的氟、钙和磷有协同作用，有利于骨骼的生长发育，影响哺乳动物的生长发育和繁殖。

⑤通过某些酶的作用影响神经系统的兴奋性，影响烯醇酶的活性。

⑥氟还具有良好的抗衰老作用。

4. 参与体内糖代谢及呼吸过程，是糖代谢和呼吸不可缺少的辅助因子，与乙酰辅酶A的形成有关，还与脂肪酸的代谢有关

镁，元素符号：Mg。

种类：常量元素，占人体体重0.027%。

主要功能：人体中镁50%沉积于骨骼中，其次在细胞内部，血液中只占2%，镁和钙一样具有保护神经的作用，是很好的镇静剂，严重缺乏镁元素时，会使大脑的思维混乱，丧失方向感，产生幻觉，甚至精神错乱。镁是降低血液中胆固醇的主要催化剂，又能防止动脉粥样硬化，所以摄入足量的镁，可以防治心脏病。镁又是人和哺乳类动物体内多种酶的活化剂。人体中每一个细胞都需要镁，它对于蛋白质的合成、脂肪和糖类的利用及数百组酶系统都有重要作用。因为多数酶中都含有 VB_6，必须与镁结合，才能被充分地吸收、利用。缺少其中一种都会出现抽筋、颤抖、失眠、肾炎等症状，因此镁和 VB_6 配合可治疗癫痫病。镁和钙的比例得当，可帮助钙的吸收，其适当比例为 $Mg/Ca = 0.4 \sim 0.5$。若缺少镁，钙会随尿液流失，若缺乏镁和 VB_6，则钙和磷会形成不溶性磷酸钙结石（胆结石、肾结石、膀胱结石），这也是动脉硬化的原因。镁还是利尿剂和导泻剂。若镁过量太多则会引起镁、钙、磷从粪便、尿液中大量流失，从而导致肌肉无力、眩晕、丧失方向感、反胃、心跳变慢、呕吐甚至失去知觉。因此对钙、镁、磷的摄取都要适量，符合比例，就能保证健康长寿。镁最佳的来源是坚果、大豆和绿色蔬菜。男性比女性更需要镁。

2.2.2　微量元素的生理功能

微量矿物元素的生理功能①概括起来主要包括以下六个方面。

①微量矿物元素在酶系统中起着特异的活化作用：有些微量元素是机体内多种酶的重要成分。酶属于分子量大且极为复杂的蛋白质结构，它能加速生物化学的反应速率。在已知的酶中，大多数都含有一个或几个金属离子。当酶分子失去了微量金属元素时，酶的活力就会丧失或下降。

②微量矿物元素帮助机体的激素发挥效用。激素是人体的内分泌腺分泌物进入血液中的化学物质，它能调节人体的重要生理功能。激素调节功能的发挥，需要与细胞表面或细胞内部的几个关键位置相互作用，而微量元素正是能够促进这种作用发生的物质。例如碘在甲状腺素中的作用。

---

①　颜世铭，等．实用元素医学［M］．郑州：河南医科大学出版社，1999.

③把普通元素运送到全身：微量元素铁是红细胞血红蛋白的重要成分，血红蛋白把氧带到组织细胞中，如缺铁就不能合成血红蛋白，氧就无法输送，组织细胞就不能进行正常代谢。

④平衡人体生理功能：微量矿物元素在体液内能调节渗透压、离子平衡和酸碱并维持人体正常的生理功能。

⑤遗传作用：微量矿物元素与核酸的功能有关。核酸是遗传信息的携带者，而核酸中带有相当多的微量元素（铬、铁、锌、铜、锰、镍等）。动物实验表明，这些元素能影响核酸的代谢，所以微量元素可能在遗传中起着某种作用。

⑥参与维生素的结构：某些微量矿物元素是维生素的活性组成部分，例如维生素 B_{12} 中的钴，没有钴就不能合成维生素 B_{12}。

大量证据显示矿物元素的存在与否以及这些元素之间的平衡起着重要的生化和营养功用。人体对矿物元素的吸收依赖于很多因素，包括年龄、胃酸分泌量、肠道菌群、肠道疾病和寄生虫以及膳食纤维的摄入量等。

1. 铁（Ⅱ，Ⅲ）

铁，元素符号：Fe。

种类：微量元素，占人体体重 0.006%。

铁（Ⅱ，Ⅲ）的主要功能是作为机体内运载氧分子的呼吸色素。例如，哺乳动物血液中的血红蛋白和肌肉组织中的肌红蛋白的活性部分都由铁（Ⅱ）和卟啉组成。其次，含铁蛋白（如细胞色素、铁硫蛋白）是生物氧化还原反应中的主要电子载体，它是所有生物体内能量转换反应中不可缺少的物质。

主要功能：铁是人体的必需微元素，在人体内的分布非常广，几乎所有组织都包含铁，以肝、脾含量为最高，肺内也含铁。铁是血红蛋白的重要组成部分，是血液里输送氧和交换氧的重要元素，铁同时又是很多酶的组成成分与氧化还原反应酶的活化剂。铁元素对人体的生理作用概括起来包括：

①铁为血红蛋白与肌红蛋白、细胞色素A以及一些呼吸酶的成分，参与体内氧与二氧化碳的转运、交换和组织呼吸的过程。铁与红细胞形成和成熟有关，铁在骨髓造血组织中进入幼红细胞内，与卟啉结合形成正铁血红素，后者再与珠蛋白合成血红蛋白。缺铁时，新生的红细胞中血红蛋白量不足，甚至影响DNA的合成及幼红细胞的分裂增殖，还可使红细胞寿命缩短、自身溶血增加。

②铁与免疫的关系，铁可提高机体免疫力，增加中性粒细胞和吞噬细胞的功能。但当感染时，过量铁往往促进细菌的生长，对抵御感染不利。

③铁还参与许多重要功能，如催化促进β-胡萝卜素转化为维生素A、嘌呤与胶原的合成、抗体的产生、脂类从血液中转运以及药物在肝脏的解毒等。

2. 铜（Ⅰ、Ⅱ）

铜，元素符号：Cu。

种类：微量元素，占人体体重0.01%。

铜（Ⅰ、Ⅱ）的主要功能与铁相似，起着载氧色素（如血蓝蛋白）和电子载体（如铜蓝蛋白）的作用。另外，铜对调节体内铁的吸收、血红蛋白的合成以及形成皮肤黑色素、影响结缔组织、弹性组织的结构和解毒都具有一定作用。

主要功能：铜是原氧化剂又是抗氧化剂。铜在机体内的生化功能主要是催化作用，许多含铜金属酶作为氧化酶，参与体内氧化还原过程，尤其是将氧分子还原为水，许多含铜金属酶已在人体中被证实，有着重要的生理功能。

（1）构成含铜酶与铜结合蛋白的成分。

（2）维持正常造血功能。铜参与铁的代谢和红细胞生成。

（3）促进结缔组织形成。

（4）维护中枢神经系统的健康。铜在中枢神经系统中的一些遗传性和偶发性神经紊乱的发病中有着重要作用。

（5）促进正常黑色素形成及维护毛发正常结构。

（6）保护机体细胞免受超氧阴离子的损伤。

（7）铜对脂质和糖代谢有一定影响，缺少铜元素可使血中胆固醇水平升高，但过量铜又能引起脂质代谢紊乱。铜对血糖的调节也有重要作用。缺铜后葡萄糖耐量降低，对某些用常规疗法无效的糖尿病患者，给以小剂量铜离子治疗，常可使病情明显改善，血糖降低。

（8）铜对免疫功能、激素分泌等也有影响，缺铜虽对免疫功能指标有影响，但补充铜并不能使之逆转。

3. 锌

锌，元素符号：Zn。

种类：微量元素，占人体体重0.0033%。

锌离子是许多酶的辅基或酶的激活剂。维持维生素A的正常代谢功能及对黑暗环境的适应能力，维持正常的味觉功能和食欲，维持机体的生长发育特别是对促进儿童的生长和智力发育具有重要的作用。

主要功能：锌的主要生理功能有：

（1）锌可以作为多种酶的功能成分或激活剂。

（2）促进生长发育，促进核酸及蛋白质的生物合成。

（3）增强免疫及吞噬细胞的功能。

（4）有抗氧化、抗衰老、抗癌的作用。

4. 锰（Ⅱ、Ⅲ）

锰，元素符号：Mn。

种类：微量元素，占人体体重0.002%。

锰（Ⅱ、Ⅲ）是水解酶和呼吸酶的辅因子。没有含锰酶就不可能进行专一的代谢过程，如尿的形成。锰也是植物光合作用过程中光解水的反应中心。此外，锰还与骨骼的形成和维生素C的合成有关。

主要功能：锰的主要功用和镁相似，是许多酶的激活剂，如激酶、磷酸转移酶、水解酶和脱氢酶等。锰也是精氨酸酶、丙酮酸脱羧酶、超氧化物歧化酶的组成成分，在三羧酸循环中起重要作用。锰参与形成骨骼基质中的硫酸软骨素，维持正常繁殖，与碳水化合物、脂肪代谢有关。因此，锰对动物生长、骨骼发育、繁殖和产奶都有影响。

锰元素减低见于各种贫血、慢性淋巴细胞白血病、淋巴肉芽肿。

锰元素增高见于慢性锰中毒、骨髓瘤。

5. 钼

钼，元素符号：Mo。

种类：微量元素，占人体体重0.001%。

钼是固氮酶和某些氧化还原酶的活性组分，参与氮分子的活化和黄嘌呤、硝酸盐以及亚硫酸盐的代谢。阻止致癌物亚硝胺的形成，抑制食管和肾对亚硝胺的吸收，从而防止食道癌和胃癌的发生。

主要功能：钼的生物属性也很重要，它不仅是植物也是动物必不可少的微量元素。钼是植物体内固氮菌中钼黄素蛋白酶的主要成分之一；也是植物硝酸还原酶的主要成分之一；还能激发磷酸酶活性，促进作物内糖和淀粉的合成与输送；有利于作物早熟。钼是七种重要微量营养元素之一。钼还是动物体内肝、肠中黄嘌呤氧化酶、醛类氧化酶的基本成分之一，也是亚硫酸肝素氧化酶的基本成分。研究表明，钼还有明显防龋作用，钼对尿结石的形成有强烈抑制作用，人体缺钼易患肾结石。一个体重70千克的健康人，体内含钼9毫克。对于人类，钼是第二、第三类过渡元素中已知唯一的人体必不可少的元素，与同类过渡元素相比，钼的毒性极低，甚至可认为基本无毒。当然，过量地食入也会加速人体动脉壁中弹性物质——缩醛磷脂——氧化。所以，土壤含钼过高的地区，癌症发病率较低但痛风病、全身性动脉硬化的发病率较高。而食入含钼过量的饲草类动物，尤其长角动物易患胃病。

膳食及饮水中的钼化合物，极易被吸收。经口摄入的可溶性钼酸铵约88%~93%可被吸收。膳食中的各种含硫化合物对钼的吸收有相当强的阻抑作用，硫化钼口服后只能吸收5%左右。钼酸盐被吸收后仍以钼酸根的形式与血液中的巨球蛋白结合，并与红细胞有松散的结合。血液中的钼大部分被肝、肾摄取。在肝脏中的钼酸根一部分转化为含钼酶，其余部分与蝶呤结合形成含钼的辅基储存在肝脏中。身体主要以钼酸盐形式通过肾脏排泄钼，膳食钼摄入增多时肾脏排泄钼也随之增多。因此，人体主要是通过肾脏排泄而不是通过控制吸收来保持体内钼平衡，也有一定数量的钼随胆汁排泄。

钼作为3种钼金属酶的辅基而发挥其生理功能，催化一些底物的羟化反应。黄嘌呤氧化酶催化次黄嘌呤转化为黄嘌呤，然后转化成尿酸。醛氧化酶催化各种嘧啶、嘌呤、蝶啶及有关化合物的氧化和解毒。亚硫酸盐氧化酶催化亚硫酸盐向硫酸盐的转化。有研究者还发现，在体外实验中，钼酸盐可保护肾上腺皮质激素受体的活性。据此推测，它在体内可能也有类似作用。还有人推测，钼酸盐之所以能够影响糖皮质激素受体，是因为它与一种称为“调节素”的内源性化合物相似。

2000年中国营养学会根据国外资料，制定了中国居民膳食钼参考摄入量，成人适宜摄入量为60微克/天；最高可耐受摄入量为350微克/天。2013年修订后，成人适宜摄入量为100微克/天；最高可耐受摄入量为900微克/天。

6. 钴

钴，元素符号：Co。

种类：微量元素，占人体体重0.0002%。

钴是体内重要维生素B_{12}的组分。维生素B_{12}参与体内很多重要的生化反应，主要包括脱氧核糖核酸（DNA）和血红蛋白的合成，氨基酸的代谢和甲基的转移反应等。

主要功能：钴是维生素B_{12}组成部分，反刍动物可以在肠道内将摄入的钴合成为维生素B_{12}，而人类与单胃动物不能将钴在体内合成B_{12}。还不能确定钴的其他的功能，但体内的钴仅有约10%是维生素的形式。已观察到无机钴对刺激红细胞生成有重要的作用。有种贫血用叶酸、铁、B_{12}治疗皆无效，有人用大剂量的二氯化钴却可治疗这类贫血。然而，这么大剂量钴反复应用可引起中毒。钴对红细胞生成作用的机制是影响肾释放促红细胞生成素，或者通过刺激胍循环。还观察到供给钴后可使血管扩张和面部发红，这是由于肾释放舒缓肌肽，钴对甲状腺的功能可能有作用，动物实验结果显示，甲状腺素的合成可能需要钴，钴能拮抗碘缺乏产生的影响。

钴元素能刺激人体骨髓的造血系统，促使血红蛋白的合成及红细胞数目的增加。大多以组成维生素 B_{12} 的形式参加体内的生理作用。钴刺激造血的机制为：①通过产生红细胞生成素刺激造血。钴元素可抑制细胞内呼吸酶，使组织细胞缺氧，反馈刺激红细胞生成素产生，进而促进骨髓造血。②对铁代谢的作用。钴元素可促进肠黏膜对铁的吸收，加速贮存铁进入骨髓。③通过维生素 B_{12} 参与核糖核酸及造血物质的代谢，作用于造血过程。④钴元素可促进脾脏释放红细胞（血红蛋白含量增多，网状细胞、红细胞增生活跃，周围血中红细胞增多），从而促进造血功能。

7. 铬（Ⅲ）

铬，元素符号：Cr。

种类：微量元素，占人体体重 0.0003%。

铬（Ⅲ）是胰岛激素的辅因子，也是胃蛋白酶的重要组分，还经常与核糖核酸（RNA）共存。它的主要功能是调节血糖代谢，帮助维持体内所允许的正常葡萄糖含量，并和核酸脂类、胆固醇的合成以及氨基酸的利用有关。

主要功能：铬是人体内必需的微量元素之一，它在维持人体健康方面起关键作用。铬是对人体十分有利的微量元素，不应该被忽视，它是正常生长发育和调节血糖的重要元素。铬在人体内的含量约为 7 毫克，主要分布于骨骼、皮肤、肾上腺、大脑和肌肉之中。那么，铬元素对人体到底有什么样的作用呢?

随着年龄的增长而逐渐减少，铬的需要量很少，铬作为一种必要的微量营养元素在所有胰岛素调节活动中起重要作用，它能帮助胰岛素促进葡萄糖进入细胞内的效率，是重要的血糖调节剂。在血糖调节方面，特别是对糖尿病患者而言有着重要的作用。它有助于生长发育，并对血液中的胆固醇浓度也有控制作用，缺乏时可能会导致心脏疾病。

当人体缺乏铬时，就很容易表现出糖代谢失调，如不及时补充这种元素，就会患糖尿病，诱发冠状动脉硬化导致心血管病，严重的会导致白内障、失明、尿毒症等并发症。

铬还是葡萄糖耐量因子的组成成分，它可促进胰岛素在体内充分地发挥作用。在生理上对机体的生长发育来说，胰岛素和生长激素同等重要，缺一不可。胰岛素在人体内的作用非常大，既是体内重要的合成激素可促进葡萄糖的摄取、贮存和利用，又可促进脂肪酸的合成，还能促进蛋白质的合成和贮存。因此，青少年想健康、科学的成长发育，一定不能缺少铬。

有一些人听说自己缺铬，就盲目补铬。把高铬食物当作营养品来长期服用，使人体处在一个高铬的状态。其实盲目地补铬是不可取的，如果摄取过量铬的毒性与其存在的价态有极大的关系，六价铬的毒性比三价铬高约 100 倍，但不同化合物毒性不同。六价铬化合物在高浓度时具有明显的局部刺激作用和腐蚀作用，低浓度时为常见的致癌物质。在食物中大多为三价铬，其口服毒性很低，可能是由于其吸收非常少。

铬虽然人体需要量很少，但作用很大。它是使胰岛素起作用的一种重要元素。糖尿病人存在缺铬和缺锌的问题，并且有并发症时患者的铬、锌含量均显著低于无并发症患者。三价铬可以改善胰岛素的敏感性。

含铬量比较高的食物主要是一些粗粮，如我们通常食用的小麦、花生、蘑菇等，另外胡椒以及动物的肝脏、牛肉、鸡蛋、红糖、乳制品等都是含有铬元素比较高的食品。多吃这些食品，就能保证人体的铬元素的充足。当然，前提是保证流失不会过多。

8. 钒、锡、镍

钒、锡、镍是人体有益元素，钒能降低血液中胆固醇的含量，具有胰岛素的作用，对糖尿病人有一定的好处。锡可能与蛋白质的生物合成有关。镍能促进体内铁的吸收、红细胞的增长和氨基酸的合成等。

（1）钒，元素符号：V。

种类：微量元素，占人体体重0.01%以下，组织中钒浓度低于10微克/克。

主要功能：钒是人体中的微量元素，在人体内含量大约为25毫克，在体液PH4～PH8条件下钒的主要形式为VO^{-3}，即亚钒酸离子（metavandate）；另一个为+5价氧化形式VO_4^{-3}即正钒酸离子（orthovanadate）。由于生物效应相似，一般钒酸盐（Va）统指这两种+5价氧化离子。VO^{-3}经离子转运系统或自由进入细胞，在胞内被还原型谷胱甘肽还原成VO^{2+}（+4价氧化态），即氧钒根离子（vanadyl）。由于磷酸和Mg^{2+}离子在细胞内广泛存在VO^{-3}与磷酸结构相似，VO^{2+}与Mg^{2+}大小相当（离子半径分别为160皮米和165皮米），因而二者就有可能通过与磷酸和Mg^{2+}竞争结合配体干扰细胞的生化反应过程。例如，抑制ATP磷酸水解酶、核糖核酶磷酸果糖激酶、磷酸甘油醛激酶、6－磷酸葡萄糖酶、磷酸酪氨酸蛋白激酶。所以，钒进入细胞后具有广泛的生物学效应。钒化合物又具有合成相对容易、价格较低廉的优势，因此研究钒化合物的降压机制有利于对钒的开发和利用。

国内外对钒化合物的研究已有20多年的历史，早期多集中在钒化合物降糖作用的研究，也有报道钒能舒张猪的离体冠状动脉。近期国外有些研究开始用钒化合物治疗原发性高血压大鼠，已经取到肯定的实验结果。有报道认为联麦氧钒（BMOV）可以降低SHR的高胰岛素血症和高血压。另有学者采用原发性高血压大鼠（SHR）和正常雄性大鼠（WKY）对比探讨钒化合物对血压的药物疗效，结果可见钒化合物使收缩压降低（149±3/毫米汞柱，非治疗组184±3毫米汞柱，$P<0.0001$）。

钒是正常生长可能必需的矿物质，钒有多种价态，有生物学意义的是四价和五价态。四价态钒为氧钒基阳离子，易与蛋白质结合形成复合物，而防止被氧化。五价态钒为氧钒基阳离子，易与其他生物物质结合形成复合物，在许多生化过程中，钒酸根能与磷酸根竞争，或取代磷酸根。钒酸盐容易被维生素C、谷胱甘肽或NADH还原。其在人体健康方面的作用，营养学界，医学界至今仍不是很清楚，仍处在进一步发掘的过程中，但可以确定，钒有重要作用。一般认为，它可能有助于防止胆固醇蓄积、降低过高的血糖、防止龋齿、帮助制造红血球等。人体每天会经尿液流失部分钒。

钒在人体内含量极低，体内总量不足1毫克。主要分布于内脏，尤其是肝、肾、甲状腺等部位，骨组织中含量也较高。人体对钒的正常需要量为100微克/天。

钒在胃肠吸收率仅5%，其吸收部位主要在上消化道。此外环境中的钒可经皮肤和肺被吸入体中。血液中约95%的钒以离子状态（VO^{2+}）与转铁蛋白结合而传输，因此，钒与铁在体内可相互影响。

钒对骨和牙齿正常发育及钙化有关，能增强牙对龋牙的抵抗力。钒还可以促进糖代谢，刺激钒酸盐依赖性NADPH①氧化反应，增强脂蛋白脂酶活性，加快腺苷酸环化酶活化和氨基酸转化及促进红细胞生长等作用。因此，钒缺乏时可出现牙齿、骨和软骨发育受阻。肝内磷脂含量少、营养不良性水肿及甲状腺代谢异常等。

人类摄入的钒只有少部分被吸收，估计吸收的钒不足摄入量的5%，大部分由粪便排出。摄入的钒于小肠与低分子量物质形成复合物，然后在血中与血浆运铁蛋白结合，血中钒很快就运到各组织，通常大多组织每克湿重含钒量低于10纳克。吸收入体内的80%～90%由尿排出，也可以通过胆汁排出，每克胆汁含钒为0.55～1.85纳克。

有实验显示，钒调节（Nak）－ATP酶、调节磷酰转移酶、腺苷酸环化酶、蛋白激酶类的辅因子，与体内激素，蛋白质，脂类代谢关系密切。可抑制年幼大鼠肝脏合成胆固醇。可能存在以下作用：①防止因过热而疲劳和中暑。②促进骨骼及牙齿生长。③协助脂肪代谢的正常化。④预防心脏病突发。⑤协助神经和肌肉的正常运作。

人的膳食中每天可提供不足30微克的钒，多为15微克，因此考虑

---

① NADPH即还原型辅酶Ⅱ，学名为还原型烟酰胺腺嘌呤二核苷酸磷酸，是一种辅酶，N是指烟酰胺，A是指腺嘌呤，D是指二核苷酸，P是指磷酸基团。

每天从膳食中摄取10微克钒就可以满足需要。一般不需要特别补充；需要提醒的是，摄取合成的钒容易引起中毒；另外，吸烟会降低钒的吸收。

钒在体内不易蓄积，因而由食物摄入引起的中毒十分罕见，但每天摄入10毫克以上或每克食物中含钒10～20微克，可发生中毒。通常可出现生长缓慢、腹泻、摄入量减少和死亡。

最具代表性的钒缺乏表现来自于1987年报道的对山羊和大鼠的研究，钒缺乏的山羊表现出流产率增加和产奶量降低。大鼠实验中，钒缺乏抑制生长，甲状腺重量与体重的比率增加以及血浆甲状腺激素浓度的变化。对于人体缺乏症研究尚不明确，有的研究认为它的缺乏可能会导致心血管及肾脏疾病、伤口再生修复能力减退和新生儿死亡。

（2）锡，元素符号：Sn。

种类：微量元素，占人体体重0.002%。

主要功能：锡是人体不可缺少的微量元素之一，它对人们进行各种生理活动和维护人体的健康有着重要影响。首先，表现在抗肿瘤方面。因为锡在人体的胸腺中能够产生抗肿瘤的锡化合物，抑制癌细胞的生成。其次，锡能促进蛋白质和核酸的合成，有利于身体的生长发育；也能促进血红蛋白的分解，从而影响血红蛋白的功能。再次，锡能抑制铁的吸收和卟啉类的生物合成，从而促进组织生长和创伤愈合，并能参与能量代谢。最后，锡能组成多种酶以及参与黄素酶的生物反应，能够增强体内环境的稳定性等。人体缺锡会导致蛋白质和核酸的代谢异常，阻碍生长发育，尤其是儿童，严重者会患上侏儒症。

如体内缺锡，补充锡的食物来源如下：

微量元素锡含量比较丰富的食物有鸡胸肉、牛肉、羊排、黑麦、龙虾、玉米、麦面粉、黑豌豆、蚕豆、绿豆、芝麻、葵花籽、蘑菇、甜菜、甘蓝、咖啡、糖蜜、花生、牛奶、香蕉、山楂、大蒜等。

罐头食品如沙丁鱼、菠菜、芦笋、桃子、胡萝卜等也含有较为丰富的微量元素锡，但多吃罐头食品对身体没有好处，故应慎食。

一般来讲，金属锡是无毒的，简单的锡化合物和锡盐的毒性非常低，但人们食入或者吸入过多的锡，就有可能出现头晕、腹泻、恶心、胸闷、呼吸急促、口干等不良症状，并且导致血清中钙含量降低，严重时还有可能引发肠胃炎。而工业中的锡中毒，则会导致神经系统、肝脏功能、皮肤黏膜等受到损害。与以上所述无机锡中毒不同，有机锡化合物多数有害，属神经素性物质。部分有机锡化合物是剧烈神经毒素，特别是三乙基锡，他们主要抑制神经系统的氧化磷酸化过程，从而损害中枢神经系统。

有机锡化合物中毒会影响神经系统能量代谢和氧自由基的清除，引起严重疾病：①脑部弥漫性的不同程度的神经元退行性变化，脑血管扩张充血，脑水肿和脑软化，且白质部分最明显。②严重而广泛的脊髓病变性疾病。③全身神经损害引起头痛、头晕、健忘等症状。④严重的后遗症。

其他影响：锡及其化合物的毒性还可以影响人体对其他微量元素的吸收和代谢，如影响人体对锌、铁、铜、硒等元素的吸收等，还会降低血液中 K + 等的浓度，而导致心律失常等疾病。

（3）镍，元素符号：Ni。

种类：微量元素，占人体体重 0.001%。

主要功能：致敏性。镍是最常见的致敏性金属，约有 20% 左右的人对镍离子过敏，女性患者的人数要高于男性患者，在与人体接触时，镍离子可以通过毛孔和皮脂腺渗透到皮肤里面去，从而引起皮肤过敏发炎，其临床表现为皮炎和湿疹。一旦出现致敏，镍过敏能常无限期持续。患者所受的压力、汗液、大气与皮肤的湿度和摩擦会加重镍过敏的症状。镍过敏性皮炎临床表现为瘙痒、丘疹性或丘疹水疱性的皮炎，伴有苔藓化。

临床观察：在较高等动物与人的体内，镍的生化功能尚未了解。但体外实验，动物实验和临床观察提供了有价值的结果。

（1）体外实验显示了镍硫胺素焦磷酸（辅羧酶）、磷酸吡哆醛、卟啉、蛋白质和肽的亲和力，并证明镍也与 RNA 和 DNA 结合。

（2）镍缺乏时肝内 6 种脱氢酶减少，包括葡萄糖 –6 – 磷酸脱氢酶、乳酸脱氢酶、异柠檬酸脱氢酶、苹果酸脱氢酶和谷氨酸脱氢酶。这些酶参与生成NADH、无氧糖酵解、三羧循环和由氨基酸释放氮。而且镍缺乏时显示肝细胞和线粒体结构有变化，特别是内网质不规整，线粒体氧化功能降低。

（3）贫血病人血镍含量减少，而且铁吸收减少，镍有刺激造血功能的作用，人和动物补充镍后红细胞、血红素及白细胞增加。

生理需要：由于膳食中每日摄入镍70～260微克/天，人的需要量是根据动物实验结果推算的，可能需要量为25～35微克/天。

过量表现：每天摄入可溶性镍250毫克会引起中毒。有些人比较敏感，摄入600微克即可引起中毒。依据动物实验，慢性超量摄取或超量暴露，可导致心肌、脑、肺、肝和肾退行性变。

有资料显示，每天喝含镍高的水会增加癌症发病率，特别是已患癌症且在放化疗期间必须杜绝与镍产品接触。市场上经销的部分陶瓷制食用具应慎重选择使用，平时生活中拿一个含镍高的陶瓷具做饮水具，会提高发病机会。

另外，也有一些非正规厂家生产的性药品也有镍的高成分。所以对镍与人身健康应高度重视。

缺乏症：动物实验显示缺乏镍可出现生长缓慢，生殖力减弱。

9. 硅

硅，元素符号：Si。

种类：微量元素，占人体体重2.6×10^{-4}。

硅是骨骼、软骨形成的初期阶段所必需的组分。同时，能使上皮组织和结缔组织保持必需的强度和弹性，保持皮肤的良好的化学和机械稳定性以及血管壁的通透性，还能排除机体内铝的毒害作用。

主要功能：硅是人体必需的微量元素之一。硅及含硅的粉尘对人体最大的危害是引起矽肺（silicosis）。矽肺是严重的职业病之一，矿工、石材加工工人以及其他在含有硅粉尘场所的工人应采取必要的防护措施。

硅在结缔组织、软骨形成中硅是必需的，硅能将粘多糖互相联结，并将粘多糖结合到蛋白质上，形成纤维性结构，从而增加结缔组织的弹性和强度，维持结构的完整性；硅参与骨的钙化作用，在钙化初始阶段起作用，食物中的硅能增加钙化的速度，尤其当钙摄入量低时效果更为明显；胶原中约21%的氨基酸为羟脯氨酸，脯氨酰羟化酶使脯氨酸羟基化，此酶显示最大活力时需要硅；通过对不同来源的胶原分析，结果显示硅是胶原组成成分之一。

参考摄入量：由于没有人体硅需要量的实验资料，因此难以提出合适的人体每日硅的需求量，由动物实验推算，硅若易吸收，每天人体的需要量可能为2～5毫克。但膳食中大部分的硅不易被吸收，推荐摄入量每天约为5～10毫克，可以认为每日摄入20～50毫克是适宜的。

过量表现：高硅症，高硅饮食的人群中曾发现局灶性肾小球肾炎，肾组织中含硅量明显增高的个体。也有报道大量服用硅酸镁（含硅抗酸剂）可能诱发人类的尿路结石。

硅肺病，经呼吸道长期吸入大量含硅的粉尘，可引起矽肺。

矽肺（silicosis）又称硅肺，是尘肺中最为常见的一种类型，是由于长期吸入大量含有游离二氧化硅粉尘所引起，以肺部广泛的结节性纤维化为主的疾病。矽肺病人由于两肺发生广泛性纤维组织增生，肺组织的微血管循环受到障碍，抵抗力下降，因而容易引起并发症，导致病情恶化，甚至死亡。

不足表现：饲料中缺少硅可使动物生长迟缓，缺乏导致头发、指甲易断裂，皮肤失去光泽。动物试验结果显示，喂饲致动脉硬化饮料的同时补充硅，有利于保护动物的主动脉的结构。另外，已确定血管壁中硅含量与人和动物粥样硬化程度成反比。在心血管疾病长期发病率相差两倍的人群中，其饮用水中硅的含量也相差约两倍，饮用水硅含量高的人群患病较少。

硅是一种非常安全的物质，本身不予免疫系统反应，也不会被细胞吞噬，更不会滋生细菌或与化学物质发生反应，同时针对皮肤伤口所开发生产的硅胶，可以用来保护伤口，是安全性非常高的材料，受各国卫生机关许可使用。

10. **硒**

硒，元素符号：Se。

种类：微量元素，人体中的硒约为 15 毫克，即约相当于 0.2 微克/千克。

硒是谷胱甘肽过氧化物酶的必要构成部分，具有保护血红蛋白（包括其他细胞、组织）免受过氧化氢和过氧化物损害的功能，同时具有抗衰老和抗癌的生理作用。在我国除湖北恩施、陕西紫阳属高硒地区外，大部分属低硒或贫硒地区。硒具有广泛且十分重要的生理作用。如果五谷轮回继续遭受破坏，必将加重土壤缺硒，进而对人体健康产生严重不良影响。以下介绍硒的主要生理作用。

主要功能：硒是人体必需的微量元素。中国营养学会也将硒列为人体必需的 15 种营养素之一，国内外大量临床试验表明，人体缺硒可引起某些重要器官的功能失调，导致许多严重疾病发生，全世界 40 多个国家处于缺硒地区，中国 22 个省份都处于缺硒或低硒地带，这些地区的人口肿瘤、肝病、心血管疾病等发病率很高。硒也是市场开发应用最广泛的微量元素。

研究表明，低硒或缺硒人群通过适量补硒不但能够预防肿瘤、肝病等的发生，而且可以提高机体免疫能力，维护心、肝、肺、胃等重要器官正常功能，预防老年性心、脑血管疾病的发生。

（1）与肝病。硒是人体必需的微量元素，在人体中，肝脏是含硒量最多的器官之一，多数肝病患者体内均存在硒缺乏现象，并且病情愈重，缺硒也愈重。硒被认为是肝病的天敌、抗肝坏死保护因子，国内外多项研究均表明，乙肝迁延不愈与缺硒有很大关系，肝病患者补硒有很好的效果。

硒元素与肝病的医理作用：

①增强免疫功能，防止肝病反反复复。肝病患者普遍免疫功能低下，这就直接造成了机体识别以及抑制病毒能力的下降，其最明显的表

现就是体内的病毒难于完全清除，病情容易反复发作，而硒是强效免疫调节剂，可作为免疫系统的非特异刺激因素，刺激体液免疫和细胞免疫系统，增强机体的免疫功能，提高肝脏自身的抗病能力，从而有助于防止肝病病情的反复发作。另外，硒还可通过提高免疫功能来改善肝病患者的多种体表症状，如：甲型、乙型肝炎患者补硒能够在相对较短的时间内，大大改善食欲不振、身体乏力，面容灰暗等症状。

②提高抗氧化能力，预防肝纤维化。肝病患者体内普遍缺硒，而硒的缺乏，一方面会造成免疫功能降低，另一方面还会引起机体内抗氧化系统遭到破坏而使有害物质“自由基”的清除受到障碍，过多的自由基会造成肝脏损伤，从而导致肝病病情的恶化，而硒是一种强抗氧化剂，而且是抗氧化酶（谷胱甘肽过氧化物酶）的关键成分。二者可清除自由基和自由基连锁反应的有害产物，从而保护肝细胞的结构完整，促进肝功能恢复，防止肝纤维化。

特别提醒：肝纤维化几乎是肝病向肝硬化、肝癌转化的必经之路，抑制肝纤维化的发生，对防止肝硬化具有重要意义。

③阻断病毒突变，加速病体康复。肝病多是病毒引起，而病毒在人体缺硒时极易变异，从而变本加厉地对人体产生伤害。美国和欧洲科学家合作进行的研究显示，人类的流行性感冒病毒在缺乏硒的动物身上会变得更凶猛、更危险，这是由于变异的病毒不但会逃避身体免疫监控，还会降低治疗药物的作用，影响治疗效果，研究发现，硒是唯一与病毒感染有一定直接关系的营养素，补硒有利于阻断病毒的变异，加速病体的康复。

④解毒除害，保护肝脏。硒具有良好的解毒功能，能拮抗多种有毒重金属物质（如：汞、铅、苯、砷等）和一些有害化合物，从而减少环境中有毒物质对肝脏的伤害。

⑤与药物协同、效果事半功倍。在肝病治疗中会用到一些药物，明知其有毒副作用，却又不得不用，如何增强药物效果，缩短病程呢？研究发现：当硒与药物联合使用时，可能会出现良好的协同或相加效应，从而有利于改善药物的毒副作用，提高药物的疗效。

硒是人体中谷胱甘肽过氧化酶的组成部分之一，有保护细胞膜完整性的重要作用，同时还能增加细胞的免疫功能，提高中性粒细胞和巨噬细胞吞噬异物的作用，增加免疫球蛋白 IgM、IgG 的产生。研究表明含硒量高的食物可明显抑制大鼠肝脏炎症的发展，如果食物中含硒量过低或缺乏，那么乙型肝炎表面抗原阳性率及肝癌的发生率就增高。自然界中含硒的食物很多，含量较高的有鱼类、虾类等水产品，其次为动物的心、肾、肝。蔬菜中含量最高的为金花菜、荠菜、大蒜、蘑菇。其次为豌豆、大白菜、南瓜、萝卜、韭菜、洋葱、番茄、莴苣等。部分水果中也含有硒，如桑葚、桂圆、软梨、苹果等。

（2）与胃病。人体内的硒含量越低，胃部患病的可能性越大，浅表性胃炎患者体内含硒量往往比健康人要低，血液中含硒量低的萎缩性胃炎患者“癌变”的可能性大大增加。多数胃癌病人处于硒缺乏状态。

硒元素与胃病的医理作用。人体内硒水平的降低，会造成免疫功能缺失及抗氧化能力的下降，引起胃黏膜屏障不稳定，黄嘌呤氧化酶在应急情况下会持续升高，造成胃黏膜缺血性损伤，氧自由基增多，导致胃炎、胃溃疡等消化系统病变。硒是一种天然抗氧化剂，能有效抑制活性氧生成，清除人体代谢过程中所产生的垃圾—自由基，阻止胃黏膜坏死，促进黏膜的修复和溃疡的愈合，预防癌变。所以，每天服用一定量的硒将有助于慢性胃病患者控制病情，缓解胃病症状。

（3）与放化疗。放化疗患者机体免疫功能的衰退，有可能会进一步促使肿瘤失去免疫监控，加速增殖。这就是为什么很多肿瘤患者经放、化疗后，病情一时有所好转，但很快又恶化，导致边治疗、边扩散、边转移，同时，患者经放、化疗后机体抗感染能力也会大大减弱，从而增加了许多危及生命的并发症的发生。硒是一种优良的放化疗辅助剂，肿瘤患者在放化疗期间服用硒可以起到多方面的作用。

硒元素与放化疗的医理作用。补硒可以提高放化疗患者机体的免疫力，使患者机体有足够能力顺利完成放化疗，免疫力的提高也有利于帮助肿瘤患者尽快康复，同时预防肿瘤的转移与复发，另外，长期适当地服用硒对人体不会产生任何的副作用，可以连续使用。

补硒不但可减少恶心、呕吐、肠胃功能紊乱，食欲减退、严重脱发等放化疗时的毒副反应，还可减轻化疗引起的白细胞的下降程度。

由化疗药物所致的骨髓毒副反应主要是使细胞脂质氧化，过多的过氧化物堆积，引起基质细胞的损伤，由此累及骨髓的贮血和造血功能。硒是有效的抗氧化剂，服用硒可增强人体抗氧化功能，抑制过氧化反应，分解过氧化物，清除自由基和修复细胞损伤，调节机体代谢及其增强免疫功能。临床研究证实，在化疗前后服用较大剂量的硒制剂，白细胞总数及中性粒细胞数与不用硒制剂比较显著提高，这比用粒细胞刺激因子一类昂贵药物要经济得多。

补硒能预防放化疗时出现耐药性：长期的放化疗，肿瘤细胞容易产生耐药性。当肿瘤细胞受到放化疗攻击时，一部分肿瘤细胞死亡，一部分逃脱了死亡，并在细胞内建立了抵御放化疗的强大工事，使再次放化疗的效果明显下降。而在化疗的同时补硒，可以显著降低肿瘤细胞对化疗的耐药性，使肿瘤细胞始终对化疗保持敏感，易于治疗。

硒能解除癌症患者化疗药物的毒性作用，在化疗药物中常用的磷酰氨、顺铂、氨甲喋呤、阿霉素、长春新碱和强的松等，在杀死癌细胞的同时，能引起许多副作用。进一步降低了人体的免疫功能，大大地限制了化疗药物的应用，能不能找到一种既能保持化疗药物的疗效，又能限制毒副作用的化疗性伴侣呢？国内外科学家苦苦探索，最终发现，最理想的伴侣就是硒，以硒作为解毒剂，可以加大化疗药物的剂量，使药力大大提高。

（4）与糖尿病。糖尿病对许多人特别是中老年朋友来讲已不太陌生。它被人们称为“富贵病”，并和肿瘤、心血管疾病一道被列为对现代人危害最大的三大慢性疾病。最近的医学研究表明，糖尿病患者体内普遍缺硒，其血液中的硒含量明显低于健康人。补充微量元素硒有利于改善糖尿病病人的各种症状，并可以减少糖尿病病人各种并发症的产生概率。糖尿病患者补硒有利于控制病情，防止病情的加深、加重。

硒与糖尿病的医理作用。糖尿病患者补硒有利于营养、修复胰岛细胞，恢复胰岛正常的分泌功能。

人体内必须有胰岛素的参与，葡萄糖才能被充分有效地吸收和利用，当胰岛素分泌不足或者身体对胰岛素的需求增多造成胰岛素的相对不足时，就会引发糖尿病。胰岛素分泌不足最直接的原因就是能够产生胰岛素的胰岛细胞受损或其功能没有发挥。而补硒可以保护、修复胰岛细胞免受损害，维持正常的分泌胰岛素的功能。医学专家提醒：营养、修复胰岛细胞，恢复胰岛功能，让其自行调控血糖才是治疗糖尿病的根本，清除自由基是预防和治疗糖尿病及其并发症的主要途径。

人体在新陈代谢的过程中会产生许多有害的物质自由基，其强烈的引发脂质过氧化作用就是糖尿病产生的重要原因之一，另外，糖尿病病人的高血糖也会引发体内自由基的大量产生，从而损伤人体内各种生物膜导致多系统损伤，出现多种并发症，后果极为严重，如何有效预防和减轻并发症呢，硒有着巨大的潜力，因为大量医学研究发现糖尿病病人补硒以后可以提高机体抗氧化能力，阻止这种攻击损害，保护细胞的膜结构，使胰岛内分泌细胞恢复、保持正常分泌与释放胰岛素的功能。

增强糖尿病患者自身抗病力是防止并发症的重要手段。

硒是强免疫调节剂，人体中几乎每一种免疫细胞中都含有硒，补硒可增强人体的体液免疫功能、细胞免疫功能和非特异性免疫功能，从而整体增强机体的抗病能力，这对处于免疫功能低下状态的糖尿病患者，无疑是增加了一道抗感染及预防并发其他疾病的坚固防线。

（5）硒与视力。视力是人类观察事物，从事工作、学习、生活、娱乐和情感交流的主要机能。视力好坏，已成为许多重要职业的基本条件。硒能催化并消除对眼睛有害的自由基物质，从而保护眼睛的细胞膜。若人眼长期处于缺硒状态，就会影响细胞膜的完整，从而导致视力下降和许多眼疾，如白内障、视网膜病、夜盲病等的发生。

（6）硒与脑功能。硒对脑功能是非常重要的，硒缺乏使一些“神经递质”的代谢速率改变，同时体内产生大量的有害物质自由基也无法得到及时清除，从而影响人体的脑部功能，而增加硒不但会减少儿童难以治愈的癫痫的发生，也可以有效地减轻焦虑、抑郁和疲倦，这种效果在缺硒人群中最明显。

（7）硒与甲状腺疾病。硒与人体内分泌激素关系密切，其中人体甲状腺中含硒量高于除肝、肾以外的其他组织，硒在甲状腺组织中具有非常重要的功能，可以调节甲状腺激素的代谢平衡，缺硒会造成甲状腺功能紊乱。

（8）硒与前列腺疾病。低硒地区的前列腺疾病发病率远远高于高硒地区，在前列腺病理演变过程中，元素镉起了重要作用，随着年龄的增长和环境的影响以及低硒导致了内分泌等的失调，使前列腺聚集镉而引发前列腺增生甚至肿瘤。而硒有抑制镉对人体前列腺上皮的促生长作用，从而减轻病情。

（9）硒与男性健康。男性不育症患者精液中硒水平普遍偏低，研究发现：精液中硒水平越高，精子数量越多，活力越强。人类精子细胞含有大量的不饱和脂肪酸，易受精液中存在的氧自由基攻击，诱发脂质过氧化，从而损伤精子膜，使精子活力下降，甚至功能丧失，造成不育。硒具有强大的抗氧化作用，可清除过剩的自由基，抑制脂质过氧化作用。男性不育症患者精液硒水平低，自然会削弱机体自身对精液中存在的氧自由基的清除和脂质过氧化的抑制，从而导致患者精子活力低下，死亡率高，引发不育症。

（10）过量。补硒不能过量，过量的摄入硒可导致中毒，出现脱发、脱甲等。中国大多数地区膳食中硒的含量是足够而安全的。临床所见的硒过量而致的硒中毒分为急性、亚急性及慢性。最主要的中毒原因就是机体直接或间接地摄入、接触大量的硒，包括职业性、地域性原因，饮食习惯及滥用药物等。所以补硒要严格精确摄入量建议服用有国家认证的补硒品。

①急性硒中毒。急性中毒通常是在摄入了大量的高硒物质后发生，每日摄入硒量高达400～800毫克/千克体重可导致急性中毒。主要表现为运动异常和姿势病态、呼吸困难、胃胀气、高热、脉快、虚脱并因呼吸衰竭而死亡。致死性中毒死亡前大多先有直接心肌抑制和末梢血管舒张所致顽固性低血压。其特征性症状为呼气有大蒜味或酸臭味、恶心、呕吐、腹痛、烦躁不安、流涎过多和肌肉痉挛。

急性硒中毒的患儿一般都有头晕、头痛、无力、嗜睡、恶心、呕吐、腹泻、呼吸和汗液有酸臭味、上呼吸道和眼结膜有刺激症状。重者有支气管炎、寒战、高热、出大汗、手指震颤以及肝肿大等表现。急性硒中毒的特征是脱头发和指甲、皮疹、发生周围神经病、牙齿颜色呈斑驳状态。实验室检查，白细胞增多，尿硒含量不高，2～3天后症状逐渐好转。误服亚硒酸钠者，产生多发性神经炎和心肌炎，应与急性硒中毒鉴别以防误诊。

②慢性硒中毒。慢性硒中毒往往是由于每天从食物中摄取硒2400～3000微克，长达数月之久才出现症状。表现为脱发、脱指甲、皮肤黄染、口臭、疲劳、龋齿易感性增加、抑郁等。一般慢性硒中毒都有头晕、头痛、倦怠无力、口内金属味、恶心、呕吐、食欲不振、腹泻、呼吸和汗液有酸臭味，还可能有肝肿大、肝功能异常，自主神经功能紊乱，尿硒增高。长期高硒使小儿身长、体重发育迟缓，毛发粗糙脆弱，甚至有神经症状及智能改变。慢性硒中毒的主要特征是脱发及指甲形状的改变。

缺硒是发生克山病的重要原因，缺硒也被认为是发生大骨节病的重要原因。大骨节病是一种地方性、多发性、变形性骨关节病。它主要发生于青少年，严重地影响骨发育和日后劳动生活能力。

11. 碘

碘，元素符号：I。

种类：微量元素，成年人体内含有20～50毫克。

碘参与甲状腺素的构成。溴以有机溴化物的形式存在于人和高等动物的组织和血液中。生物功能有待进一步确证。

主要功能：碘与人类的健康息息相关。碘是维持人体甲状腺正常功能所必需的元素。当人体缺碘时就会患甲状腺肿。因此碘化物可以防止和治疗甲状腺肿大。多食海带、海鱼等含碘丰富的食品，对于防治甲状腺肿大也很有效。碘的放射性同位素I可用于甲状腺肿瘤的早期诊断和治疗。

碘是人体的必需微量元素之一，有“智力元素”之称。健康的成人体内的碘的总量约为30毫克（20～50毫克），其中70%～80%存在于甲状腺。

碘对人体的作用：

①促进生物氧化，甲状腺素能促进三羧酸循环中的生物氧化，协调生物氧化和磷酸化的偶联、调节能量转换。

②调节蛋白质合成和分解，当蛋白质摄入不足时，甲状腺素有促进蛋白质合成作用；当蛋白质摄入充足时，甲状腺素可促进蛋白质分解。

③促进糖和脂肪代谢，甲状腺素能加速糖的吸收利用，促进糖原和脂肪分解氧化，调节血清胆固醇和磷脂浓度等。

④调节水盐代谢，甲状腺素可促进组织中水盐进入血液并从肾脏排出，缺乏时可引起组织内水盐潴留，在组织间隙出现含有大量黏蛋白的组织液，发生黏液性水肿。

⑤促进维生素的吸收利用，甲状腺素可促进烟酸的吸收利用，胡萝卜素转化为维生素A过程及核黄素合成核黄素腺嘌呤二核苷酸等。

⑥增强酶的活力，甲状腺素能活化体内100多种酶，如细胞色素酶系、琥珀酸氧化酶系、碱性磷酸酶等，在物质代谢中起作用。

⑦促进生长发育，甲状腺素促进骨骼的发育和蛋白质合成，维护中枢神经系统的正常结构。

值得注意的是，人体摄入过多的碘也是有害的，日常饮食碘过量同样会引起“甲亢”。是否需要在正常膳食之外特意“补碘”，要经过正规体检，听取医生的建议，切不可盲目“补碘”。

12. 砷

砷，元素符号：Si。

种类：微量元素。

砷是合成血红蛋白的必需成分。

主要功能：砷广泛分布在自然环境中，在土壤、水、矿物、植物中都能检测出微量的砷，正常人体组织中也含有微量的砷。日常生活中，人们可能通过食物、水源、大气摄入砷。研究表明，适量的砷有助于血红蛋白的合成，能够促进人体的生长发育。动物实验也表明，砷缺乏会抑制生长，生殖也会出现异常。

砷对人体健康的作用主要有以下几个方面：

①参与蛋白质的代谢；

②影响血清碱性磷酸酶、γ－谷氨酸转移肽酶的活性；

③刺激造血器官；

④抑制皮肤老化；

⑤提高人体免疫力。

饮料中含砷较低时（10～30 毫克/克），导致生长滞缓，不易怀孕，自发流产较多，死亡率较高。骨骼矿化减低，在羊和微型猪身上还观察到心肌和骨骼肌纤维萎缩，线粒体膜有变化可破裂。砷在体内的生化功能还未确定，但研究提示砷可能在某些酶反应中起作用，以砷酸盐替代磷酸盐作为酶的激活剂，以亚砷酸盐的形式与巯基反应作为酶抑制剂，从而可明显影响某些酶的活性。有人观察到，在做血透析的患者其血砷含量减少，并可能与患者中枢神经系统紊乱、血管疾病有关。

单质砷无毒性，砷化合物均有毒性。三价砷比五价砷毒性大，约为 60 倍；按化合物性质分为无机砷和有机砷，无机砷毒性强于有机砷。人口服三氧化二砷中毒剂量为 5～50 毫克，致死量为 70～180 毫克（体重 70 千克的人，约为 0.76～1.95 毫克/千克，个别敏感者 1 毫克可中毒，20 毫克可致死，但也有口服 10 克以上而获救者）。人吸入三氧化二砷致死浓度为 0.16 毫克/立方米（吸入 4 小时），长期少量吸入或口服可产生慢性中毒。在含砷化氢为 1 毫克/升的空气中，呼吸 5～10 分钟，可发生致命性中毒。

三价砷会抑制含－SH 的酵素，五价砷会在许多生化反应中与磷酸竞争，因为键结的不稳定，很快会水解而导致高能键（如 ATP）的消失。氢化砷被吸入之后会很快与红血球结合并造成不可逆的细胞膜破坏。低浓度时氢化砷会造成溶血（有剂量－反应关系），高浓度时则会造成多器官的细胞毒性。

胃肠道、肝脏、肾脏毒性：胃肠道症状通常是在食入砷或经由其他途径大量吸收砷之后发生。胃肠道血管的通透率增加，造成体液的流失以及低血压。胃肠道的黏膜可能会进一步发炎、坏死造成胃穿孔、出血性肠胃炎、带血腹泻。砷的暴露会观察到肝脏酵素的上升。慢性砷食入可能会造成非肝硬化引起的门脉高血压。急性且大量砷暴露除了其他毒性可能也会发现急性肾小管坏死、肾丝球坏死而发生蛋白尿。

心血管系统毒性：因食入大量砷的人会因为全身血管的破坏，造成血管扩张，大量体液渗出，进而血压过低或休克，过一段时间后可能会发现心肌病变，在心电图上可以观察到 QRS① 较宽，QT interval② 较长，ST 段下降，T 波③变得平缓，及非典型的多发性心室频脉。至于流行病学研究显示慢性砷暴露会造成血管痉挛及周边血液供应不足，进而造成四肢的坏疽，或称为乌脚病，在中国台湾饮用水中砷的含量为 10 ~ 1820ppb 的一些地区曾流行此疾病。有患乌脚病的人之后患皮肤癌的机会也较高，不过研究显示这些饮用水中也有其他造成血管病变的物质，应该也是引起疾病的一部分原因。在智利的安托塔沃恩（Antotagasta）曾经发现饮用水中的砷含量高到 20 ~ 400ppb，同时也有许多人有雷诺氏现象及手足发绀，解剖发现小血管及中等大小的血管已纤维化并增厚以及心肌肥大。

神经系统毒性：砷急性中毒 24 ~ 72 小时或慢性中毒时常会发生周边神经轴突的伤害，主要是末端的感觉运动神经，异常部位为类似手套或袜子的分布。中等程度的砷中毒在早期主要影响感觉神经可观察到疼痛、感觉迟钝，而严重的砷中毒则会影响运动神经，可观察到无力、瘫痪（由脚往上），然而，就算是很严重的砷中毒也少有波及颅神经，但有可能造成脑病变，有一些慢性砷中毒较轻微没有临床症状，但是做神

① QRS 波是一组波群，在进行心电图检查时，由 Q 波、R 波和 S 波组成。QRS 波群代表心室除极的过程。

② Q－T 期间，心电图中从 QRS 波群的起点至 T 波的终点。代表心室除极和复极的全过程所需的时间。

③ T 波产生的过程即心室复极的过程。正常 T 波升支长、降支短，波峰圆钝。

经传导速度检查有发现神经传导速度变慢。慢性砷中毒引起的神经病变需要花数年的时间来恢复，而且也很少会完全恢复。追踪长期饮用砷污染的牛奶的儿童发现其发生严重失聪、心智发育迟缓、癫痫等等脑部伤害的概率比没有暴露砷的小朋友高。（但失聪并没有在其他砷中毒的研究中发现）。

皮肤毒性：砷暴露的人最常看到的皮肤症状是皮肤颜色变深，角质层增厚，皮肤癌。全身出现一块块色素沉积是慢性砷暴露的指标（曾在长期饮用 >400ppb 砷的水的人身上发现），较常发生在眼睑、颞、腋下、颈、乳头、阴部，严重砷中毒的人可能在胸、背及腹部都会发现，这种深棕色上散布白点的病变有人描述为“落在泥泞小径的雨滴”。

砷引起的过度角质化通常发生在手掌及脚掌，看起来像小粒玉米般突起，直径约 0.4 ~ 1.0 厘米。在大部分砷中毒的人皮肤上的过度角质化的皮肤病变可以数十年都没有癌化的变化，但是有少部分人的过度角质化病灶会转变为癌症前期病灶，跟原位性皮肤癌难以区分。

呼吸系统毒性：极少能看见暴露于高浓度砷粉尘的精炼工厂工人呼吸道的黏膜发炎且溃疡甚至鼻中隔穿孔。研究显示这些精炼工厂工人和暴露于含砷农药杀虫剂的工人患肺癌概率升高的情形。

血液系统毒性：不管是急性或慢性砷暴露都会影响到血液系统，可能会发现骨髓造血功能被压抑且有全血球数目下降的情形，常见白血球、红血球、血小板下降，而嗜酸性白血球数上升的情形。红血球的大小可能是正常或较大，可能会发现嗜碱性斑点。

生殖危害：砷会透过胎盘，我们发现脐带血中砷的浓度和母体内砷的浓度是一致的，曾有一个怀孕末期服用砷的个案报告，新生儿在 12 个小时内就死去，解剖发现肺泡内出血，脑中、肝脏、肾脏中含砷浓度都很高。针对住在附近或在铜精炼厂工作的妇女做的研究，发现她们体内的砷浓度都有升高，而她们发生流产及生产后发现婴儿先天畸形的机会都较高，先天畸形是一般人的两倍，而多次分娩者产出婴儿先天畸形的机会是一般人的五倍，不过因为这些妇女还有暴露于铅、镉、二氧化硫的原因，所以不能排除是其他化学物质引起的。中国科学院城市环境研究所完成的一项研究发现，在日常生活环境中，低剂量暴露的砷可能影响男性精子质量，并因此造成男性不育。

致癌性：在动物实验中并没有发现癌症增加的情形。

皮肤癌：在长期食用含无机砷的药物、水以及工作场所暴露砷的人的研究中常常会发现皮肤癌。通常是全身的，但是在躯干、手掌、脚掌这些比较没有接触阳光的地方有较高的发生率。而一个病人有可能会发现数种皮肤癌，发生的频率由高到低为原位性皮肤癌、上皮细胞癌、基底细胞癌以及混合型。在台湾乌脚病发生的地区有 72% 发生皮肤癌的病人也同时发现皮肤过度角质化以及皮肤出现色素沉积。一些过度角质化的病灶（边缘清楚的圆形或不规则的 1 毫米到 >10 厘米的块状）后来变为原位性皮肤癌，而最后就侵犯到其他地方。砷引起的基底细胞癌常常是多发而且常分布在躯干，病灶为红色、鳞片状，萎缩，难以和原位性皮肤癌区分。砷引起的上皮细胞癌主要在阳光不会照到的躯干，而紫外线引起的常常在头颈部阳光常照射的地方发生，我们可以靠分布来区分砷引起的或是紫外线引起的，然而我们却很难分是砷引起的还是其他原因引起的。流行病学研究发现砷的暴露量跟皮肤癌的发生有剂量—反应效应。而在葡萄园工作由皮肤及吸入暴露砷的工人的流行病学研究发现，因为皮肤炎而死亡的比率有所升高。

肺癌：暴露三氧化二砷的精炼厂工人及五价砷农药的研究校正过二氧化硫及抽烟的暴露之后显示肺癌发生的概率较高。

砷中毒的症状可能很快显现，也可能在饮用含砷水十几年甚至几十年之后才出现。这主要取决于所摄入砷化物的性质、毒性、摄入量、持续时间及个体体质等因素。

急性砷中毒：急性砷中毒多为大量意外地砷接触所致，主要损害胃肠道系统、呼吸系统、皮肤和神经系统。

砷急性中毒的表现症状为可有恶心、呕吐、口中金属味、腹剧痛、米汤样粪便等，较重者尿量减少、头晕、腓肠肌痉挛、发绀以致休克，严重者出现中枢神经麻痹症状，四肢疼痛性痉挛、意识消失等。需要注意，皮肤癌与摄入砷和接触砷有关，肺癌与吸入砷尘有关。

13. 硼

硼，元素符号：B。

种类：微量元素。

硼对植物生长是必需的，尚未确证为人体必需的营养成分。

主要功能：硼元素是核糖核酸形成的必需品，而核糖核酸是生命的重要基础构件。夏威夷大学宇航局天体生物学研究所的博士后研究员詹姆斯—斯蒂芬森认为，硼对于地球上生命的起源可能很重要，因为它可以使核酸稳定，核酸是核糖核酸的重要成分。在早期生命中，核糖核酸被认为是脱氧核糖核酸的信息前体。

有关硼的吸收代谢科学界了解得并不充分，硼在膳食中很容易吸收，并大部分由尿排出，在血液中是与氧结合，分子式为 H_3BO_3 或 $B(OH)_4$，硼酸与有机化合物的羟基形成酯化物。动物与人的血液中硼的含量很低，并与膳食中镁的摄入有关，镁摄入低时，血液中硼的含量就增加。硼可在骨骼中蓄积，但尚不清楚是何种形式。

硼普遍存在于蔬果中，是维持骨骼的健康和钙、磷、镁正常代谢所需要的微量元素之一。对停经后妇女防止钙质流失、预防骨质疏松症具有功效，硼的缺乏会加重维生素 D 的缺乏；另外，硼也有助于提高男性睾丸甾酮分泌量，强化肌肉，是运动员不可缺少的营养素。硼还有改善脑功能，提高反应能力的作用。虽然大多数人并不缺硼，但老年人有必要适当注意摄取。

硼的生理功能还未确定，存在两种假说解释硼缺乏时出现的明显不同的反应，以及已知硼的生化特性。一种假说是硼是一种代谢调节因子，通过竞争性抑制一些关键酶的反应，来控制许多代谢途径。另一种假说是，硼具有维持细胞膜功能稳定的作用，因而，它可以通过调整调节性阴离子或阳离子的跨膜信号或运动，来影响膜对激素和其他调节物质的反应。

硼是高等植物特有的必需元素，而动物、真菌与细菌均不需要硼。硼能与游离状态的糖结合，使糖容易跨越质膜，促进糖的运输。植物各器官间硼的含量以花最高，花中又以柱头和子房最高。硼对植物的生殖过程有重要的影响，与花粉形成、花粉管萌发和受精有密切关系。缺硼时，花药和花丝萎缩，花粉发育不良。油菜和小麦出现的“花而不实”现象与植物硼酸缺乏有关。缺硼时根尖、茎尖的生长点停止生长，侧根、侧芽大量发生，其后侧根、侧芽的生长点又死亡，从而形成簇生状。甜菜的褐腐病、马铃薯的卷叶病和苹果的缩果病等都是缺硼所致。

2.2.3 元素之间的效应

微量元素之间存在相互影响。土壤中某种微量元素的缺乏，久而久之将造成多种元素的失衡，以下介绍微量元素间的相互影响。[①]

1. *元素间相互影响的机制*

（1）通过竞争抑制。

①竞争吸收通道钴与铁部分地共用肠黏膜的运输通道。饮食中一定量的铁可抑制钴的吸收；钴过高也可影响铁的吸收。

②竞争运输载体已知铬、钴离子与铁部分共用运铁蛋白转运，故铁过多可竞争性抑制铬的转运，引起铬缺乏症。

③竞争效应基因中的特殊结合部位，如铝能竞争性结合钙调蛋白结构内的钙结合点，从而影响该蛋白调节钙的能力。这是造成铝骨病中毒症状的部分原因。

（2）通过置换。

电子构型相似的元素可相互争夺生物效应基团中的结合点，而将原来的必需元素置换掉。例如，锌与镉均能与硫蛋白或巯基（-SH）结合，而镉与其结合力强于锌。因此，许多锌构酶或锌依赖酶中的锌均可被镉置换而使酶失活。但大量的锌可明显地抑制镉的置换作用，防止酶失活。

---

① 尹吉山，尹宗柱．微量元素与生命：生命动力素技术原理及其应用［M］．北京：中国计量出版社，2010.

（3）通过化合或络合反应。

例如，锌和钙可与消化道的植酸络合形成不溶性复合物，从而限制这两种元素的吸收。

（4）通过机体调节。

某些元素可刺激人体发生相应反应而起到调节作用。例如，高钙膳食能减少铅吸收，低钙膳食能促进铅吸收。这是因为低钙能刺激机体产生较多的钙结合蛋白，而铅在肠道中必须借助该蛋白才能吸收转运。反之，摄入高钙膳食时抑制钙结合蛋白的产生，从而减少铅的吸收。

又如，锌能够诱导机体合成金属硫蛋白（MT）。如果锌量超过机体需要，食物中和肝肠循环中的锌与MT结合并滞留在肠黏膜从而使有效的供锌量减少。MT的半衰期比黏膜上皮半衰期长，故肠黏膜细胞脱落时MT及其结合的锌仍旧滞留在细胞内而随粪便排出。当血浆锌浓度较低时，MT合成减少，而使吸收进入体循环的锌量增加。

铜与MT的亲合力大于锌，故大量补锌时MT增多，与铜结合的MT亦增多。含铜的MT滞留于肠黏膜。故短期大量或长期小量补锌皆可抑制铜的吸收。这主要是指进入体循环的铜减少，含铜酶的活性下降。

2. 元素间的相互影响

（1）锌与铜、镉、汞、硒、铁、锰及铅的相互影响。

短期大量或长期小量补锌可抑制机体对铜的吸收利用，导致血浆铜量及铜－锌超氧化物歧化酶活性下降，当Zn/Cu大于10时就会出现这种损害。高锌摄入对铜吸收利用的影响主要表现在减少铜从基质膜向血液的输送，大量铜滞留在肠黏膜细胞的金属硫蛋白中，进食过多的铜也可抑制锌的吸收并可加速锌的排泄。临床上有投铜治疗导致锌缺乏的报道，但实际上这种情况很少发生。观察显示，当Cu/Zn为10∶1时，对锌的吸收利用尚无任何影响。铜和锌及镉都能诱导机体合成金属硫蛋白（MT），锌的诱导作用最强。MT可与同多个金属离子相结合。结合力的强弱顺序，为镉＞汞＞铜＞锌，因而铜及镉、汞能够与锌竞争结合部位。镉、汞置换MT中的锌结合位点后，形成Cd－MT或Hg－MT而失去毒性作用。即锌、铜具有削减镉、汞的毒性作用。当镉多锌少时，镉与含锌酶中的锌相结合而使酶失去活性。在锌量多的情况下可明显抑制镉的这种置换作用。

饮食中锌过量可抑制硒的吸收和生物效应，拮抗过量硒的毒性。人体实验显示，每天补充150微克硒元素可增加锌的排泄。

饮食中的无机铁锌相互抑制。当铁、锌元素总量超过25毫克或婴儿Fe/Zn超过3∶1或成人超过2∶1时，铁抑制锌吸收利用的现象更为明显。人群观察显示，小剂量的锌也能降低铁的吸收，但有机铁、锌互不影响。当铁以血红素形式存在时，即使Fe/Zn＝3∶1，也不影响锌的吸收。用含锌54毫克的牡蛎肉加入100毫克$FeSO_4$供食时，并未对锌的摄入产生抑制。

锰中毒患者血锌明显下降。充足的锌供给可减少铅吸收，降低铝毒性。含铜酶为铁代谢所必需。

（2）铁与氟、锰、钴、钒、铬、铝、镉的相互影响。

①铁可增进氟的吸收。②铁抑制锰和钴的吸收。钴过高也可影响铁的吸收。③食物中的亚铁可减轻钒过量的毒性。④铁与铬竞争转运载体。⑤适量的铁供应可减少铅的吸收，防止铅的不良影响。体内铅过高可导致造血障碍。⑥轻度镉中毒可被铁所抵销。镉能够妨碍铁的吸收。在接触氧化镉粉尘和烟雾的工人中曾观察到患贫血的病例。在暴露于镉的实验动物中也常有贫血发生。

（3）铜对铁、硒、铂、碘、钼、镉的影响。

①铜是铁氧化酶（铜蓝蛋白）的主要成分。血浆中的二价铁必须氧化成三价铁才能与球蛋白结合成铁传递蛋白而被运送至骨髓，用于合成血红蛋白。缺铜时该酶活性降低，影响铁的利用，导致缺铜性贫血。②高铜明显阻碍硒的吸收，改变硒循环，降低组织谷胱甘肽过氧化物酶（GSH－P）活性。③铜可抑制顺铂的毒性而不降低其抗癌作用。④铜过剩可使碘不足的影响加剧。⑤铜可抑制钼吸收，防治钼中毒。而高浓度钼可加重缺铜症。⑥铜可降低镉的毒性。

（4）硒与铜、碘、顺铂及铅、镉、汞、砷的关系。

硒是I型碘甲状腺原氨酸5'脱碘酶的重要成分。人体缺硒时该酶含量减少或活性降低，由T2转变为T3的过程受阻，加重缺碘的危害。流行病学调查证实，既缺碘又缺硒的地区地方性甲状腺患病率高于单纯缺碘地区。

硒亦可减轻抗癌剂顺铂的毒性而不降低其抗癌作用。

硒和维生素E都能降低铅中毒所致的中枢神经系统和造血功能损害。其作用机制可能与抗脂质过氧化有关。维生素E比硒更有效。然而铅对硒亦有干扰，喂含铅饲料的牛崽其硒吸收及血液和尿中的浓度分别降低26%、21%和42%，其肝、肾等脏器和组织的硒含量也明显降低。

硒对镉具有广泛的解毒效果。硒可防止或对抗镉所造成的睾丸损伤、卵巢坏死、胎盘坏死、乳腺损伤、肝肾胰脏损伤、高血压和贫血以及畸胎。给冶炼工人每天补充硒150微克，连续3周，结果受试者血硒含量和谷胱甘肽过氧化物酶活性明显增高，镉的排泄量增加并可使红细胞镉含量降低。

硒在一些条件下具有降低有机汞和无机汞的毒性作用。亚硒酸盐可防止甲基汞造成的神经系统损害。

硒和砷可相互抑制对方的毒性。

（5）钼与钨、铅、硅的关系。

钨与钼相对抗。给动物大量补充钨时，组织中的钼可被钨所取代，使含钼酶（黄嘌呤氧化酶XO和亚硫酸盐氧化酶SO）的活性下降甚至消失。钼能有效抑制大、小鼠各种诱发性肿瘤生长。钨的作用则相反，可促进肿瘤生长。

实验证实，供给大鼠钼可防止铅在鼠血及软组织中的蓄积，有效地预防铅中毒。无机硅摄入量的增加可使血清钼和红细胞钼分别下降73.68%和80.95%，钼在肝脏等组织中的贮留也相应减少。钼摄入量的增加也会使小鸡的细胞组织硅含量下降。硅能抑制硅藻中锗的运输，而锗能抑制细胞对硅的摄入。

（6）锰与硒、锌、铅、铁、镍及镍与铜、铁的关系。

锰有可能降低组织对硒的吸收或增加硒的排泄，高锰也能够促进慢性尿硒排泄并使 GSH－Px 活性降低。

锰中毒病人血锌明显下降，性功能减退（动物实验和临床均证实，缺锌可使性功能减退）。

空气和饮水中铅的增加可使人和大鼠组织中锰含量升高。当大鼠同时摄入铅和锰时脑中铅积累量可增加几倍。维博沃等（Wibowo et al.）发现，血锰量随血铅量的增加而上升。他们指出，这不是铅、锰直接作用的结果，而是由于锰与红细胞中原卟啉结合而造成（体铅高时血中原卟啉升高）。

机体大量吸收锰时抑制铁的吸收。

锰可明显对抗镍对自然杀伤细胞（NKC）活性的负性影响。

镍在代谢器官中起拮抗铜的作用。镍和三价铁的作用是协同的而与二价铁的作用是拮抗的。

（7）铝与钙、磷、氟、镁、铅、锌的关系。

澳乐和伯乐尼（Aoler & Berlene）报道，铝的存在可降低十二指肠对钙的吸收达33%。铝可与钙调蛋白结合而导致蛋白结构的改变并影响该蛋白调节钙反应的能力。铝在柠檬酸根参与下还可引起钙代谢紊乱，抑制钙的沉积。

含铝制剂抑制磷的肠道吸收。与此同时粪便与尿液的钙排泄增多，造成钙的负平衡。铝在肠道内与氟络合，可明显地增加粪氟排出并降低血浆氟水平，从而影响骨代谢。实验表明，羔羊服用铝盐后，钙、镁的吸收和血钙水平未受影响，但从尿中排出的钙、镁增多了。

实验显示，Al^{3+}和Fe^{3+}竞争脯氨酰－4－羟化酶上的结合位置而使该酶的活性下降硅酸与铝作用形成铝硅酸盐，改变结合特性，使铝对酶的抑制作用被解除。在自然界发生硅酸与铝盐的结合可降低水体中的铝含量。

随着血浆铝水平的升高，血浆铅也在升高，而血浆锌水平会下降。

（8）宏量元素间及宏量元素与微量元素间的影响①。

---

① 黄昀．矿物质：支撑人体筋骨的营养素［M］．沈阳：辽宁科学技术出版社，2008.

钙是骨骼和牙齿的主要成分，与其形成、生长、维护密切相关。在骨骼内钙的沉淀与溶解持续不断进行，保持动态平衡。磷与钙按1∶2的比例组成骨骼矿物质部分。它们形成以羟磷灰石为主的无机盐结晶，牢固地结合在胶原纤维上，对维护骨骼的硬度具有一定作用。镁是骨骼矿化或建立有机骨板的重要基础。

适量氟能维持钙磷代谢，具有健齿防龋作用。摄入氟不足时，可使参与钙磷代谢的酶活性下降。老年人缺氟影响钙磷利用，引起骨质疏松。氟与钙结成牢固的化合物从而减少氟的吸收利用。食物缺钙则可增进氟的吸收。镁与氟形成不溶性化合物，不利于氟的吸收。高镁饮食有抗氟中毒作用。磷酸盐可减少氟吸收。

锶有促进骨骼钙化的功能。人体在钙不足状态下投以适量锶可预防老年性骨质疏松症。锶也是牙齿的组成成分，是牙齿钙化不可缺少的元素。

钙/磷比值对钙的吸收有一定影响，有利于钙吸收的比值范围在2∶1～1∶2。婴儿期最佳比值为1.5∶1；1岁以后为1∶1，并一直维持这一最佳值。

维生素D的活性形式可刺激肠黏膜细胞产生钙结合蛋白，增进钙的吸收。钙、镁离子结构相近似，在小肠竞争吸收转运，故钙摄入过量可影响镁的吸收。当每日食物中钙达到1.2～2.0克时可妨碍自肠道分泌出来的微量内因性镁的再吸收。

钠可刺激镁的转运过程。

钾、镁、锶过量所呈现的毒性作用，可用钙缓解。

食物中钙高时，钙、锌与植酸结合而影响锌的吸收。镁亦可与植酸结合形成植酸镁。同植酸钙一样，在PH为碱性的小肠内与锌形成不溶性复合盐而妨碍锌的吸收利用。高钙饮食可阻碍铅吸收，而且从细胞水平呈现保护作用。低钙膳食主要作用是使铅滞留，这可能是减少铅排泄而不是增加胃肠道的吸收。

高镉摄入可造成钙代谢紊乱。镉污染区发生的疼痛病的主要表现是肾小管损伤和骨软化症。动物实验表明，肾小管损伤可减少钙和磷酸盐的吸收，从而导致体内钙缺乏并诱使钙自骨中排出。缺钙可使镉的吸收增加。

过量钙可影响锰和铁的吸收。

磷干扰铁的吸收，与钒互相竞争，还阻碍锰的吸收。

硫和硫化物能影响铜的吸收，干扰碘的吸收。

2.3 生命元素流失：土壤缺素主因

土壤—植物—人体中的生命元素以近似相同的比例传递，而人们在生产中往往只注重氮磷钾等元素的补充，极易造成土壤中其他元素的缺失和各元素之间比例的失衡。土壤中生命元素的缺失和元素比例的失衡，必然引起人类赖以生存的粮食作物中生命元素发生变化。长此以往，粮食不能提供生命元素含量充足和比例适宜的养分，人体的健康得不到保证，全民可能处于亚健康状态。

《2019年中国居民营养与健康状况调查报告》显示1982年、1992年、2019年我国居民平均钙摄入量分别为694.5毫克/天、405.4毫克/天、390.6毫克/天，磷摄入量为1623.2毫克/天、1057.8毫克/天、980.3毫克/天，铁摄入量为37.3毫克/天、23.4毫克/天、23.3毫克/天。其他研究也表明中国居民微量元素的摄入量有降低的趋势①。徐恒泳等（2018）发现近年来人们食物中的钙、镁、铁、锌等生命元素含量下降40%以上，并认为土壤中生命元素的严重流失，导致食物缺乏生命元素，人体元素失衡，从而形成如今各种慢性疾病井喷式暴发。因此，土壤生命元素含量、食物生命元素含量及人体健康之间必然存在着关联，而导致这种不利局面的根本原因可能是五谷轮回路径的阻断，如冲水马桶的应用、不合理的秸秆处置方式等。

本章节将从人类的主要食物、主粮和畜禽产品因直接或间接富集而

① 你的健康，正从土壤中流失［Z］. 搜狐网，2018-9-11.

从土壤中带走的生命元素量方面，探讨土壤生命元素的流失。

2.3.1 粮食作物种植

人类食用的所有食物都有从土壤中直接或间接吸收生命元素的能力，植物不同部位对同种生命元素的吸收能力及同种植物对不同种生命元素的吸收能力均不同。有两种方法可以定量计算植物对土壤生命元素的吸收量：（1）用生物富集系数和转移系数计算；（2）直接利用作物器官中的生命元素含量与产量计算。富集系数是指植物体内生命元素的浓度与土壤中生命元素浓度的比例；转移系数是指植物地上部分富集系数与植物根系富集系数的比例。本书采用这两种方法来核算国内种植面积较大的玉米、小麦、水稻等粮食作物从土壤中富集生命元素的速率和强度。

方法a中计算富集系数时，基于土壤矿物质元素的全量值，而土壤中矿物质元素绝大多数是惰性的，是植物不能吸收的，只有少部分在风化成土作用过程中发生了活化，才能成为植物的有效营养，这部分称为生物有效矿物质元素或者有效矿物质元素，一般只占全量的2%～3%[①]。植物在生命活动过程中只能利用这部分有效矿物质元素，因此在评价植物对土壤生命元素流失速率的影响时，应以生物有效生命元素量为评价基础，而不能用元素的全含量。在本书中取全量的3%为有效矿物质元素的含量，并且不考虑时时刻刻发生的风化作用所增加的土壤有效矿物质元素和其他一切因素造成的土壤生命元素的增减。中国土壤中生命元素的全量（本底值）采用嫣明才等1997年的研究结果（见表2－1），以2000年为基准年。土壤耕作层的深度一般在20～25厘米，土壤容重在1.0～1.5克/立方厘米，在核算过程中耕作层厚度按照20厘米、土壤容重按照1.5克/立方厘米计。作物产量、种植面积等数

---

① 刘建明，亓昭英，刘善科等．中微量元素与植物营养和人体健康的关系［J］．化肥工业，2016，43（3）：85－90.

据全部来自于国家统计局发布的统计年鉴。土壤生命元素流失强度以植物从土壤中吸收生命元素总量计算，流失速率以 2001 ~ 2020 年土壤生命元素含量的回归分析得出。因生命元素种类较多，对人体健康影响的过程非常复杂，在实际耕作中大量施用氮磷钾等化学肥料，因此不计算氮磷钾的流失速率和强度，本书选择与人体免疫功能密切相关的 Zn 和 Cu，举例说明植物种植对生命元素的影响过程和深度。方法 a 计算公式如式（2.1）所示，方法 b 计算公式如式（2.2）所示。

$$\rho_{i,j}=\frac{A_i\times\rho_s\times H_s\times\rho_{i-1,j}-Q_i\times BCF_j\times\rho_{i-1,j}}{A_i\times\rho_s\times H_s} \tag{2.1}$$

$$\rho_{i,j}=\frac{\alpha\times A_i\times\rho_s\times H_s\times\rho_{i-1,j}-\gamma_j\times Q_i}{\alpha\times A_i\times\rho_s\times H_s} \tag{2.2}$$

其中，$\rho_{i,j}$表示第 i 年末土壤中生命元素 j 的丰度，毫克/千克；$\rho_{i-1,j}$表示第 i 年初土壤中生命元素 j 的丰度；ρ_s 表示土壤容重，1500 千克/立方米；H_s 表示土壤耕作层厚度，0.20 米；a 表示矿物质元素生物有效性系数，3%；A_i 表示第 i 年农作物的种植面积，平方米；BCF_j 表示植物某器官对生命元素 j 的富集系数；Q_i 表示第 i 年农作物的产量，千克；γ_j 表示作物器官中生命元素 j 的含量，毫克/千克。

水稻、小麦、玉米、油菜等作物籽实、茎叶的生命元素富集系数主要来自文献。国家统计局统计年鉴中无作物秸秆数据，秸秆数据依据现有作物产量数据和现有文献关于草谷比的研究成果计算而来。草谷比是指作物秸秆产量与作物籽实产量的比值。因国内不同文献关于草谷比的数据差异较大（见表 2 -5）、计算方法体系较多，毕于运等在对现有文献数据和计算方法体系进行考证的基础上，建立起了一套适用于全国的更为完善和精确的草谷比计算体系，本书采用该体系进行作物秸秆产量估算①。水稻草谷比为 0.95，其中早稻草谷比为 0.68，晚稻草谷比为 1.00，稻壳产量与稻谷产量之比为 0.21；小麦草谷比为 1.30；玉米草谷比为 1.10，其中玉米芯产量与玉米产量之比为 0.21；油菜草谷比为 2.7。

---

① 毕于运．秸秆资源评价与利用研究［D］．北京：中国农业科学院，2010.

表2-5　　不同文献中主要农作物草谷比数据取值

作物	中国农村能源行业协会	牛若峰	梁业森	张福春	李京京	钟华平	刘刚	贾小黎	崔明
1. 粮食	—	—	—	—	—	—	—	—	—
1.1　谷物	—	—	—	—	—	—	—	—	—
水稻	0.623	0.9	0.966	1.323	1.0	1.1	1.0	0.78	0.68
小麦	1.366	1.1	1.03	1.718	1.0	1.1	1.1	0.73	0.73
玉米	2	1.2	1.37	1.269	2.0	2.0	2.0	0.90	1.25
谷子	—	—	1.51	1.616	1.0	2.0	1.5	—	—
高粱	—	—	1.44	1.592	—	2.0	2.0	—	—
其他谷物	1	1.6	1.6	—	—	1.5	1.6	—	—
1.2　豆类	1.5	0.5	—	—	—	2.0	1.7	—	—
大豆	—	—	1.71	1.295	1.5	—	—	0.75	—
1.3　薯类	0.5	—	0.61	—	—	1.2	1.0	—	—
马铃薯	—	—	—	—	—	—	—	—	—
甘薯	—	—	—	—	1.0	—	—	—	—
2. 油料	2	—	—	—	—	—	—	—	—
花生	—	0.8	1.52	1.348	2.0	2.0	1.5	—	—
油菜	—	1.5	3	2.985	—	3.0	3.0	1.29	1.01
芝麻	—	2.2	0.64	5.882	—	2.0	2.0	—	—
胡麻	—	—	—	1.808	—	2.0	2.0	—	—
向日葵	—	—	0.6	2.217	—	2.0	2.0	—	—
3. 棉花	3	3.4		1.613	3.0	3.0	3.0	3.53	5.51
4. 麻类	1.7	—	—	—	—	—	1.7	—	—
黄红麻	—	1.9	—	—	—	1.7	—	—	—

资料来源：国家统计局网站。

1. 玉米

中国玉米植株对土壤生命元素的富集系数如表2－6所示。玉米芯对生命元素的富集系数数据较少，将玉米芯纳入玉米秸秆进行计算。土壤因种植玉米而流失的生命元素Zn和Cu的强度和速率定义如前文所述。估算前提为从计算基础年开始每年仅种植一次玉米，并且玉米植株除根系外全部离开土壤（即玉米植株地上部分所含的生命元素量全部按流失量计算）。中国历年种植面积、作物产量及计算结果如图2－2所示。

从核算结果可以看出，从2000～2015年中国玉米种植面积逐年增加，2016年以后中国玉米种植面积稳定在4000万公顷左右。种植玉米土壤年流失生命元素Zn和Cu分别在3500～8000吨和1500～4000吨，其中因玉米秸秆的富集作用而流失的Zn和Cu占总量的59.3%和67.6%、因玉米粒的富集作用而流失的Zn和Cu占总量的40.7%和32.4%。经过回归分析，种植玉米造成土壤年生物有效性生命元素Zn和Cu流失量分别为0.0423ppm/a和0.0256ppm/a，即每年有效生命元素Zn和Cu分别流失2.1%和3.6%。若从1995年我国化学肥料生产进入成熟期开始算起，截至2020年，在不考虑其他有效生命元素增量的情况下，土壤中的有效态生命元素Zn和Cu已经流失了52.5%和90.0%。

2. 小麦

中国小麦各“器官”对土壤生命元素的富集系数如表2－7所示。小麦秸秆中生命元素的富集系数按小麦茎、叶富集系数的均值计算。土壤因种植小麦而流失的生命元素Zn和Cu的强度和速率定义如前文所述。估算前提为从计算基础年开始每年仅种植一次小麦，并且小麦植株除根系外全部离开土壤（即小麦植株地上部分所含的生命元素量全部按流失量计算）。历年种植面积、作物产量及计算结果如图2－3所示。

表2-6　玉米植株对土壤生命元素的富集系数

生命元素	As	Cd	Cr	Cu	Hg	Ni	Pb	Zn	F	Mn	文献
茎	—	2.31	—	0.23	—	—	0.07	0.4	—	—	李静等（2006）
茎	—	0.06	0.001	0.605	—	—	0.787	0.08	—	—	李静等（2006）
茎	0.011	0.0083	0.016	0.186	0.097	0.02	0.0023	0.248	—	—	李静等（2006）
叶	0.075	0.1	0.087	0.647	0.181	0.0378	0.06	0.463	—	—	吴传星（2010）
叶	—	0.134	0.005	1.074	—	—	0.587	0.313	—	—	苏春田（2011）
叶	—	8.56	—	0.39	—	—	0.36	0.7	—	—	李静等（2006）
秸秆	—	0.397	—	0.246	—	—	0.286	0.136	—	—	张晓琳等（2010）
籽实	0.002	0.015	0.006	0.078	0.027	0.007	0.002	0.267	—	—	吴传星（2010）
籽实	—	0.004	—	0.482	—	—	0.006	0.24	—	—	苏春田（2011）
籽实	—	0.034	—	0.259	—	—	0.039	0.197	—	—	张晓琳等（2010）
籽实	—	0.1	—	0.07	—	—	0.01	0.26	—	—	李静等（2006）
籽实	—	—	—	0.039	—	0.0081	0.0011	0.192	—	—	高涛（2020）
茎	—	0.056	0.015	0.060	—	0.001	0.010	0.041	0.984	0.036	Y. 李（2019）
叶	—	0.261	0.024	0.215	—	0.003	0.042	0.107	6.527	0.081	
籽实	—	0.001	0.001	0.019	—	0.001	0.000	0.022	0.015	0.009	
茎	—	0.455	0.250	0.057	—	0.019	0.015	0.059	0.030	0.019	
叶	—	2.358	0.346	0.196	—	0.070	0.081	0.177	0.292	0.047	
籽实	—	0.016	0.012	0.014	—	0.017	0.001	0.034	0.001	0.006	

续表

生命元素	As	Cd	Cr	Cu	Hg	Ni	Pb	Zn	F	Mn	文献
籽实	—	0.063	—	—	—	—	—	0.189	—	—	S. Y. 王（2017）
籽实	—	0.25	—	—	—	—	—	—	—	—	
籽实	—	0.158	0.005	—	0.038	—	0.002	—	—	—	
籽实	—	0.009	0.001	—	—	—	—	—	—	—	
籽实	—	0.023	—	—	—	—	—	—	—	—	
籽实	0.0033	0.071	0.002	—	0.071	—	0.003	—	—	—	
籽实	0.003	0.0049	0.015	—	—	—	0.0025	—	—	—	
籽实	—	0.74	—	—	—	—	—	—	—	—	
籽实	—	0.002	—	—	—	—	0.009	—	—	—	
籽实	0.0002	0.07	0.0057	—	0.064	—	0.0016	—	—	—	
籽实	—	0.014	0.0035	—	—	—	—	—	—	—	
籽实	—	0.12	0.046	0.16	—	—	—	0.19	—	—	
籽实	0.0064	0.04	0.006	0.066	0.047	—	0.0044	0.21	—	—	
籽实	—	—	0.0015	—	—	—	0.01	—	—	—	
籽实	—	—	—	—	—	—	0.0007	—	—	—	
籽实	—	—	—	—	—	—	0.0011	—	—	—	
籽实	—	—	—	—	0.1115	—	—	—	—	—	
籽实	0.02	0.051	0.0066	—	0.029	—	0.00000464	—	—	—	
籽实	—	0.145	—	—	—	—	—	—	—	—	
籽实	0.017	0.43	0.019	0.22	0.23	—	0.011	0.18	—	—	
籽实	—	—	—	0.65	—	—	—	0.26	—	—	

续表

生命元素	As	Cd	Cr	Cu	Hg	Ni	Pb	Zn	F	Mn	文献
秸秆均值	0.0430	1.3363	0.0930	0.3551	0.1390	0.0251	0.2091	0.2476	1.9583	0.0458	—
籽实均值	0.0074	0.1073	0.0093	0.1870	0.0772	0.0083	0.0058	0.1868	0.0080	0.0075	—

资料来源：国家统计局网站。

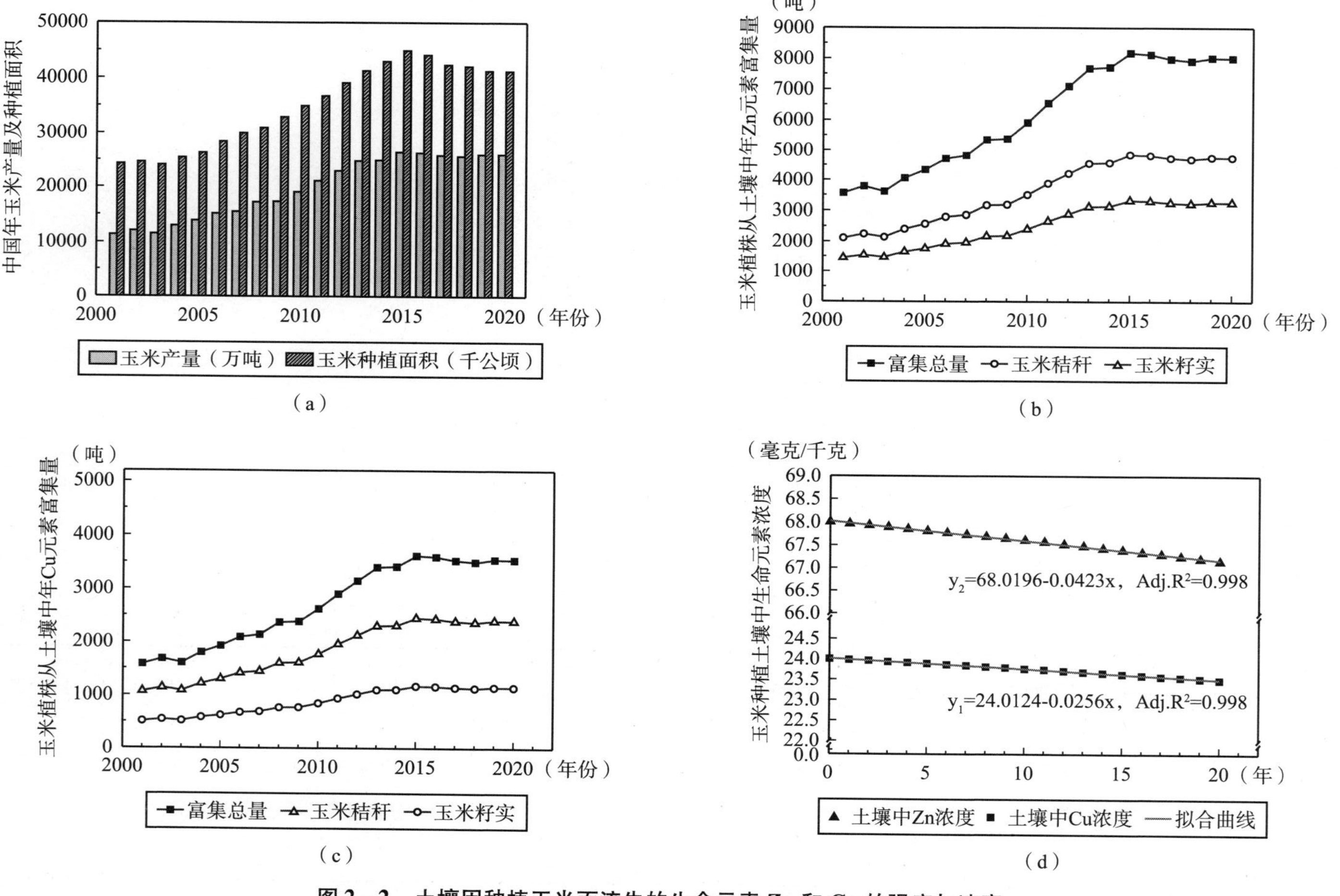

图 2-2　土壤因种植玉米而流失的生命元素 Zn 和 Cu 的强度与速率

表 2-7　小麦植株各器官生命元素富集系数

“器官”	As	Cd	Cr	Cu	Hg	Mn	Ni	Pb	Zn	F	P	文献
籽实	0.005	0.276	0.007	0.214	0.012	0.054	—	0.005	0.375	—	—	—
茎	—	0.298	0.033	0.047	—	0.042	0.024	0.070	0.074	0.052	—	Y. 李（2019）
叶	—	0.562	0.109	0.222	—	0.130	0.045	0.220	0.167	0.210	—	
籽实	—	0.080	0.012	0.029	—	0.046	0.021	0.018	0.067	0.008	—	
茎	—	0.326	0.049	0.067	—	0.025	0.019	0.076	0.086	0.047	—	
叶	—	4.174	8.656	2.933	—	2.471	2.576	12.336	1.725	14.319	—	
籽实	—	0.150	0.013	0.096	—	0.044	0.015	0.019	0.113	0.012	—	
籽实	—	—	0.061	0.690	—	—	—	—	—	—	0.058	S. Y. 王（2017）
	—	0.360	—	0.190	—	—	—	—	0.465	—	0.004	
	—	0.380	—	0.250	0.060	—	—	—	0.460	—	0.010	
	0.003	0.344	—	—	0.014	—	—	—	—	—	0.006	
	—	—	—	0.279	—	—	—	—	0.610	—	—	
	—	1.600	—	—	—	—	—	—	—	—	—	
	—	0.082	—	0.056	—	—	—	—	0.256	—	0.014	
	—	0.063	—	—	—	—	—	—	0.266	—	—	
	—	—	0.225	—	—	—	—	—	—	—	—	
	—	0.092	—	0.095	—	—	—	—	0.223	—	0.020	
	—	—	0.012	0.507	—	—	—	—	0.150	—	0.032	
	—	—	0.001	—	—	—	—	—	—	—	—	
	—	2.100	—	—	0.240	—	—	—	—	—	0.007	

续表

“器官”	As	Cd	Cr	Cu	Hg	Mn	Ni	Pb	Zn	F	P	文献
籽实	—	0. 082	—	—	—	—	—	—	—	—	0. 003	S. Y. 王（2017）
	—	0. 076	—	—	—	—	—	—	—	—	0. 005	
	0. 008	0. 200	0. 007	—	0. 056	—	—	—	—	—	0. 002	
	—	0. 550	0. 032	—	—	—	—	—	—	—	0. 038	
	0. 011	0. 130	0. 006	—	0. 030	—	—	—	—	—	0. 005	
	0. 020	0. 440	—	0. 760	—	—	—	—	0. 160	—	0. 070	
	—	0. 042	—	0. 097	—	—	—	—	0. 024	—	—	
	0. 023	0. 164	0. 003	—	0. 000	—	—	—	—	—	0. 069	
	0. 004	0. 137	0. 003	0. 243	0. 024	—	—	—	—	—	—	
	—	—	—	—	0. 111	—	—	—	—	—	—	
	0. 065	0. 330	0. 003	—	0. 008	—	—	—	—	—	0. 004	
	0. 002	0. 200	0. 002	—	0. 210	—	—	—	—	—	0. 003	
	—	0. 167	0. 046	0. 230	—	—	—	—	0. 612	—	0. 006	
	0. 028	0. 920	0. 027	0. 340	—	—	—	—	—	—	0. 257	
	—	0. 032	—	0. 000	—	—	—	—	—	—	0. 001	
	0. 005	0. 210	0. 034	0. 390	—	—	—	—	—	—	0. 015	
	0. 010	0. 350	0. 019	0. 241	—	—	—	—	—	—	0. 041	
	—	0. 212	0. 012	0. 507	—	—	—	—	0. 153	—	0. 032	
	—	0. 833	—	0. 149	—	—	—	—	0. 772	—	—	
	0. 037	—	—	—	—	—	—	—	—	—	—	
	—	—	—	0. 650	—	—	—	—	0. 630	—	—	
	—	—	1. 372	—	—	—	—	—	—	—	—	

续表

“器官”	As	Cd	Cr	Cu	Hg	Mn	Ni	Pb	Zn	F	P	文献
籽实	0.002	0.043	—	0.250	—	—	0.015	0.005	0.950	—	—	X. X. 陈（2020）
籽实	0.007	0.030	—	0.250	—	—	0.011	0.003	0.700	—	—	
籽实	0.007	0.031	—	0.220	—	—	0.010	0.002	0.500	—	—	
籽实	0.006	0.037	—	0.200	—	—	0.010	0.002	0.300	—	—	
籽实	0.006	0.042	—	0.200	—	—	0.007	0.002	0.300	—	—	
籽实	0.007	0.034	—	1.800	—	—	0.004	0.002	0.240	—	—	
秸秆	0.011	0.115	—	0.089	—	—	0.079	0.034	0.271	—	—	
秸秆	0.015	0.096	—	0.100	—	—	0.044	0.033	0.172	—	—	
秸秆	0.016	0.098	—	0.087	—	—	0.045	0.035	0.126	—	—	
秸秆	0.015	0.126	—	0.088	—	—	0.054	0.039	0.120	—	—	
秸秆	0.018	0.141	—	0.098	—	—	0.054	0.054	0.111	—	—	
秸秆	0.016	0.125	—	0.984	—	—	0.044	0.040	0.099	—	—	
籽实均值	0.0061	0.2459	0.0499	0.2030	0.0213	0.0480	0.0116	0.0064	0.1892	0.0100	0.0201	—
秸秆均值	0.0152	0.6061	2.2118	0.4715	—	0.6670	0.2984	1.2937	0.2951	3.6570	—	—

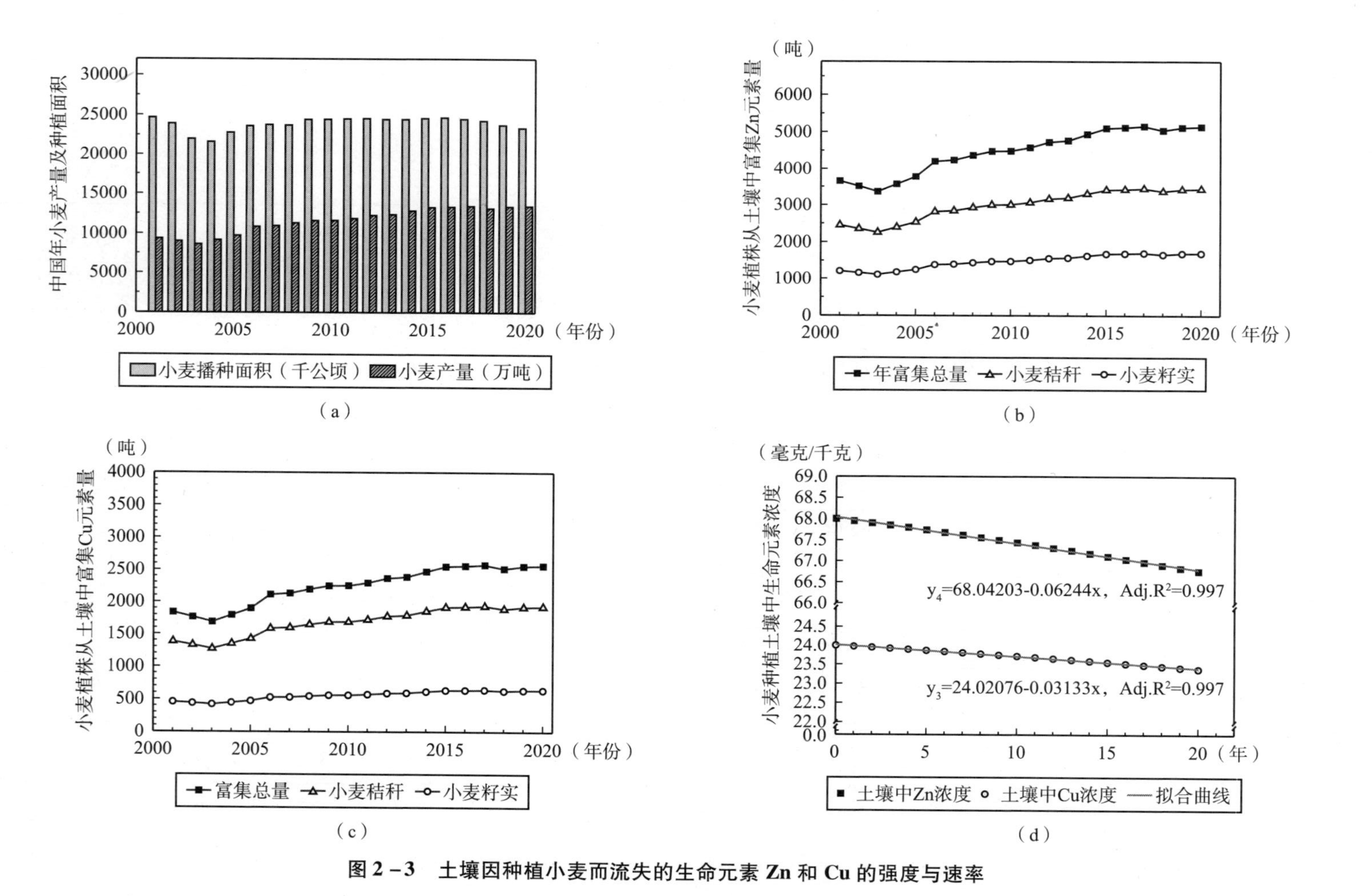

图 2-3　土壤因种植小麦而流失的生命元素 Zn 和 Cu 的强度与速率

从核算结果可以看出，2000～2020年中国小麦种植面积稳定在2500万公顷左右。因种植小麦土壤年流失生命元素Zn和Cu分别在3500～5000吨和1700～2500吨，其中因小麦秸秆的富集作用而流失的Zn和Cu占总量的67.0%和75.1%，因小麦籽粒的富集作用而流失的Zn和Cu占总量的33.0%和24.9%。经过回归分析，种植小麦造成土壤有效生命元素Zn和Cu年流失量分别为0.06244ppm/a和0.03133ppm/a，即每年有效生命元素Zn和Cu分别流失3.1%和4.4%。若从1995年我国化学肥料生产进入成熟期开始算起，截至2020年，在不考虑其他有效生命元素增量的情况下，土壤中的有效态生命元素Zn和Cu已经流失了77.5%和110.0%。

3. 水稻

中国水稻各“器官”对土壤生命元素的富集系数如表2－8所示。水稻秸秆中生命元素的富集系数按水稻茎、叶富集系数的均值计算。土壤因种植水稻而流失的生命元素Zn和Cu的强度和速率定义如前文所述。估算前提为从计算基础年开始每年仅种植一次水稻，并且水稻植株除根系外全部离开土壤（即水稻植株地上部分所含的生命元素量全部按流失量计算）。历年种植面积、作物产量及计算结果如图2－4所示。

从核算结果可以看出，2000～2020年中国水稻种植面积稳定在2750万公顷左右。种植水稻土壤年流失生命元素Zn和Cu分别在5500～7000吨和1200～1500吨，其中因水稻秸秆的富集作用而流失的Zn和Cu占总量的65.8%和65.3%、因稻谷的富集作用而流失的Zn和Cu占总量的34.2%和34.7%。经过回归分析，种植水稻造成土壤年生命元素Zn和Cu流失量分别为0.07401ppm/a和0.01553ppm/a，即每年有效生命元素Zn和Cu分别流失3.6%和2.2%。若从1995年我国化学肥料生产进入成熟期开始算起，截至2020年，在不考虑其他有效生命元素增量的情况下，土壤中的有效态生命元素Zn和Cu已经流失了90%和55%。

表 2－8　　水稻植株各器官生命元素富集系数

"器官"	Cd	Hg	Cu	Pb	Zn	Cr	As	Se	Mg	文献
稻谷	0.1348	0.0678	0.1306	0.0047	0.2175	0.0055	0.015	0.1992	0.1453	廖启林等（2013）
稻谷	0.076	0.019	0.056	0.002	0.079	0.001	0.003	—	—	马宏宏等（2020）
稻谷	0.083	—	0.071	0.001	0.131	—	0.004	—	—	唐豆豆等（2018）
稻谷	0.742	0.03	—	0.001	—	—	0.006	—	—	L. A.（2018）
稻谷	0.81	0.04	0.28	0.003	0.34	0.009	0.03	—	—	王腾云等（2016）
稻谷	1.243	—	0.105	0.0015	0.105	—	—	—	—	S. 王（2016）
稻叶	8.427	—	0.352	0.0075	1.29	—	—	—	—	S. 王（2016）
稻叶	0.21	—	0.1	0.01	0.14	0.08	—	—	—	廖启林等（2013）
稻茎	0.69	—	0.62	0.1	0.14	0.7	—	—	—	廖启林等（2013）
稻谷	0.0447	—	0.0155	0.0163	0.0865	0.0014	—	—	—	Z. M. 张（2020）
稻叶	0.0679	—	0.0149	0.0063	0.0423	0.0017	—	—	—	
稻茎	0.0500	—	0.0047	0.0124	0.0412	0.0011	—	—		
稻谷	0.3600	—	0.0760	0.0009	0.1321	0.0020	0.0095	—	—	Y. J. 任（2017）
秸秆	0.9791	—	0.1257	0.0258	0.4188	0.4076	0.1888	—	—	F. 杜（2018）
稻谷	0.4014	—	0.1671	0.0009	0.2572	0.0143	0.0230	—	—	
稻谷	0.2375	0.0080	—	0.0012	—	0.0022	0.0098	—	—	M. H. 邓（2016）
稻谷	0.3391	—	0.0667	—	0.1861	0.0082	—	—	—	M. J. 何（2016）
稻谷	0.4590	—	0.0900	0.0120	—	0.0150	0.0560	—	—	W. J. 谢（2016）
稻谷	0.5470	—	0.0840	0.0110	—	0.0170	0.0580	—	—	
稻谷	0.5520	—	0.0870	0.0110	—	0.0170	0.0620	—	—	
秸秆均值	0.4733	—	0.2029	0.0270	0.3454	0.2381	0.1888	—	—	—
稻谷均值	0.4307	0.0330	0.1024	0.0051	0.1705	0.0084	0.0251	0.1992	0.1453	—

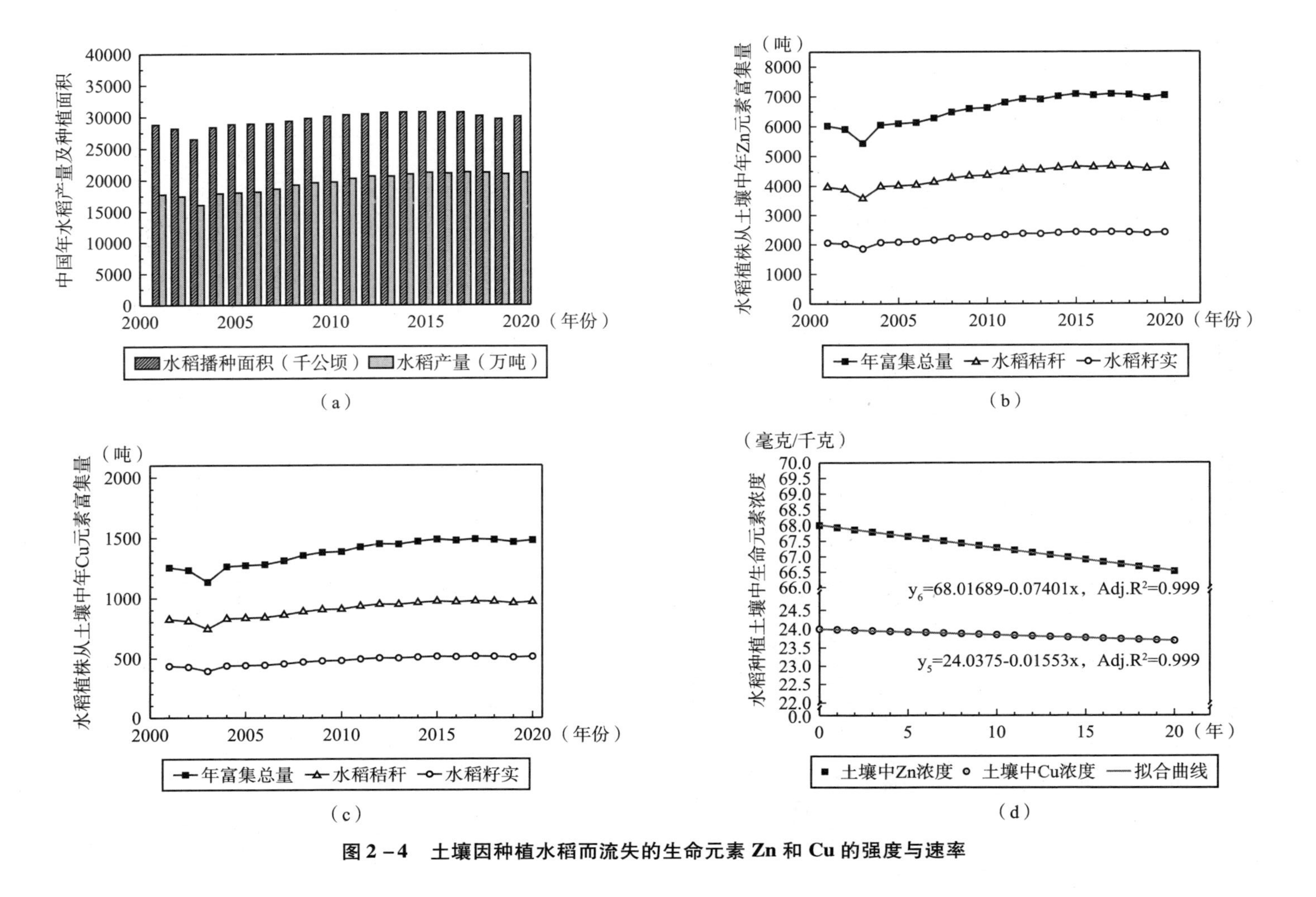

图2－4　土壤因种植水稻而流失的生命元素 Zn 和 Cu 的强度与速率

以上核算结果均在耕地一年种植一茬的前提下展开，而实际上一年两茬或两茬以上，如南方地区仅仅水稻种植就可以一年三茬。以一年种植一次水稻和一次小麦为例，10年后仅仅因水稻和小麦种植流失的有效态Zn和Cu元素分别为67%和65%。若一年种植一次玉米和小麦，10年后土壤中有效态Zn和Cu元素流失量分别为51%和79%。而导致土壤中生命元素有效态含量变化的原因可能有多种，如岩石风化速率、土壤有机质、土壤微生物、耕作措施、施肥等，因此开展长期的定位监测才能准确的获得土壤生命元素的动态含量。另外，从结果中也可以看出因作物秸秆而流失的生命元素量大约是作物籽实的两倍，表明作物秸秆的还田对土壤生命元素的补充尤为重要。

2.3.2 畜禽产品生产

畜禽养殖业所生产的产品，如鸡肉、牛肉、猪肉、羊肉等含有大量的生命元素，这些生命元素直接来源于饲料，间接来源于土壤。因较为精确的草场面积无法估算，因此从畜禽养殖业生产的产品和相应生命元素含量来计算从土壤中间接流失的生命元素量。

1. 鸡肉

鸡肉中的生命元素含量如表2-9所示。鸡肉产量数据按照家禽出栏量和家禽1.5千克/只计算（将中国年家禽出栏量当作鸡的出栏量），家禽年出栏量数据来自国家统计年鉴。鸡肉产量及其生命元素含量如图2-5所示。2000~2013年中国鸡肉产量逐年上升；2014~2020年鸡肉产量稳定在1800万吨左右，鸡肉中Zn和Cu含量分别在180吨和16吨左右。

表2-9 鸡肉中生命元素含量

单位：毫克/千克

	Ba	Ca	Cu	Fe	K	Mg	Mn	Na	Se	Zn	Rb	含水量	备注	文献
鸡肉	—	92.50	0.75	9.40	2381.90	211.60	0.21	695.40	0.28	16.90	—	—	鲜肉	邓宏玉（2017）
鸡肉	—	23.20	0.65	6.20	2161.90	213.30	0.23	593.50	0.24	12.20	—	—		
鸡肉	—	119.9	1.25	6.10	1760.40	204.70	0.17	573.00	0.29	9.00	—	—		
鸡肉	—	—	6.91	12.05	—	—	0.56	—	—	30.83	—	—	—	雒林通（2013）
鸡肉	1.86	224.60	1.36	23.70	14977.00	1257.00	—	2542.00	—	—	25.16	0.73	干肉	J. 吕（2017）
鸡肉	2.10	651.00	2.44	28.50	12238.00	1254.00	—	2875.00	—	—	22.30	0.72		
鸡肉	2.00	289.00	1.81	25.00	12589.00	1187.00	—	2631.00	—	—	29.90	0.74		
鸡肉	0.06	148.00	1.24	12.06	13182.00	1093.00	—	1134.00	0.34	23.03	37.11	0.70	干肉	Y. 赵（2015）
鸡肉	0.24	245.00	2.32	25.19	13207.00	1144.00	—	1167.00	0.53	24.22	15.51	0.70		
鸡肉	0.13	172.00	1.18	30.81	14084.00	1169.00	—	1231.00	0.59	24.56	28.78	0.71		
鸡肉	0.25	273.00	1.23	25.31	11033.00	1086.00	—	1011.00	0.52	28.07	29.80	0.69		
鸡肉	—	—	1.42	14.94	—	—	1.74	—	—	26.98	—	—	鲜肉	余成蛟（2018）
鸡肉	—	—	0.93	11.73	—	—	1.05	—	—	23.59	—	—		
鸡肉	—	—	0.26	13.58	—	—	2.44	—	—	26.83	—	—		
鸡肉	—	—	0.82	13.12	—	—	3.54	—	—	26.73	—	—		
鸡肉	—	7.53	0.07	2.02	288.51	41.12	0.04	159.04	—	2.81	—	—	鲜肉	潘晓东（2018）
鸡肉	—	4.62	0.01	3.62	351.82	54.73	0.02	71.08	—	0.61	—	—		
鸡肉	—	10.82	0.01	0.52	110.33	11.04	0.01	38.39	—	0.64	—	—		
鸡肉	—	7.66	0.03	2.05	250.2	35.63	0.02	89.50	—	1.35	—	—		

续表

	Ba	Ca	Cu	Fe	K	Mg	Mn	Na	Se	Zn	Rb	含水量	备注	文献
鸡肉	—	201.38	1.78	27.40	—	1118.88	0.39	—	0.38	24.21	—	70.48	干肉	杨丕才（2021）
鸡肉	—	180.09	1.39	16.48	—	989.50	0.39	—	0.30	18.35	—	71.87		
鸡肉	—	—	0.85	10.06	—	—	—	—	0.37	5.63	—	—	鲜肉	尚柯（2017）
鸡肉	—	—	2.23	5.80	—	—	—	—	1.55	6.05	—	—		
鸡肉	—	—	0.62	10.00	—	—	—	—	0.46	6.78	—	—		
鸡肉	—	—	0.61	15.20	—	—	—	—	0.20	5.36	—	—		
鸡肉	—	—	0.24	4.78	—	—	—	—	0.05	6.34	—	—		
鸡肉	—	—	0.36	4.92	—	—	—	—	0.08	6.46	—	—		
均值	0.258	59.058	0.824	7.684	2086.107	232.412	0.488	359.038	0.238	9.529	7.707	—	—	—

注：表中鸡肉中生命元素含量数据基于备注栏中的“鲜肉”或“干肉”，在计算含量均值时将干肉含量换算为鲜肉含量。

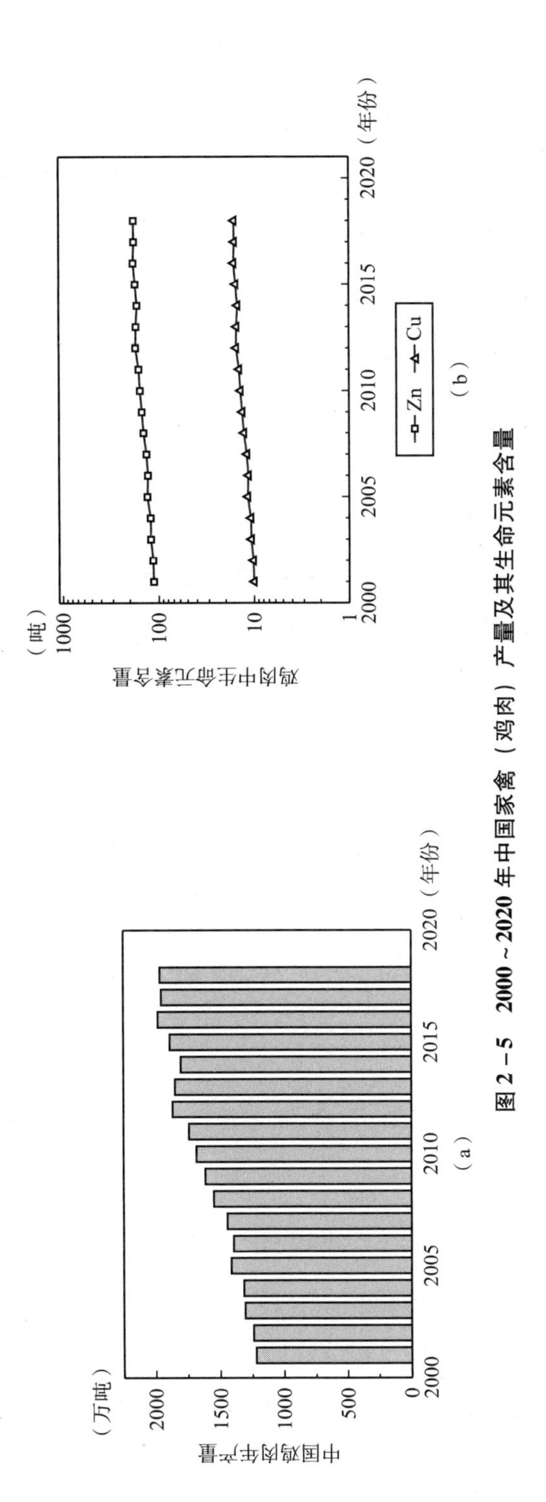

图 2-5　2000～2020 年中国家禽（鸡肉）产量及其生命元素含量

2. 牛肉

牛肉中的生命元素含量如表 2－10 所示，牛肉产量及生命元素含量如图 2－6 所示。中国牛肉产量自 2010 年以后稳定在 600 万吨左右，含 Zn 和 Cu 分别为 200 吨和 8 吨左右。

3. 羊肉

羊肉中的生命元素含量如表 2－11 所示，羊肉产量及生命元素含量如图 2－7 所示。中国羊肉产量自 2000 年以后逐年上升，2020 年羊肉产量达 492 万吨，含 Zn 和 Cu 分别为 214 吨和 13.5 吨。

4. 猪肉

猪肉中的生命元素含量如表 2－12 所示，猪肉产量及生命元素含量如图 2－8 所示。在肉类生产中，猪肉产量常年保持在 4000 万～5000 万吨，是所有肉类中产量最大的。2019 年和 2020 年产量明显下降，相较于 2018 年猪肉产量下降了 20%左右。2020 年产量为 4113 万吨，含生命元素 Zn 和 Cu 分别为 2530 吨和 73 吨。

2020 年中国年肉类产量为 7639 万吨，其中猪肉产量占 53.8%。猪、牛、羊、鸡肉中生命元素 Zn 和 Cu 含量分别为 3124 吨和 110.5 吨。相当于 2020 年中国大宗粮食作物玉米中 Zn 和 Cu 含量的 96%和 10%。

2.4 生命元素可利用潜能：土壤补素途径

潜在的可利用的生命元素主要存在于粮食作物秸秆、人粪便、畜禽排泄物中。本章节将粮食作物秸秆、人粪便、畜禽排泄物中的生命元素总量全部纳入潜在可利用量中。作物秸秆中生命元素量按作物产量、草谷比、富集系数等参数进行计算，人体排泄物生命元素流失总量按照人

表 2-10 中国牛肉中生命元素含量

单位：毫克/千克

	Fe	Zn	Cu	Na	Ca	K	P	Mg	Mn	文献
牛肉	36.73	30.05	2.54	—	—	—	—	—	0.37	冉强（2020）
牛肉	20.80	38.00	1.70	—	—	—	—	—	—	
牛肉	16.10	33.40	1.50	—	—	—	—	—	—	
牛肉	18.60	—	1.15	—	—	—	—	—	—	
牛肉	19.00	24.10	0.35	5220.00	130.00	1940.00	2200.00	177.00	1.36	王明（2008）
牛肉	12.00	33.20	0.35	3440.00	90.00	1760.00	1380.00	136.00	0.94	
牛肉	14.00	23.40	0.36	5490.00	120.00	2030.00	1740.00	147.00	0.88	
牛肉	10.00	18.50	0.33	4630.00	60.00	2440.00	1600.00	162.00	—	
牛肉	12.00	26.60	0.35	4050.00	60.00	2460.00	1640.00	168.00	0.74	
牛肉	12.00	23.60	0.50	4380.00	150.00	1780.00	1900.00	187.00	1.83	
牛肉	15.00	32.00	0.44	5710.00	150.00	1680.00	1070.00	146.00	1.30	
牛肉	10.00	17.50	0.29	6890.00	80.00	2470.00	1310.00	202.00	1.54	
牛肉	19.26	43.85	1.60	—	—	—	—	—	0.67	雒林通（2013）
牛肉	20.15	28.34	0.51	—	—	—	—	—	0.32	兰永清（2011）
牛肉	15.58	32.91	0.44	—	—	—	—	—	0.09	
牛肉	17.07	25.43	0.45	—	—	—	—	—	0.11	
牛肉	62.33	43.10	6.34	—	25.64	1644.84	1493.34	75.61	—	史可江（1999）
牛肉	—	22.06	2.22	—	—	—	—	—	0.22	

续表

	Fe	Zn	Cu	Na	Ca	K	P	Mg	Mn	文献
牛肉	22.67	39.00	1.70	636.33	53.07	—	1650.63	224.53	—	高月娥（2017）
牛肉	18.57	36.40	1.50	725.57	52.50	—	1554.93	242.80	—	
牛肉	39.20	47.90	0.50	1566.20	66.20	6312.00	—	587.20	0.20	潘晓东（2018）
牛肉	27.01	0.21	1.10	—	—	—	—	—	46.43	邢廷铣（2000）
牛肉	33.64	58.34	1.52	518.28	93.13	2728.92	—	215.03	0.85	刘宏伟（2013）
含量均值	21.441	30.813	1.206	3604.698	86.965	2476.887	1594.445	205.398	3.616	—

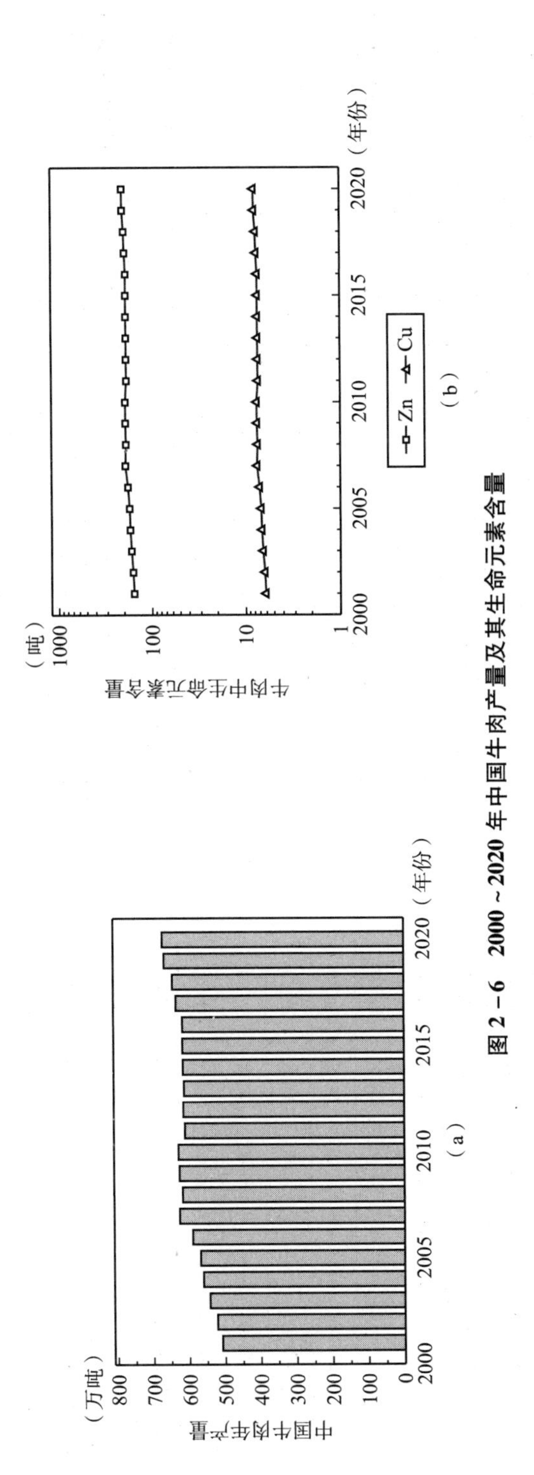

图2-6　2000~2020年中国牛肉产量及其生命元素含量

表 2－11　中国羊肉中生命元素含量

单位：毫克/千克

	Na	Mg	K	Ca	Fe	Zn	Ba	Cr	Cu	Mn	Ni	Pb	Sr	Se	P	参考文献
羊肉	921.20	225.10	2286.20	67.20	19.20	26.20	—	—	0.50	0.10	—	—	—	—	1940.80	潘晓东等（2018）
羊肉	730.30	169.20	1529.20	59.20	20.30	21.40	—	—	0.20	0.10	—	—	—	—	1235.20	
羊肉	—	225.96	—	45.98	27.88	39.84	—	—	2.30	0.27	—	—	—	—	1503.43	邱翔等（2008）
羊肉	—	200.21	—	43.13	20.49	28.52	—	—	1.51	0.25	—	—	—	—	1130.84	
羊肉	—	234.58	—	40.18	30.54	35.63	—	—	2.79	0.36	—	—	—	—	1807.90	
羊肉	—	226.69	—	47.67	19.45	41.22	—	—	1.98	0.17	—	—	—	—	1553.33	
羊肉	—	251.00	4550.00	86.20	32.10	36.50	—	—	—	—	—	—	—	0.97	—	参木友等（2017）
羊肉	—	238.70	4293.30	43.40	25.60	36.60	—	—	—	—	—	—	—	0.33	—	
羊肉	—	217.70	4183.30	57.20	24.50	41.80	—	—	—	—	—	—	—	0.77	—	
羊肉	—	490.00	—	330.00	107.20	78.70	—	—	11.00	8.90	—	—	—	0.03	—	朱喜艳等（2011）
羊肉	—	450.00	—	190.00	88.90	68.80	—	—	6.60	4.50	—	—	—	0.03	—	
羊肉	—	500.00	—	120.00	80.00	32.00	—	—	8.00	6.00	—	—	—	—	—	远辉等（2018）
羊肉	—	620.00	—	150.00	100.00	42.00	—	—	10.00	8.00	—	—	—	—	—	
羊肉	—	—	—	27.01	22.39	38.13	—	—	1.19	0.24	—	—	—	0.03	—	邢廷铣等（2000）
羊肉	957.11	108.27	1228.45	145.80	28.25	31.67	—	—	1.83	1.03	0.02	0.02	—	0.04	—	刘宏伟等（2013）
羊肉	2000.00	1010.00	13910.00	460.00	80.70	103.70	—	—	3.10	0.80	—	—	—	—	8400.00	张灿等（2020）
羊肉	2070.00	960.00	13140.00	480.00	79.20	107.40	—	—	2.80	0.60	—	—	—	—	8370.00	
羊肉	1930.00	980.00	13080.00	500.00	77.60	100.60	—	—	3.20	0.50	—	—	—	—	7930.00	
羊肉	—	208.02	—	20.01	21.68	21.25	—	—	1.21	0.43	—	—	—	0.03	0.28	德庆卓嘎等（2014）
羊肉	—	227.81	—	22.26	27.36	27.02	—	—	1.16	0.23	—	—	—	0.02	0.20	

续表

	Na	Mg	K	Ca	Fe	Zn	Ba	Cr	Cu	Mn	Ni	Pb	Sr	Se	P	参考文献
羊肉	579. 83	239. 06	3151. 91	60. 04	16. 99	22. 90	0. 14	0. 39	1. 33	0. 15	0. 33	—	0. 21	0. 12	1597. 34	马梦斌（2019）
羊肉	745. 22	186. 75	2485. 35	73. 11	14. 52	26. 34	0. 13	0. 35	1. 01	0. 13	0. 22	—	0. 24	0. 05	1201. 39	
羊肉	747. 79	218. 42	3334. 44	66. 67	21. 02	30. 58	0. 13	0. 32	1. 12	0. 01	0. 00	—	0. 32	0. 04	1861. 12	
羊肉	793. 19	216. 05	3314. 15	68. 80	19. 62	31. 01	0. 15	0. 34	0. 95	0. 11	0. 28	—	0. 31	0. 05	1513. 68	
羊肉	—	841. 40	—	14. 77	157. 43	148. 98	—	—	1. 23	2. 01	—	—	—	—	—	刘根娣（2010）
羊肉	627. 90	173. 60	2498. 60	30. 40	—	—	—	0. 20	—	—	—	—	—	—	1500. 60	刘美玲（2017）
羊肉	606. 90	145. 90	2116. 40	23. 80	14. 13	31. 71	0. 93	0. 18	0. 61	0. 27	—	0. 71	0. 07	0. 01	1280. 00	
羊肉	571. 50	210. 30	2965. 20	32. 80	14. 58	26. 50	0. 90	0. 41	0. 69	0. 26	—	1. 13	0. 11	—	1814. 90	
羊肉	749. 80	224. 10	3675. 60	37. 50	18. 06	24. 74	1. 52	0. 35	0. 75	0. 31	—	1. 65	0. 11	—	1742. 30	
羊肉	945. 30	208. 50	2866. 30	27. 80	11. 45	28. 45	1. 12	0. 24	0. 81	0. 29	—	2. 83	0. 10	—	1813. 80	
羊肉	533. 80	142. 80	2357. 70	23. 50	—	—	—	—	—	—	—	—	—	—	1366. 70	
羊肉	942. 40	187. 90	3457. 10	29. 50	20. 44	44. 47	1. 06	0. 26	0. 68	0. 24	—	1. 48	0. 08	—	1712. 60	
羊肉	676. 10	173. 70	3049. 90	33. 10	14. 11	32. 58	1. 39	0. 18	0. 45	0. 26	—	2. 09	0. 07	—	1703. 80	
羊肉	459. 60	188. 50	2220. 20	28. 10	13. 70	32. 83	1. 11	0. 09	0. 52	0. 15	—	1. 54	0. 05	—	1291. 20	
羊肉	546. 50	182. 50	2285. 30	27. 90	12. 00	24. 16	0. 56	0. 33	0. 64	0. 21	—	2. 04	0. 18	—	1586. 50	
羊肉	—	—	—	—	19. 98	26. 67	—	—	2. 48	—	—	—	—	—	—	雒林通等（2013）
羊肉	—	190. 40	1656. 30	62. 50	85. 21	49. 23	—	0. 53	16. 46	—	—	—	—	—	—	—
羊肉	—	—	—	—	—	28. 73	—	0. 17	1. 38	—	—	—	—	—	1751. 60	史可江等（1999）
均值	906. 722	322. 090	4151. 454	99. 320	39. 617	43. 579	0. 762	0. 289	2. 742	1. 229	0. 170	1. 499	0. 155	0. 180	2215. 750	—

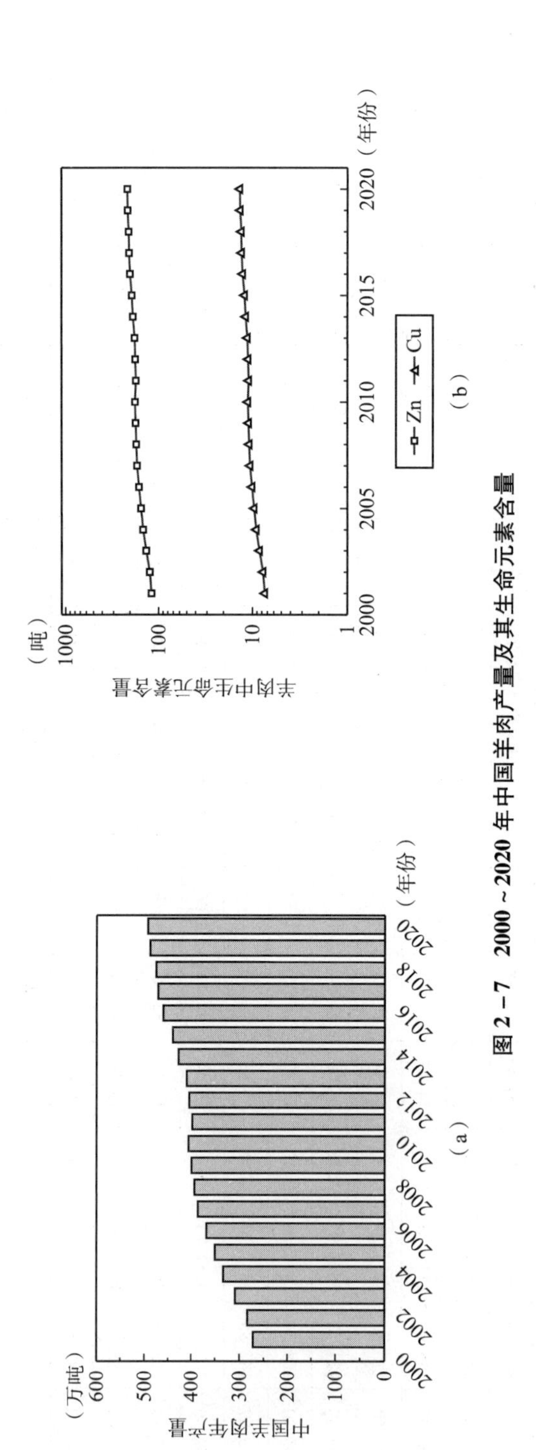

图2-7　2000~2020年中国羊肉产量及其生命元素含量

表 2-12 中国猪肉中生命元素含量

单位：毫克/千克

	Na	K	Ca	Fe	Zn	Mg	Cu	P	Pb	Se	Rb	P	S	As	Cd	Cr	参考文献
猪肉	—	—	39.81	7.20	21.38	281.72	3.18	2.30	0.02	—	—	—	—	0.01	0.00	0.05	D. W. 胡（2020）
猪肉	—	—	40.62	6.97	16.02	274.55	2.89	2.41	0.03	—	—	—	—	0.01	0.00	0.07	
猪肉	—	—	66.15	6.36	19.08	294.19	3.68	2.58	0.01	—	—	—	—	0.01	0.00	0.08	
猪肉	—	—	—	—	15.03	—	1.18	—	0.03	—	—	—	—	0.01	—	0.33	Y. 杜（2021）
猪肉	—	—	—	—	12.31	—	0.62	—	0.01	—	—	—	—	0.01	—	0.46	
猪肉	370.0	3810.0	6.32	4.67	13.86	290.00	0.49	—	—	0.15	5.99	—	—	—	—	—	J. 齐（2020）
猪肉	370.0	3730.0	8.00	5.69	23.05	290.00	0.59	—	—	0.09	8.72	—	—	—	—	—	
猪肉	460.0	3770.0	4.52	5.79	19.72	290.00	0.54	—	—	0.14	7.65	—	—	—	—	—	
猪肉	460.0	3760.0	5.56	7.41	22.76	290.00	0.62	—	—	0.11	6.04	—	—	—	—	—	
猪肉	390.0	3710.0	6.83	5.40	16.63	300.00	0.51	—	—	0.11	7.81	—	—	—	—	—	
猪肉	340.0	3890.0	6.47	7.02	20.28	320.00	0.67	—	—	0.12	6.77	—	—	—	—	—	
猪肉	400.0	3610.0	5.22	7.19	22.37	310.00	0.58	—	—	0.14	8.62	—	—	—	—	—	
猪肉	4.9	37.4	0.32	0.14	0.12	1.78	0.07	—	—	—	—	2576.0	4207.0	—	—	—	庞之列（2014）
猪肉	283.0	—	319.80	58.48	78.55	284.80	1.62	—	—	—	—	2601.0	3510.0	—	—	—	陈艳兰（1999）
猪肉	297.5	—	297.10	60.42	64.12	347.40	1.70	—	—	—	—	2591.0	3858.0	—	—	—	
猪肉	269.6	—	308.45	59.38	71.34	316.10	1.58	—	—	—	—	2364.0	2848.0	—	—	—	
猪肉	255.3	—	64.85	22.90	33.41	287.98	0.56	—	—	—	—	2566.0	3461.0	—	—	—	
猪肉	198.3	—	71.46	22.97	40.79	284.28	—	—	—	—	—	2392.0	2965.0	—	—	—	
猪肉	173.7	—	65.18	12.93	21.19	273.35	0.58	—	—	—	—	—	—	0.23	—	—	

续表

	Na	K	Ca	Fe	Zn	Mg	Cu	P	Pb	Se	Rb	P	S	As	Cd	Cr	参考文献
猪肉	—	—	—	12. 76	15. 09	—	1. 19	—	—	0. 07	—	—	—	0. 11	—	0. 19	章杰（2015）
猪肉	—	—	—	13. 88	25. 27	—	1. 61	—	—	0. 09	—	—	—	—	—	0. 67	
猪肉	700. 0	2850. 0	90. 00	2130. 00	—	180. 00	—	—	—	—	—	1750. 0	—	—	—	—	程志斌（2005）
猪肉	—	—	—	7. 34	63. 23	—	0. 58	—	0. 05	—	—	—	—	0. 10	0. 00	0. 10	吴萍（2011）
猪肉	—	—	—	7. 91	65. 08	—	0. 69	—	0. 06	—	—	—	—	0. 09	0. 00	0. 11	
猪肉	—	—	—	74. 80	1188. 01	—	3. 83	—	—	0. 22	—	—	—	—	0. 38	—	池福敏（2019）
猪肉	—	—	—	70. 98	154. 03	—	4. 19	—	—	0. 11	—	—	—	—	0. 43	—	
猪肉	—	—	—	57. 96	123. 80	—	3. 72	—	—	0. 45	—	—	—	—	0. 18	—	
猪肉	—	—	—	93. 77	120. 00	—	4. 55	—	—	0. 26	—	—	—	—	0. 27	—	
猪肉	829. 2	2285. 2	61. 30	10. 40	21. 20	273. 20	0. 30	—	—	—	—	1643. 7	—	—	—		潘晓东（2018）
猪肉	433. 2	1886. 1	41. 00	8. 90	8. 30	164. 10	0. 30	—	—	—	—	2184. 8	—	—	—	—	
猪肉	816. 4	3282. 0	104. 90	17. 10	17. 40	431. 10	0. 30	—	—	—	—	2711. 4	—	—	—	—	
猪肉	779. 5	1739. 1	56. 02	7. 82	28. 21	182. 36	0. 78	—	0. 04	0. 09	—	—	—	0. 07	0. 01	—	刘宏伟（2013）
猪肉	—	—	—	9. 88	12. 60	—	11. 35	—	—	—	—	—	—	—	—	—	雒林通（2013）
猪肉	—	—	—	10. 30	24. 10	—	1. 03	—	—	0. 17	—	—	—	—	—	—	许沙沙（2015）
猪肉	—	—	—	7. 70	14. 08	—	0. 75	—	—	0. 04	—	—	—	—	—	—	
猪肉	—	—	—	8. 71	16. 45	—	0. 94	—	—	0. 02	—	—	—	—	—	—	

续表

	Na	K	Ca	Fe	Zn	Mg	Cu	P	Pb	Se	Rb	P	S	As	Cd	Cr	参考文献
猪肉	408. 1	3455. 04	35. 94	11. 51	6. 47	—	2. 23	—	—	—	—	—	—	—	—	0. 09	王明（2008）
猪肉	413. 79	3691. 05	26. 89	11. 33	7. 38	—	2. 34	—	—	—	—	—	—	—	—	0. 09	
猪肉	384. 44	3567. 32	28. 65	8. 08	7. 16	—	3. 16	—	—	—	—	—	—	—	—	0. 09	
猪肉	391. 92	2802. 19	22. 58	5. 01	4. 94	—	1. 91	—	—	—	—	—	—	—	—	0. 09	
猪肉	333. 62	3725. 24	21. 89	6. 58	5. 32	—	1. 67	—	—	—	—	—	—	—	—	0. 09	
均值	406. 76	3088. 93	66. 88	74. 20	61. 50	271. 22	1. 77	2. 43	0. 03	0. 14	7. 37	2337. 99	3474. 83	0. 07	0. 13	0. 18	—

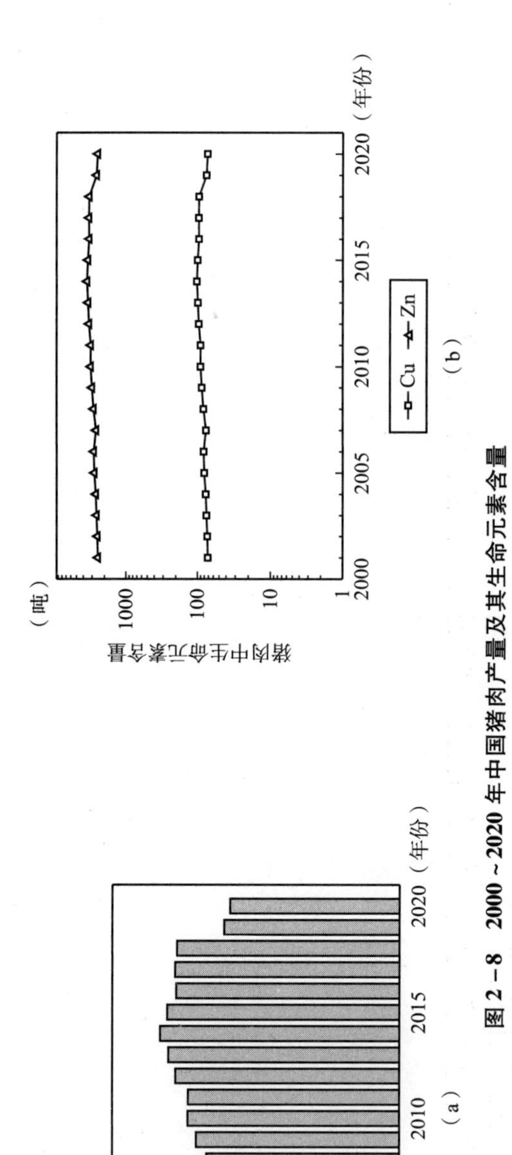

图 2-8 2000~2020 年中国猪肉产量及其生命元素含量

均每天排放量和国家公布的统计人口数据计算。畜禽粪便生命元素总量以粪便总量和粪便中相应元素含量计算，畜禽粪便总量按照国家统计局公布的年度畜禽养殖数据和相应科研文献中的排泄系数计算。氮磷钾肥是中国农业生产中施用的主要肥料，同时作物秸秆、人、畜禽排泄物中的含量也很丰富，为评价粪便还田替代现有化学肥料及土壤中流失的其他生命元素的潜力，本章节计算中主要计算 N、P、K、Zn 和 Cu 五种生命元素的潜在可利用量。

2.4.1　作物秸秆利用潜能

秸秆是作物种植过程中产生的副产品，也是一种重要的可再生资源，富含热量和碳、氮、磷、钾大量元素及微量元素，同时含有纤维素、半纤维素、木质素、蛋白质和糖类等有机能源[①]。我国是农业大国，秸秆资源丰富，占世界总量的 20% ~30%[②]。秸秆的利用既涉及广大农村的千家万户，也涉及整个农业生态系统中土壤肥力、水土保持及环境质量等。秸秆的利用方式一般有五大类型：肥料化利用，原料化利用，饲料化利用，基料化利用，能源化利用[③]。

肥料化利用方式较多，包括直接还田、间接还田、焚烧还田、过腹还田等。秸秆直接还田是将秸秆粉碎后翻耕到土中，秸秆容易腐熟分解，利用比较充分。间接还田是将秸秆堆放或挖坑埋放在一起，通过高温将秸秆腐化，杀死秸秆中的病虫害，缩短腐熟时间。焚烧还田是最为传统的利用方法，在田里直接焚烧，虽然视觉效果明显但是会造成严重的环境污染，也是政府所禁止的。过腹还田是利用动物将秸秆消化变成粪便而利用。原料化利用，是因秸秆中含有大量的天然纤

---

① 李逢雨等．麦秆、油菜秆还田腐解速率及养分释放规律研究［J］．植物营养与肥料学报，2009（2）；石祖梁等．我国农作物秸秆资源利用特征、技术模式及发展建议［J］．我国农业科技导报，2019（5）．

② 赵建宁，张贵龙，杨殿林．中国粮食作物秸秆焚烧释放碳量的估算［J］．农业环境科学学报，2011，30（4）：6－812．

③ 刘俊杰等．秸秆五化的利用现状及展望［J］．农业与技术，2021（3）．

维素，可以将其当作一种工业原料，用来造纸、生产建材等。秸秆基料化应用就是以秸秆为主要原料进行加工制作，为植物、动物以及微生物生长提供良好的条件和营养的有机固体物料，主要包括栽培基质、动物饲养过程中的秸秆垫料以及具有保水保肥功能的秸秆物料，应用较为成熟的就是栽培食用菌。秸秆能源化利用，就是通过物理或化学手段将秸秆转化为不同形态的燃料，如生物燃料、乙醇或直接燃烧发电等。

2015 年我国作物秸秆总量约为 10.4 亿吨，主要由玉米秸秆、稻秆、小麦秆、棉花秆、油菜秆、花生秧、豆秆、薯类秧、甘蔗稍以及其他作物秸秆组成，可收集量约 9 亿吨[①]。其中玉米、水稻、小面秸秆产量达 8.3 亿吨，占总量的 79.2%。黄淮海区以玉米和小麦秸秆为主，西北区以玉米秸秆为主，东北区以玉米和水稻秸秆为主，东南区以水稻秸秆为主，西南区主要是玉米、水稻和甘蔗秸秆。有 7.2 亿吨的秸秆被资源化利用，秸秆肥料化、饲料化、基料化、燃料化和原料化利用量分别为 3.89 亿吨、1.69 亿吨、0.36 亿吨、1.03 亿吨和 0.25 亿吨，分别占利用量的 53.93%、23.42%、4.98%、14.27% 和 3.40%，形成了以肥料化和饲料化为主的格局。而东北地区秸秆资源化利用率仅为 63%，低于其他地区的 81% ~87%；并且主粮作物秸秆的肥料化利用率低，玉米、小麦和水稻秸秆的肥料化利用量分别占可收集量的 35%、63% 和 55%。

2015 年全国秸秆未收集总量为 32194.4 万吨，据卫星遥感监测火点数据推算，大约有 8110 万吨的秸秆被焚烧，占秸秆未收集量的 25.5%，占秸秆总量的 7.8%[②]。其中东北区、西北区、黄淮海区、西南区、东南区秸秆焚烧量分别为 6020 万吨、1030 万吨、670 万吨、200 万吨、190 万吨，东北区焚烧量最高，占其秸秆资源总量的 29.5%。秸秆焚烧过程中产生大量的一氧化碳（CO）、氮氧化物、苯以及多环芳烃等有害气

---

①② 石祖梁，贾涛，王亚静等．我国农作物秸秆综合利用现状及焚烧碳排放估算［J］．中国农业资源与区划，2017，38（9）：7－32.

体，危害人体健康，污染大气环境①。仅秸秆焚烧排放的一氧化碳（CO）、二氧化碳（CO_2）和甲烷（CH_4）分别为829.3万吨、11282.1万吨和17.8万吨，总碳排放量3445.7万吨。

秸秆焚烧量大，曾经作为一种传统的、便捷的秸秆还田利用方式，在当前高度追求生态文明建设的背景下，其污染大气环境、增加碳排放等缺点越发凸显。我国历年秸秆焚烧情况为：2001~2003年秸秆露天焚烧量约1.3亿吨，占秸秆总量的22%~23%，而且经济发达的地区焚烧比例大，部分地区高达40%以上②；2006年秸秆露天焚烧量约为1.08亿吨，占秸秆总量的15%，各省秸秆焚烧率在10.7%~32.9%，因秸秆焚烧排放的二氧化硫（SO_2）、氮氧化合物（NOx）、CO、氨（NH_3）、CO_2、CH_4、$PM_{2.5}$分别为6.02万吨、36.0万吨、730.6万吨、8.38万吨、15450.2万吨、37.4万吨、216.7万吨③；2008年我国秸秆露天焚烧率为19%，排放二氧化碳144131.5万吨④；2010年秸秆焚烧量为1.28亿吨，约占总量的22%，总碳排放量为5430万吨⑤。

我国大约20%左右的秸秆被焚烧，浪费了大量优质肥料资源，增加了大气污染治理费用。作物的秸秆含有丰富的氮磷钾等作物生长所需要的营养组分，玉米秸秆中氮和磷含量较高，水稻秸秆中钾含量较高。2004年我国秸秆焚烧量大约1.4亿吨，按照化学肥料零售价格（3元/公斤）计算，秸秆焚烧造成的养分损失约113.4亿元、燃烧排放SO_2和TSP造成的大气污染防治损失196.5亿元，总共损失309.9亿元⑥。水稻

---

① 刘丽华，蒋静艳，宗良纲．秸秆燃烧比例时空变化与影响因素——以江苏省为例［J］．自然资源学报，2011，(9)：45-1535.

② 曹国良等．中国大陆秸秆露天焚烧的量的估算［J］．资源科学，2006，28（1）.

③ 王书肖、张楚莹．中国秸秆露天焚烧大气污染物排放时空分布［J］．中国科技论文在线，2008，3（5）.

④ 赵建宁等．中国粮食作物秸秆焚烧释放碳量的估算［J］．农业环境科学学报，2011，30（4）.

⑤ 李飞跃、汪建飞．中国粮食作物秸秆焚烧排放量转化生物固碳量的估算［J］．农业工程学报，2019，29（14）.

⑥ 王丽，李雪铭，许妍．中国大陆秸秆露天焚烧的经济损失研究［J］．干旱区资源与环境，2008（2）：7-172.

秸秆中氮（N）、P（五氧化二磷，P_2O_5）、K（氧化钾，K_2O）含量分别为 0.83%、0.27%、2.06%，小麦秸秆中相应含量分别为 0.62%、0.16%、1.23%，玉米秸秆中相应含量分别为 0.87%、0.31%、1.34%，以此计算2015 年中国主要农作物秸秆资源量约为7.2 亿吨，所含氮磷钾总量分别为625.6 万吨、197.9 万吨、1159.5 万吨[①]。

秸秆还田，替代化肥施用量的潜力巨大。以 2015 年为例，中国主要农作物秸秆中氮磷钾含量相当于相应作物最佳化肥施用量的 38.4%（N）、18.9%（P_2O_5）和85.5%（K_2O）；若秸秆 100%还田，水稻秸秆可满足其种植土壤化肥施用量的 31.6%（N）、27.7%（P_2O_5）和129.0%（K_2O），小麦秸秆可满足其化肥施用量的 22.5%（N）、12.2%（P_2O_5）和84.0%（K_2O），玉米秸秆可以满足其化肥施用量的28.8%（N）、26.0%（P_2O_5）和91.9%（K_2O）[②]。结合秸秆中氮磷钾含量、中国历年主要粮食作物产量（玉米、小麦、水稻）、草谷比（水稻0.95，小麦1.30；玉米1.10），历年主粮作物秸秆中生命元素含量如图2-9 所示。

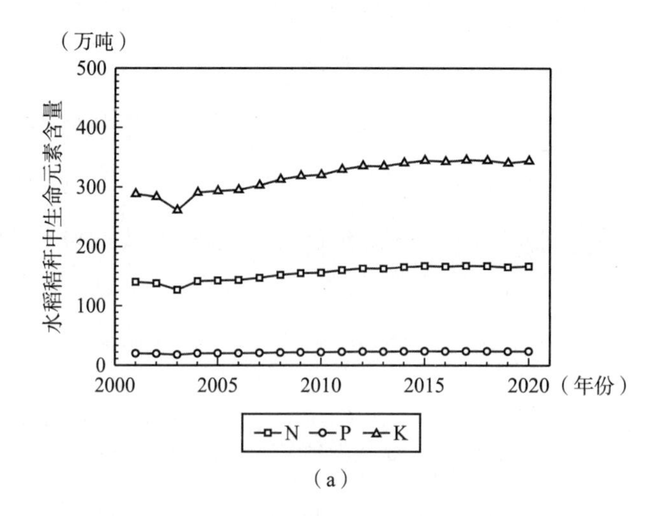

（a）

① 全国农业技术推广服务中心．中国有机肥料资源［M］．北京：中国农业出版社，1999.

② 宋大利，侯胜鹏，王秀斌等．中国秸秆养分资源数量及替代化肥潜力［J］．植物营养与肥料学报，2018，24（1）：21-1.

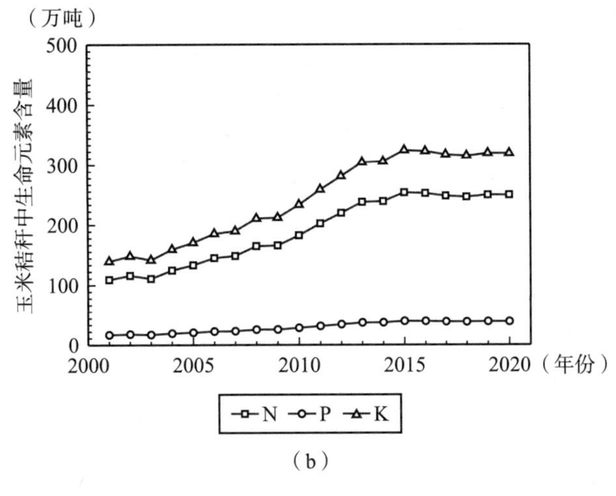

（b）

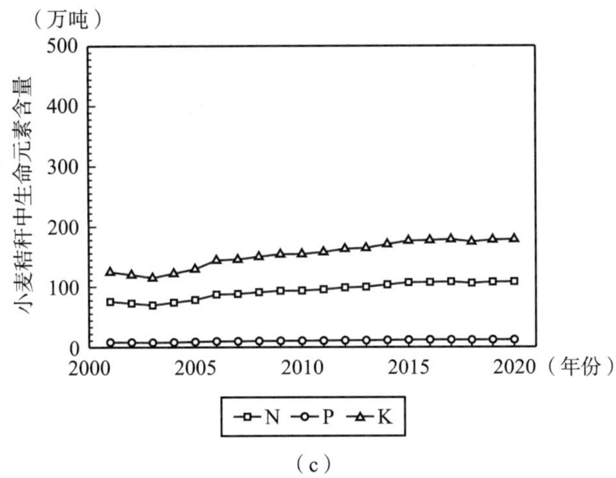

（c）

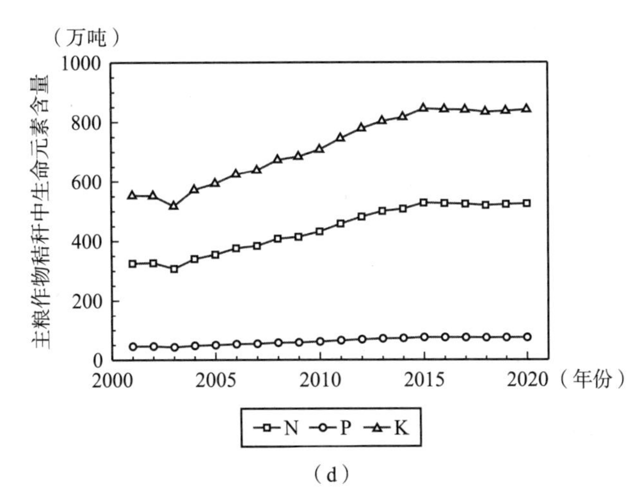

（d）

图2－9　主粮作物秸秆中氮磷钾可利用潜能

粮食作物秸秆中含氮（N）522.5 万吨、磷（P_2O_5）170.5 万吨和钾（K_2O）945.6 万吨，分别占当年相应化学肥料施用量的 27.1%、25.0% 和 168.5%，占年化学肥料施用总量的 30.3%。

2.4.2 人粪便利用潜能

2000～2020 年中国城镇人口、乡村人口数据来自于国家统计局。人均大便生命元素的排放速率如表 2－13 所示，人均尿液生命元素的排放速率如表 2－14 所示，2000～2020 年全国人口生命元素排放总量如图 2－10 所示。

表 2－13　　居民大便中微量元素的排放速率　　单位：毫克/天

元素	日排出量	元素	日排出量	元素	日排出量	元素	日排出量
P	708.000	Zn	13.100	B	0.209	Cd	0.022
K	625.000	Mn	8.090	Mo	0.115	As	0.010
Ca	618.000	Cu	2.270	I	0.113	Hg	0.003
Na	215.000	Ba	1.850	Cr	0.078	N	10120.00
Al	29.100	Mg	0.450	Pb	0.051		
Fe	25.600	Ni	0.259	Se	0.027		

表 2－14　　居民尿液中生命元素的排放速率　　单位：毫克/天

元素	日排出量	元素	日排出量	元素	日排出量	元素	日排出量
A1	0.144	Fe	0.165	Ni	0.012	Sr	0.202
As	0.050	K	2180.000	P	612.000	Ti	0.012
B	1.310	Mg	118.000	Pb	0.013	V	0.021
Ca	184.000	Mo	0.078	Rb	1.600	Zn	0.775
Cu	0.058	Na	4360.000	Se	0.033	N	1380.000

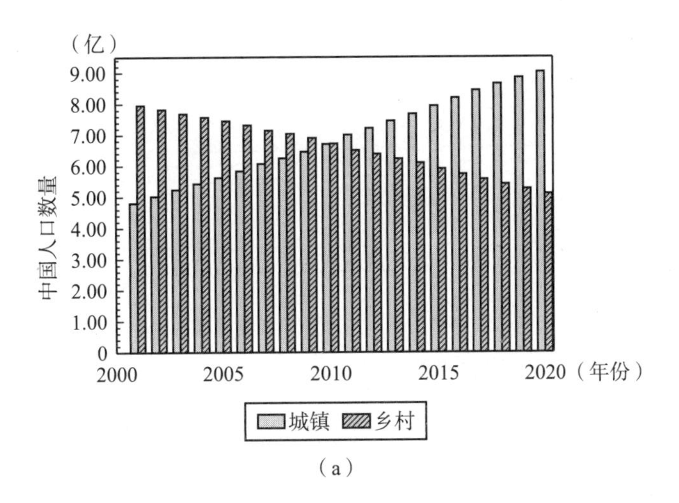
（亿）
9.00
8.00
7.00
6.00
5.00
4.00
3.00
2.00
1.00
0
中国人口数量
2000
2005
2010
2015
2020（年份）
城镇
乡村

（a）

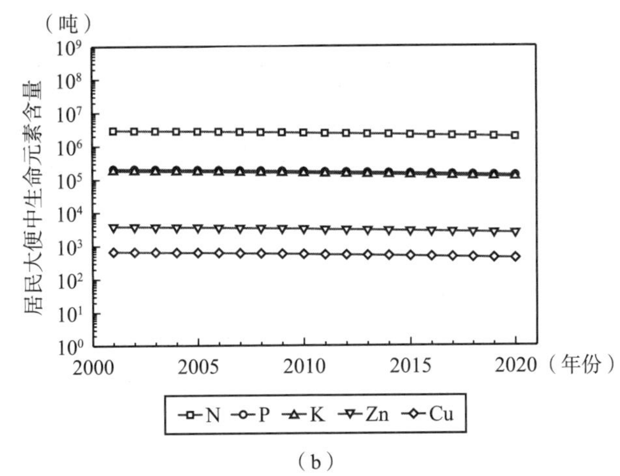
（吨）
居民大便中生命元素含量
2000
2005
2010
2015
2020（年份）
N
P
K
Zn
Cu

（b）

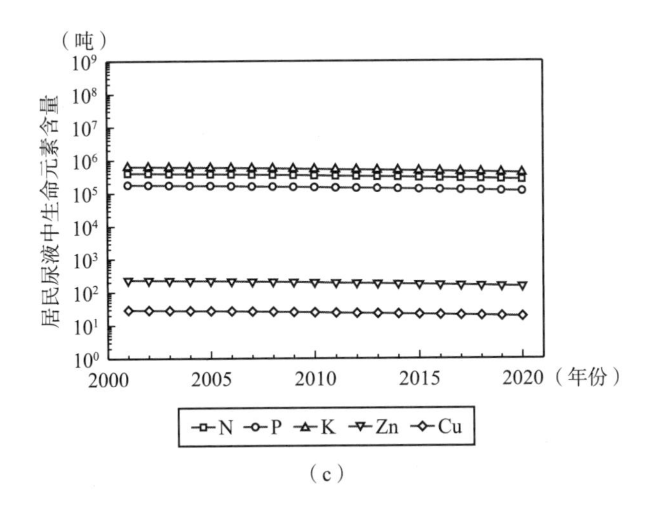
（吨）
居民尿液中生命元素含量
2000
2005
2010
2015
2020（年份）
N
P
K
Zn
Cu

（c）

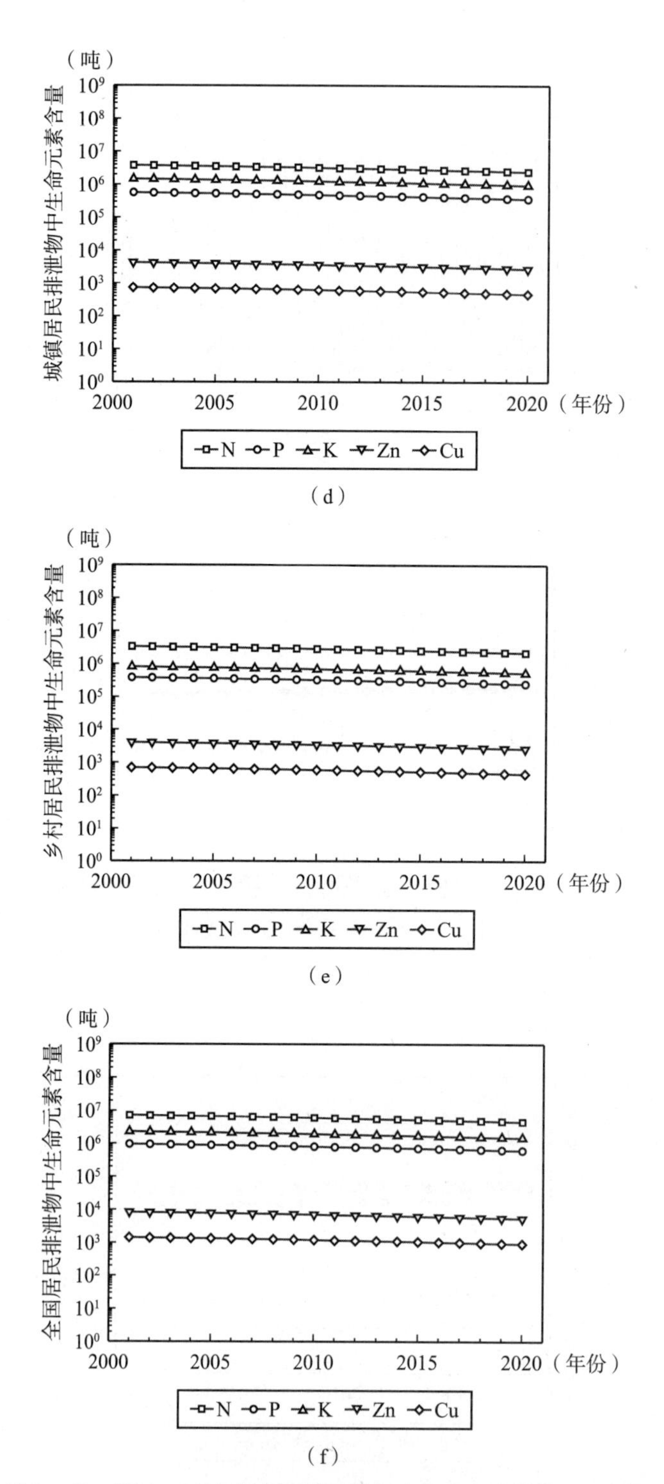

图 2-10　2000～2020 年中国居民粪便中生命元素潜在可利用量

2000~2020年中国城镇人口从约4.8亿人持续增加至9亿人，乡村人口由8亿人左右逐年递减至5亿人左右，20年间城镇人口几乎增加一倍，城镇化率超过60%。居民粪便排泄物中，氮磷钾等生命元素年排泄量高达百万吨。大便中氮含量高，约占总量的88%；小便中钾含量高，约占总量的78%；磷在大小便中约各占一半；锌和铜主要存在于大便中。以2020年为例，居民年氮（N）、磷（P）、钾（K）排泄量分别为453.6万吨、60.5万吨、144.9万吨，锌和铜分别为5321.7吨和911.7吨；城镇居民排放量约占总量的64%、乡村居民约占总量的36%。

2.4.3 畜禽粪便利用潜能

牲畜量以国家统计局统计的年底存栏量为准，家禽量以国家统计局统计的年出栏量为准。畜禽粪便中生命元素的含量按表2-15计算，畜禽粪便产生系数按表2-16计算。

表2-15 畜禽粪便中生命元素的含量

	鸡粪	猪粪	牛粪	羊粪	文献来源
有机碳（克/千克）	301.00	414.00	368.00	336.00	高定（2006）
全氮（克/千克）	23.40	20.90	16.70	10.10	
全磷（克/千克）	9.30	9.00	4.30	2.20	
全钾（克/千克）	16.10	11.20	9.50	5.30	
Zn（毫克/千克）	5.00	656.20	7.00	2.00	郭冬生（2012）
Cu（毫克/千克）	5.00	452.20	46.50	28.70	
Cr（毫克/千克）	9.00	42.80	15.20	8.00	
Pb（毫克/千克）	23.30	17.40	15.70	12.40	
Cd（毫克/千克）	3.20	4.60	3.40	1.30	
Ni（毫克/千克）	20.50	16.00	14.10	12.40	
As（毫克/千克）	2.53	5.02	2.01	1.46	
Hg（毫克/千克）	0.12	0.18	0.10	0.19	
Mg（毫克/千克）	141	261	355	172	
Fe（毫克/千克）	1901	1845	1952	1921	

表 2－16　畜禽污染物排放系数　单位：千克/头（只）·年

种类	粪便排泄量	尿排泄量	BOD	COD	氨氮	TP	TN	参考文献
生猪	398	656.7	25.98	26.6	2.07	1.7	4.51	翁伯琦（2010）
牛	7300	3650	193.7	248.2	25.15	10.07	61.1	
羊	950	—	2.7	4.4	0.57	0.45	2.28	
禽	26.3	—	1.1	1.17	0.13	0.12	0.28	

从图 2－11 可以看出，中国畜禽养殖业中养牛量逐年降低，养鸡量逐年增加，年畜禽粪便排泄的生命元素 N、P、K、Zn、Cu 含量分别稳定在 2600 万吨、1500 万吨、800 万吨、11 万吨、12 万吨左右。

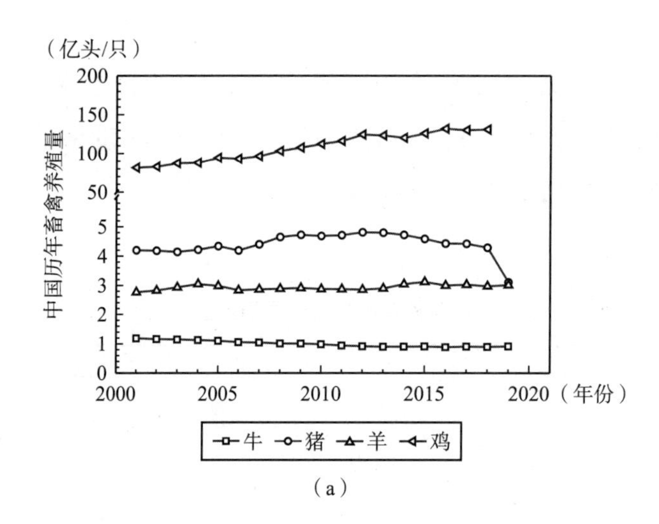

（a）

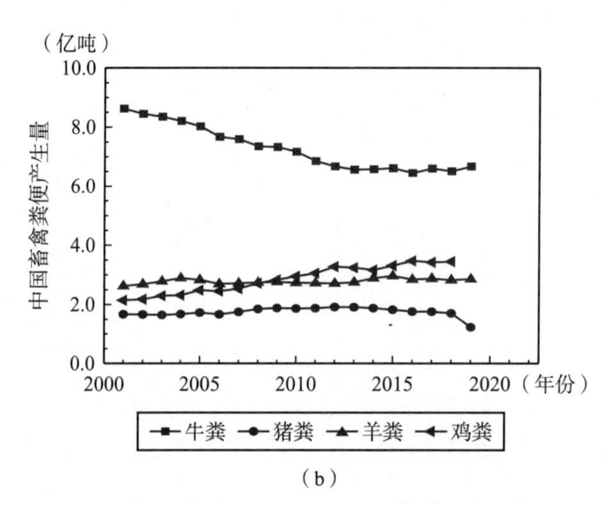

（b）

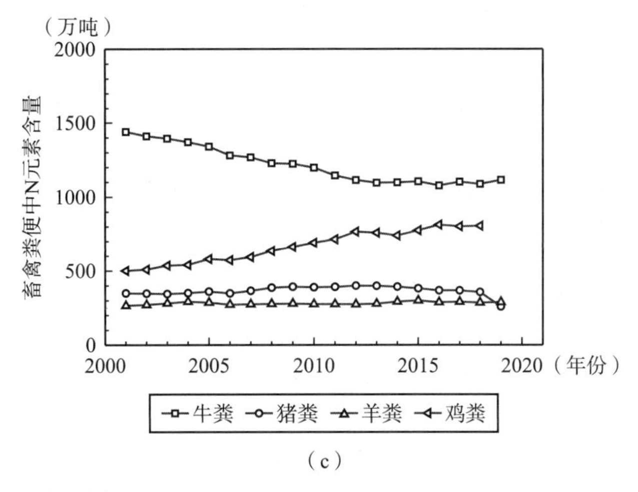
（万吨）
2000
1500
1000
500
0
畜禽粪便中N元素含量
2000
2005
2010
2015
2020（年份）
牛粪
猪粪
羊粪
鸡粪

（c）

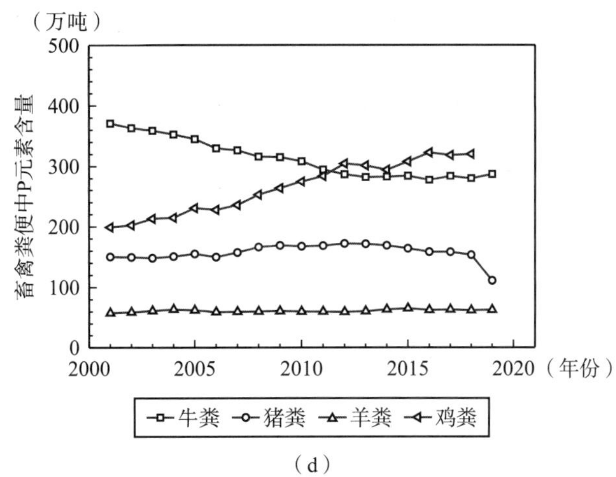
（万吨）
500
400
300
200
100
0
畜禽粪便中P元素含量
2000
2005
2010
2015
2020（年份）
牛粪
猪粪
羊粪
鸡粪

（d）

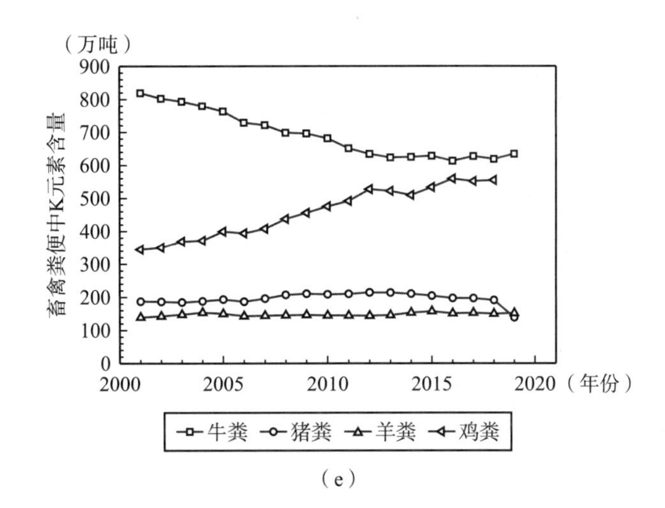
（万吨）
900
800
700
600
500
400
300
200
100
0
畜禽粪便中K元素含量
2000
2005
2010
2015
2020（年份）
牛粪
猪粪
羊粪
鸡粪

（e）

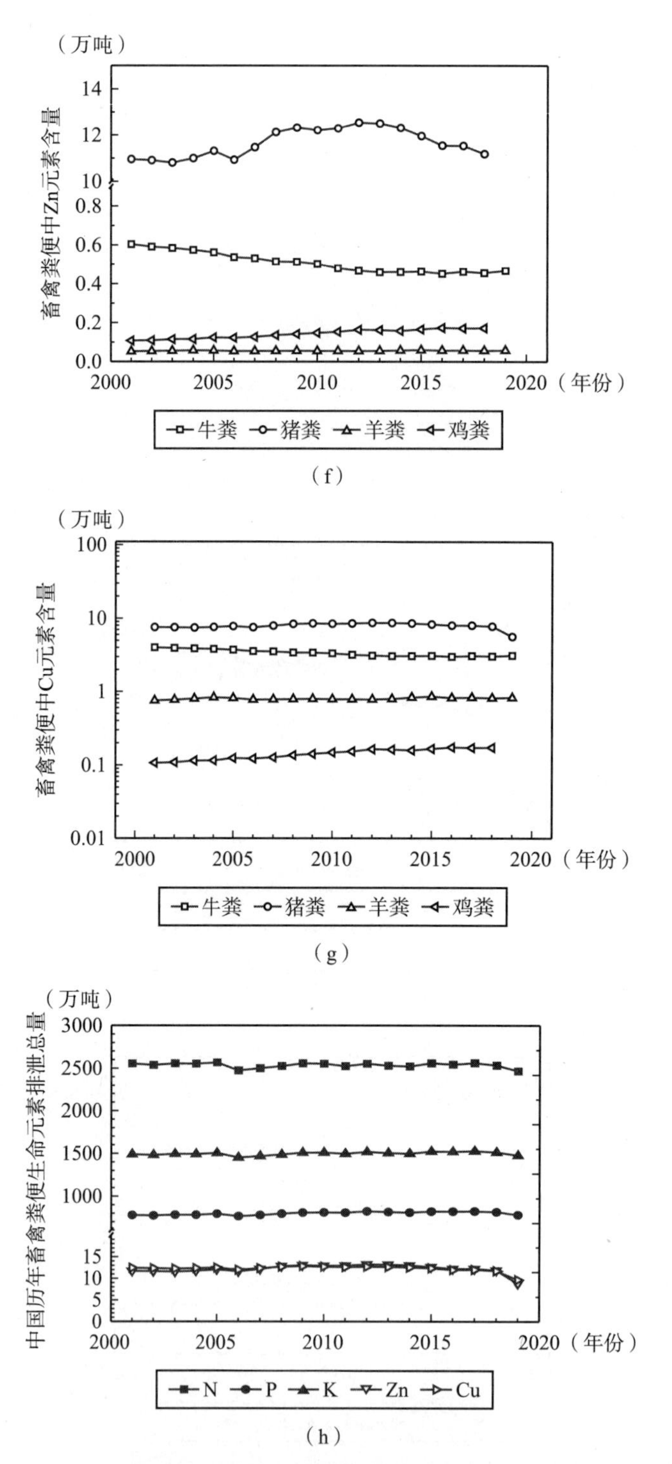

图 2－11　中国 2001～2019 年畜禽养殖业畜禽粪便生命元素排泄量

2.5 小结

生命元素构成了生命有机体，参与了人体新陈代谢过程的各个方面，是人体生命健康的基石。土壤因作物种植而流失的氮磷钾等常量元素完全可以以“人畜粪便还田+秸秆还田”的方式得到足量补充。人畜粪便除含氮磷钾等养分外，还含有大量的有机物质，可为土壤补充额外的有机质，改善土壤结构，而化学肥料却不含任何有机组分。除氮磷钾等常量元素外，以锌和铜为代表的微量元素因作物的种植而流失的量也非常巨大。玉米秸秆富集的锌和铜占植株富集总量的59.3%和67.6%、玉米粒富集的锌和铜占总量的40.7%和32.4%，小麦秸秆富集的锌和铜占植株富集总量的67.0%和75.1%、小麦籽粒富集的锌和铜占总量的33.0%和24.9%，水稻秸秆富集的锌和铜占植株富集总量的65.8%和65.3%、稻谷富集的锌和铜占总量的34.2%和34.7%。若作物秸秆100%还田大约可以补充60%~70%的流失量；若作物秸秆与人粪便共同还田大约可以补充90%以上的流失量，再考虑时刻发生的风化作用，应该可以保证土壤活性微量生命元素的动态平衡而不至于发生净流失，这也许就是《四千年农夫》中所描述的中国传统农业千年可持续的根本原因。另外，再考虑到“作物秸秆+人粪便+畜禽粪便”还田，则土壤中的微量生命元素会得到成倍的补充，土壤的矿物质营养会越来越丰富。土壤中可利用的生命元素丰富了，粮食作物中生命元素就有了来源，人类健康所需要的生命元素才会得到满足，人类健康才会有坚实的物质基础。

第3章
生命永续之源

源，源头之意，在本书中既包括出现问题的源头，也包括解决问题的源头。人类“隐形饥饿”、生命健康受到严重威胁是问题所在；问题的源头在于阻断生命元素五谷轮回为代价的冲水马桶的应用；解决问题的源头在于在粪污的源头分离、回归五谷轮回的方向。本章将从冲水马桶的发展、冲水马桶的代价、源分离技术等方面，阐述生命永续的源头。

3.1　冲水马桶的发展：贡献与不足

厕所是人们排泄和排遗的场所，通常兼具整理、简单梳洗的功能。据《周礼》记载，中国早在三千多年以前就在路边道旁建有厕所。在《说文字释》中诠释“厕”字时说，“厕，言人杂在上，非一也……言至秽之处宜常修治，使洁清也。”[①] 可见厕所的设置完全是为人所方便，保持环境清洁卫生。通常粪坑深挖并覆茅草，称茅坑、茅房或茅厕。在先秦及汉魏时期，厕所也被称为行清。宋朝僧人雪窦曾在灵隐寺打扫厕所，故而又称为雪隐。马桶，是厕所的主要组成部分之一，又称便桶、粪桶、恭桶、虎子、木马子等，是承接粪便、尿溺的厕所用具。当前厕

① 中国厕所发展史［Z］. 搜狐网，2018－7－13.

所用的主要厕具是冲水马桶，其与市政管道相连，排泄物最终进入集中生活污水处理系统，于是冲水马桶基本成为了厕所的代名词。

在国外，考古发现约公元前3000年的地中海克里特岛的克诺索斯王宫有一条沟渠上有厕所蹲坑，厕所的屋顶装有收集雨水的蓄水盆，雨水经由弯曲的陶管，缓缓流入楼下的厕所。1596年，英国贵族约翰·哈灵顿发明了第一个实用的马桶——一个有水箱和冲水阀门的木制座位，成为现代冲水马桶的雏形。1775年，第一件具有现代意义的冲水马桶由苏格兰钟表匠、发明家亚历山大·卡明斯制作，马桶使用的“S”形弯管取得了发明专利。1778年，英国发明家约瑟夫·布拉梅又改进了冲水马桶的设计，采用了能控制水箱里水流量的三球阀以及“U”形弯管等。1861年，英国的托马斯·克莱帕发明了一套先进的节水冲洗系统。1870年，英国汉利的制陶工人托马斯·威廉·怀特福特（Thomas William Twyford）发明了陶瓷马桶，造价更为低廉，冲水马桶开始进入工业化生产。1880年冲水马桶传入美国，马桶与浴室正式合二为一。1914年，英国人在唐山开设的启新陶瓷厂（唐山陶瓷厂的前身）制造出中国第一件陶瓷马桶。如今冲水马桶历经革新，智能马桶可实现冲洗、消毒、烘干和除臭于一体。

冲水马桶的应用，为人居环境的改变、疾病的控制做出了不可磨灭的贡献。人类粪便中含多种肠道传染病和寄生虫病的病原体，在缺乏良好的卫生管理和无害化处理的情况下，往往滋生苍蝇、散发恶臭、传播疾病[①]。科学研究表明肠道传染病、腹泻病和肠道寄生虫病的流行与当地的卫生条件落后有关，其发病率的高低在国际上用来衡量一个国家或地区的发展水平[②]。例如血吸虫病，血吸虫病被世界卫生组织列为20种被忽视的热带病之一，流行于全球78个国家和地区，受威胁人口达8

---

① 叶新贵，安冬．农村卫生厕所建设综述［J］．中国卫生工程学，2013，12（1）：79－81.

② 毛守白．对人体寄生虫分布调查的几点看法［J］．中国寄生虫病防治杂志，1989（4）：6－242.

亿人①。血吸虫病在我国的流行病史至少有 2000 多年，20 世纪 50 年代初期流行病学调查显示，全国累计血吸虫病患者 1160 多万人、病牛 120 万头，该病是当时严重影响人民健康、阻碍社会经济发展的重要传染病之一②。吴子松等 2005 年研究发现，四川省普格县特兹乡经济较为落后、卫生条件差，散落在山坡草地、田地里的耕牛粪便和居民野粪是血吸虫病传播的主要污染源，通过新建厕所和牲畜粪便处理池来管理人畜粪便，居民血吸虫感染率从 2005 年的 14.45% 降低到 2006 年的 2.46%、2007 年的 0.83%、2008 年的 0.88%；家畜血吸虫感染率 2005 ~ 2008 年分别为 8.78%、12.89%、0.84%、0.54%③。伍劲屹（2013）研究湖沼型血吸虫病防控效果也发现无害化厕所对降低感染率有显著效果④。此外，冲水马桶的应用对人体寄生虫感染、肠道传染病、感染性腹泻、蠕虫卵感染等疾病的控制均有显著的效果⑤。

人类排泄物，含有丰富的氮、磷和有机物，氮磷等可回收利用于农业生产，有机物可用来回收能源或生产有机肥。而在污水处理厂，这些具有潜在应用价值的资源成为了必须消除的对象，为了提高排放标准，环保工程师们千方百计地研发新工艺提高脱氮除磷效果。有机物在污水处理厂经过活性污泥法处理后，最终转化为剩余污泥（包括微生物有机体及不可降解有机物），剩余污泥的最终处置又成了环境保护领域的难题。从资源和能源的角度讲，传统的“冲水马桶 + 污水处理厂”的处理模式造成了大量的资源损失、能源消耗，还间接地排放了大量温室气体。

---

① Colley D. G., Addiss D., Chitsulo L. Schistosomiasis [J]. Bulletin of the World Health Organization, 1998, 76 (Suppl 2): 150.

② Zhou X. N., Wang L. Y., Chen M. G. et al. The public health significance and control of schistosomiasis in China—then and now [J]. Acta tropica, 2005, 96 (2 - 3): 97 - 105.

③ 吴子松，依火伍力，张晓胜等．以控制传染源为主的血吸虫病综合措施实施效果 [J]. 寄生虫病与感染性疾病，2009，7（3）：30 - 126.

④ 伍劲屹，周艺彪，李林瀚等．基于垸尺度的以控制血吸虫病传染源为主综合措施效果评价 [J]. 中国血吸虫病防治杂志，2013，25（4）：7 - 343.

⑤ 杨云等．湖南省农村改厕对控制肠道传染病和蠕虫感染效果评价 [J]. 实用预防医学，2005（2）；潘玉钦、张美霞．农村改厕与卫生防病效果分析 [J]. 环境与健康，2002（2）.

3.2 冲水马桶的资源代价：巨量水电消耗

本书中冲水马桶的资源代价主要是指在冲水马桶的应用过程中所消耗的冲洗水量和输送处理过程中的电力消耗，不包括马桶生产、运输、安装过程所消耗的人力物力。

3.2.1 水资源消耗

集中式生活污水处理系统收集对象为城镇生活污水，主要来自于盥洗、淋浴、洗衣、卫生间冲厕及厨房等用水环节，其污染物浓度差异很大，一般可以简单地分为灰水、黑水和厨房废水。灰水包括淋浴、洗衣和盥洗废水，占生活用水总量的30%～45%，污染物浓度较低；黑水为来自厕所的大小便及其冲洗废水，占生活污水总量的25%～35%，污染程度高，含有病原微生物，有机碳和氮磷等占生活污水中污染物总量的70%以上；厨房废水约占生活用水量的20%～30%，污染物为动植物油类、表面活性剂、食物残渣等①。国内研究文献表明，被处理的人粪尿仅占生活污水总量的1%～2%，但是其含碳有机物含量占总量的60%、氮和磷占总量的90%以上、钾占总量的60%～70%，以及绝大部分的大肠杆菌②。换言之，传统的冲水马桶相当于用了12～35倍厕所废物体积的水来冲洗厕所，而真正需要排走的污染物只占总量体积的很少一部分。

厕所冲洗用水量的多少受当地的气候、文化、经济、个人需求、使

---

① 王红武，张健，陈洪斌等．城镇生活用水新型节水“5R”技术体系［J］．中国给水排水，2019，35（2）：11－7.

② Langergraber G.，Muellegger E. Ecological Sanitation—a way to solve global sanitation problems?［J］. Environment international，2005，31（3）：433－444.

用者年龄和性别，以及室内厕具安装等因素的影响[①]。不同国家厕所冲洗用水量差异非常大，在一些欧洲国家每人每天冲洗厕所耗水量大约在31～45升，而在美国大约36～76升。此外，国外学者研究结果表明一般生活用水量的29%～47%被用来冲洗厕所，在公共场所如办公大楼等这一比例更高。而且随着生活水平的提高和生活方式的转变，生活用水量会持续增加。例如，2001年法国为125升/天，英国人均生活耗水量为149升/天，而美国高达382升/天[②]。这就意味着厕所黑水将导致更多的原本可以经过简单处理即可回用的灰水不得不送往市政污水集中处理设施进行处理。

中华人民共和国住房和城乡建设部（以下简称“住建部”）统计了我国自1991～2019年的市政污水处理排放量、处理量、给排水投资、人均生活用水量及各省排水节水等信息（见图3－1～图3－4）。从图3－1可以看出，1991～2006年我国城市人口逐年缓慢增加，2006年

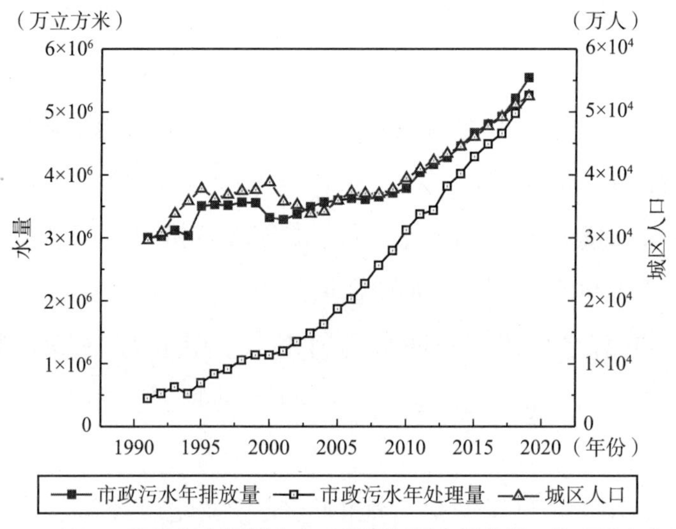

图3－1　1991～2019年中国城市人口数量与污水排放量、处理量变化情况

① Hall M. J., Hooper B. D., Postle S. M. Domestic per Capita Water Consumption in South West England [J]. Water and Environment Journal, 1988, 2 (6): 626－631.

② Lazarova V., Hills S., Birks R. Using recycled water for non－potable, urban uses: a review with particular reference to toilet flushing [J]. Water Supply, 2003, 3 (4): 69－77.

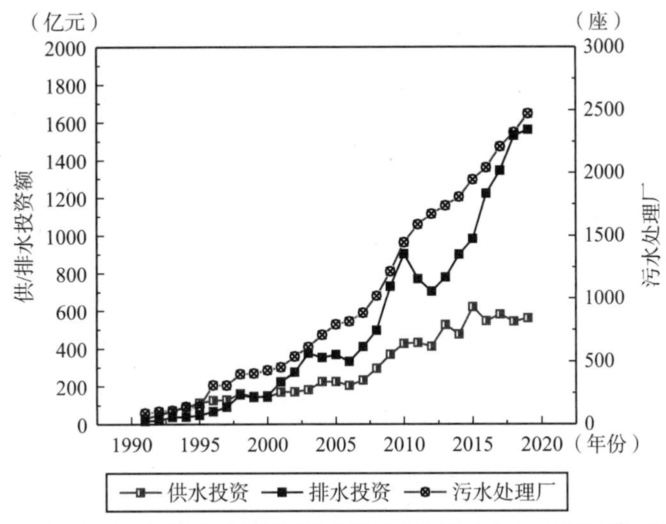

图3－2　1991～2019年中国供/排水投资额与污水处理厂数量增加情况

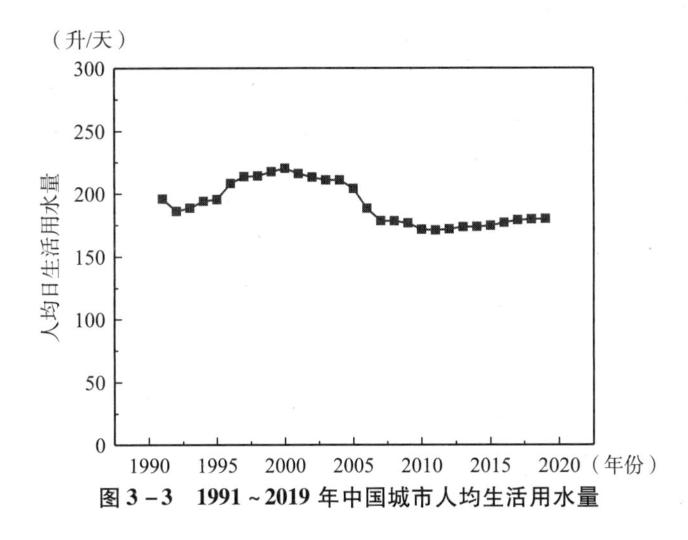

图3－3　1991～2019年中国城市人均生活用水量

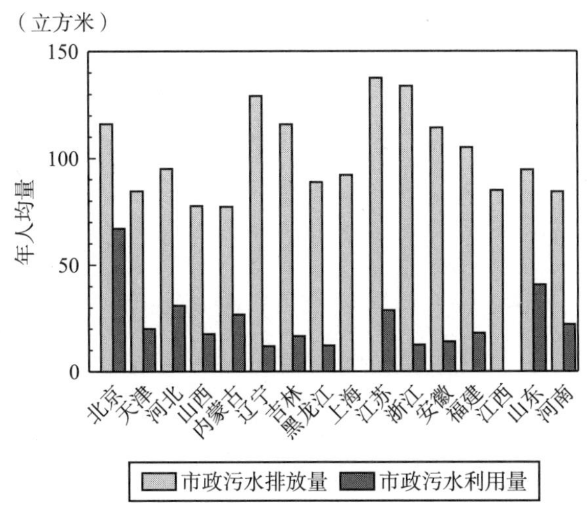

（a）

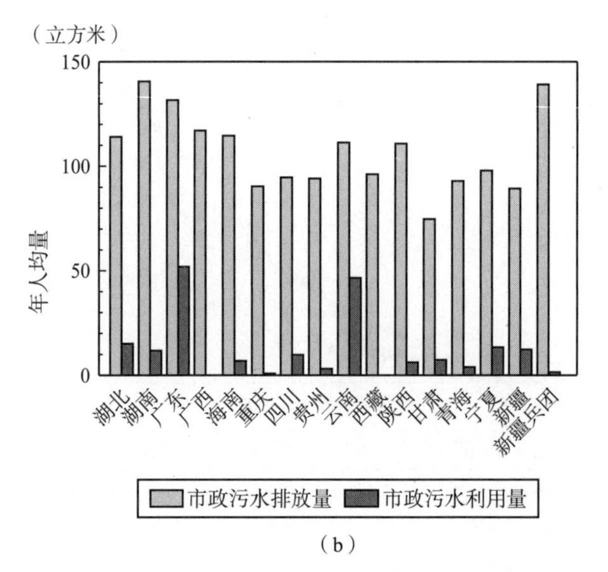

（b）

图3－4　2019中国各省（直辖市）年人均市政污水排放及利用量

以后增速明显加快，2019年已经增加至5.2亿人；市政污水排放量也由300亿立方米左右增长至550亿立方米，增加了约83%；人均日生活用水量为180～210升/天，2010年以后稳定在180升/天。市政污水的处理率也随着社会经济的发展，从1991年的15%逐年快速增加至96%。

从投资额角度来看，1991年以后给水、排水的投资额都在增加，污水处理厂的数量也逐年增加，2000年以后排水的投资额开始超过供水。2019年排水的投资额约1600亿元、给水约600亿元，说明污水处理问题随着社会经济的发展其重要性越来越突出。此外从图3－1～图3－4可以看出，在经济发展水平不同的地区，人均生活污水的产生量不同，总体与国外相似，即经济发达地区居民生活用水量大于经济欠发达地区。除北京、云南、广东、山东等地区外，市政污水的资源化利用程度低。

按照厕所黑水占市政生活污水的比例估算，我国2019年大约有139亿～194亿立方米的生活用水被用来冲洗厕所，约占年供水总量的22%～31%（见图3－5）。大量的饮用水被用来冲洗厕所，在面对人口增长、自然水资源匮乏、城市化、环境保护以及污水排放标准提高等所造成的用水需求增加时，资源的耗竭压力增大，生活污水的资源化利用、节水措施的研发等工作显得尤为重要。

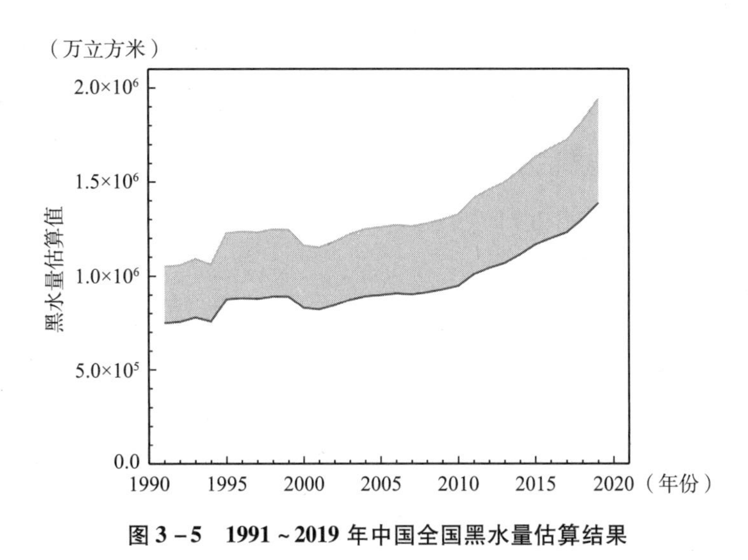

图3－5 1991～2019年中国全国黑水量估算结果

3.2.2 电力资源消耗

污水处理厂是我国水污染防治的主要措施之一，一直伴随着高能耗问题。其消耗的能源主要包括电能、燃料及化学药剂等，其中电能消耗占总能耗的60%～90%；高能耗水平制约着污水处理厂的运行。燃料和化学药剂的使用情况较为复杂，本书中仅仅对电耗进行讨论。污水处理厂的电耗与地理环境、处理工艺、处理规模、排放标准、设备情况等密切相关①。

2011年全国运行规模1万立方米/天的1441座城镇污水处理厂的能耗研究结果表明，在相同的工艺条件下单位水量电耗为：西北 > 华北 > 华东 > 西南 > 华中 > 华南②；城市污水处理厂年平均电耗为0.292千瓦

① 黄浩华等．城市污水处理厂 A^2O 工艺的节能降耗途径研究［J］．环境工程学报，2009，3（2）．

② 任福民，毛联华，阜葳等．中国城镇污水处理厂运行能耗影响因素研究［J］．给水排水，2015，51（1）：42－47．

时/立方米，87%以上的污水处理厂电耗不超过0.480千瓦时/立方米，氧化沟工艺单位水量电耗最低、A^2O工艺次之、SBR和传统活性污泥工艺电耗较高①。2013年我国共有日处理量10^4立方米/天的污水处理厂3095座，其中处理规模$<10\times10^4$立方米/天占88.3%、$1\times10^4\sim5\times10^4$立方米/天的占60%，50%以上的污水处理厂采用的是氧化沟工艺和A^2O工艺，各工艺的单位电耗为传统活性污泥法$>$SBR$>A^2O>$氧化沟；并且各工艺均有其最经济的处理规模：传统活性污泥法为$>20\times10^4$立方米/天，SBR为$1\times10^4\sim5\times10^4$立方米/天，$A^2O$为$1\times10^4\sim50\times10^4$立方米/天，氧化沟为$1.0\times10^5\sim2.0\times10^5$立方米/天②。能耗构成分析表明，污水处理厂的不同处理工艺段能耗水平不同，生物处理单元的能耗约占总能耗的62.2%~71.1%，预处理段约占23.5%~25.1%、污泥处理段约占4.1%~13.9%，其中生物处理单元的曝气系统是最主要的耗能因子③。

目前，为提高生态文明建设质量，大多数污水处理厂都在开展提标改造工作。而污水排放标准提高后，电能消耗将进一步增加。国际能源署世界能源展望报告中指出，在未来25年水环境领域能源消耗将成倍增加，到2040年世界电力能源消耗量的4%将用于水环境领域，而中东地区这一比例将从2015年的9%增长到16%④。伊利安娜·卡德尼斯（Iliana Cardenes）等在研究英国东南部地区最大的6座污水处理厂时，发现提高污水排放标准后电能消耗成倍增加⑤。我国著名学者刘俊新等研究国内典型的6种A^2O工艺，发现出水达到二级标准单位能耗为

① 蒋勇，阜葳，毛联华等．城市污水处理厂运行能耗影响因素分析［J］．北京交通大学学报，2014，38（1）：33－37.

② Zhang Q. H. Current statue of urban wastewater treatment plants in China.

③ Panepinto D. Evaluation of the energy efficiency of a large wastewater treatment plants in Italy; Quantying the energy consunmption and greenhouse gas emissions of changing wastewater quality standards.

④ 资料来源：Water－Energy Nexus网站。

⑤ Cardenes I., Hall J. W., Eyre N. et al. Quantifying the energy consumption and greenhouse gas emissions of changing wastewater quality standards［J］. Water Science and Technology, 2020, 81（6）：1283－95.

0. 377 ±0. 023 千瓦时/立方米、一级 B 标准单位能耗为 0. 490 ±0. 089 千瓦时/立方米、一级 A 标准单位能耗为 0. 510 ±0. 065 千瓦时/立方米，即从二级标准提高到一级 B 和一级 A 单位电耗分别增加 29. 9% 和 35. 2%①。

城市污水处理厂的电能消耗大，其占全社会电力消耗总量的比重也较大。在发达国家，美国的城市污水处理厂电力消耗占全国电力资源消费量的 3%（大约占市政公共基础设施电能消耗量的 1/3），其他国家均在 3% ~5%②。按照刘俊新等对单位耗电量的研究结果，结合历年市政污水处理量和我国电力资源消耗量，粗略计算我国历年污水处理厂耗电量及其占比，结果如图 3 –6、图 3 –7 所示。从图 3 –6 可以看出，我国污水处理厂电能消耗逐年增加，从 1991 年的 110 亿千瓦时增加到 2019 年的 190 亿千瓦时（以二级排放标准为例）左右，特别是 2010 年以后增速明显加快。这与逐年增加的市政污水排放量和处理率一致。而电能消耗占比从 1991 年的 0. 85% 逐年下降到 2019 年的 0. 30%（以二级排放标准为例，一级 A 标准大约 0. 4%），主要原因为我国电力能源的生产量

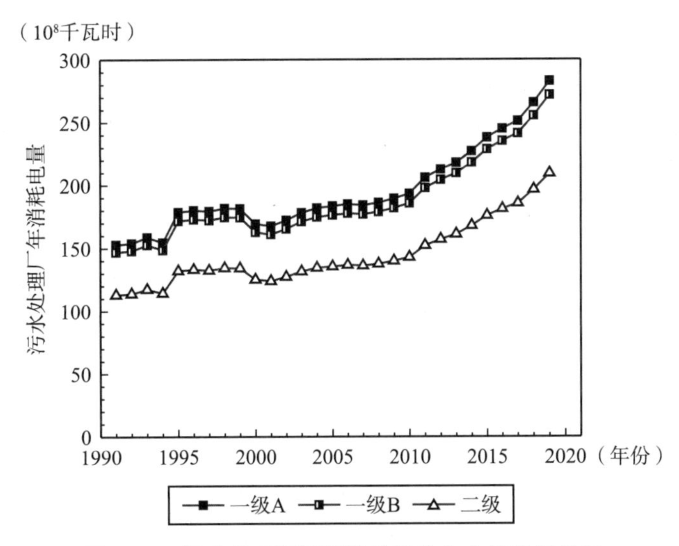

图 3 –6　污水处理厂不同排放标准年电能消耗总量

① Wang X. Environmental profile of typical anaeroticl/anoxic, oxic wastewater treatment systems meeting increasingly styingent treatment standards from a life cycle perspective. 2012.

② Zhang Q. H. Current statue of urban wastewater treatment plants in China.

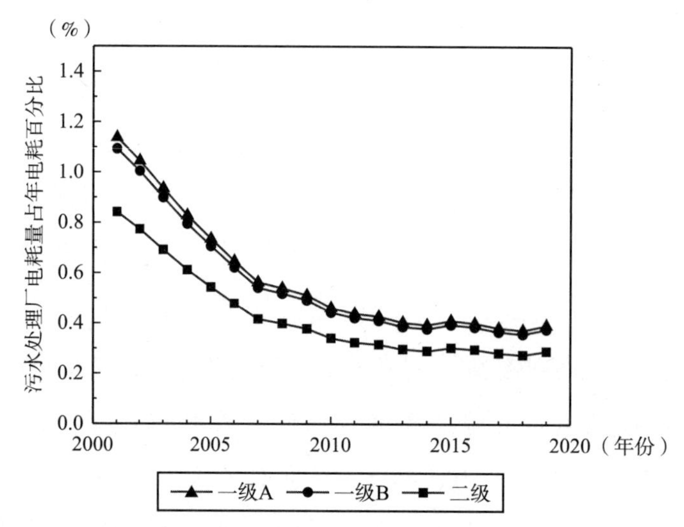

图 3－7　污水处理厂不同排放标准下电耗量占年社会电耗总量的百分比

增长速率非常快。而且从 2010 年以后污水处理厂电力消耗占比逐渐趋于稳定，结合我国市政污水年排放量、处理量、排水投资等增长全部处于快速上升阶段，说明我国污水处理厂以外的其他部门电力需求量特别旺盛，因此节约电力能源在我国意义重大。从计算结果也可以看出，我国目前污水处理厂电力消耗占比远小于发达国家，可能是因为我国正处于工业化阶段、工业用电的需求量巨大，而发达国家已经完成了工业化、相对而言工业用电量较小。

此外，以 2019 年为例，在一级 A 排放标准下城市污水处理厂年电力消耗 282. 9 亿千瓦时，比在一级 B 和二级排放标准下分别多消耗 11. 1 亿千瓦时和 73. 8 亿千瓦时电能。若按照中等容量的火电厂（100 兆瓦）一年工作 8000 小时来计算，相当从一级 B 提高到一级 A 多消耗 1. 4 座中等容量的火电厂，从二级提高到一级 A 相当于多消耗 10 座。而我国电力生产构成中（见图 3－8），火电占比高达 72. 93%，从环境保护角度考虑，将污水排放标准从二级提高到一级 A 应根据当地的能源条件因地制宜。

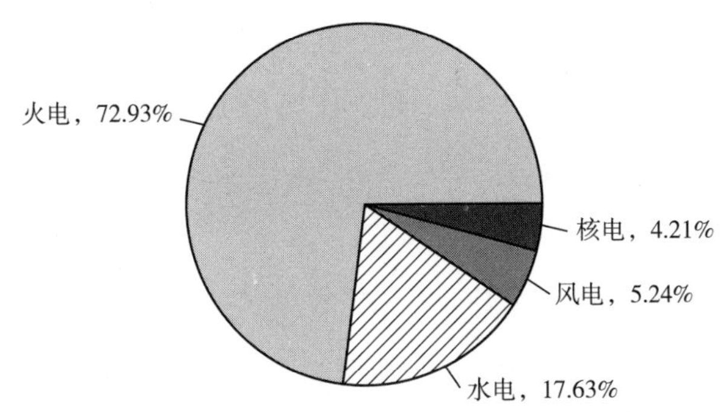

图3－8　2018年中国电力能源生产结构组成

目前城市污水处理技术基本是“以能消能”“以物质换取物质”的模式，污水处理过程中过度依赖于能耗、药耗，严重制约城市污水处理厂可持续发展及社会生态文明建设。为应对城市污水处理厂的高能耗问题，开展了大量的节能降耗及资源能源回收研究工作，如变频调速技术、微孔爆气、能源自给、水资源再生、热能化学能回收、营养元素回收等。2014年曲久辉院士联合国内6位专家提出“建设面向未来的中国污水处理厂概念厂”，其愿景是将中国的污水处理厂建设为与城市生态环境相融合，将其从污染物消除的场所转变为产水、产能、产肥料的工厂，是我国未来城市污水处理厂发展的方向标①。

3.3　冲水马桶的环境代价：严重的生活源污染

冲水马桶的环境代价，主要是指厕所产生的黑水与灰水混合所形成的生活污水对环境的污染情况。

3.3.1　城镇生活污水污染

郭泓利等在2018年对全国19个省127座污水处理厂为期一年的实

① Qu Jiu Hui. Munitcipal wastewater treatment in china：Development history and future perspectives，2019.

际运行水质数据进行分析，结果表明全国典型市政污水处理厂进水COD、BOD_5、SS、TN、NH_3-N、TP 平均浓度分别为 219.97 毫克/升、81.64 毫克/升、148.54 毫克/升、30.36 毫克/升、22.83 毫克/升、3.7 毫克/升，出水 COD、BOD_5、SS、TN、NH_3-N、TP 平均浓度分别为 30.63 毫克/升、6.09 毫克/升、9.07 毫克/升、12.17 毫克/升、2.3 毫克/升、0.6 毫克/升①。本节污染负荷核算中，市政污水排放量和处理量数据来于住建部发布的统计年鉴，污水处理厂进出厂水质采用郭泓利等的研究成果，核算结果如图 3－9 所示。从结果可以看出，中国市政污水污染物负荷逐年增加，污染物排放量因污水处理率的提高而逐年降低。2019 年市政污水原水化学需氧量（COD）、总氮（TN）和总磷（TP）污染负荷分别为1220 万吨、168.4 万吨和20.6 万吨；经过处理后向环境排放 COD、TN 和 TP 分别为224 万吠、72.7 万吨和4.2 万吨。

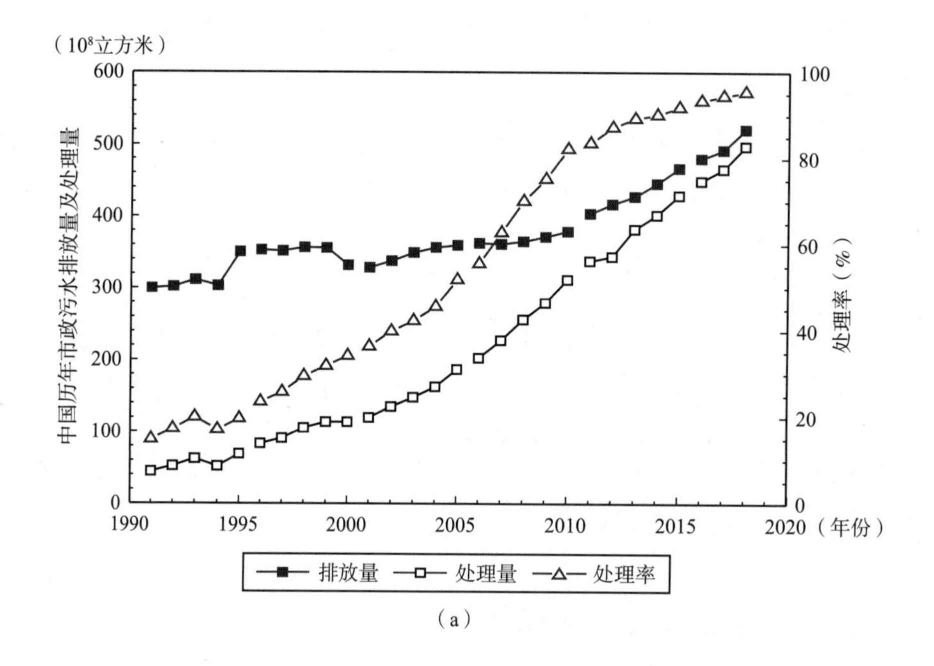

（a）

① 郭泓利，李鑫玮，任钦毅等．全国典型城市污水处理厂进水水质特征分析［J］．给水排水，2018，54（6）：5－12.

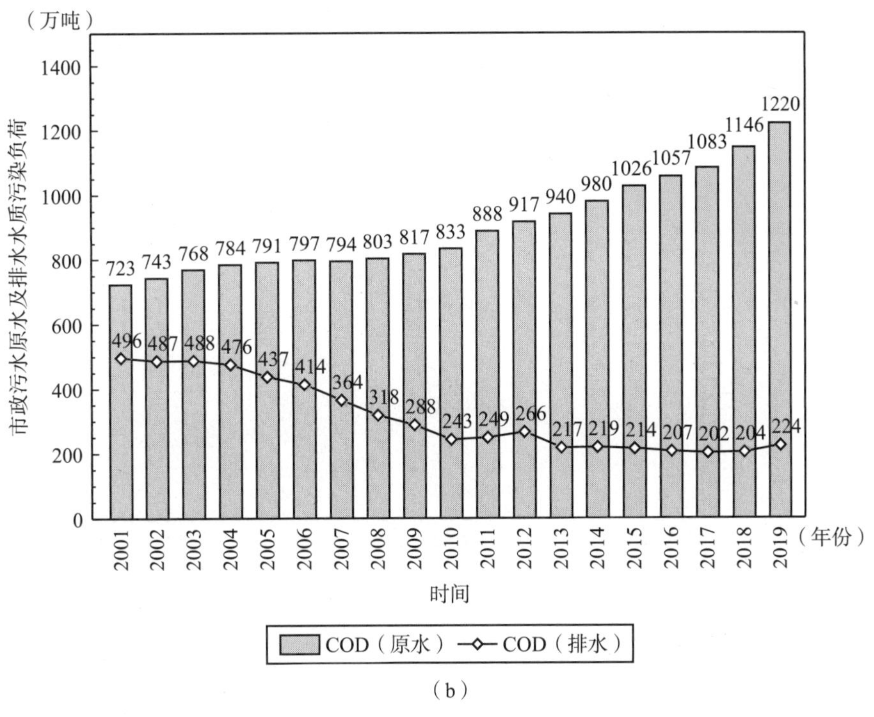
（万吨）
市政污水原水及排水水质污染负荷
1400
1200
1000
800
600
400
200
0
723 743 768 784 791 797 794 803 817 833 888 917 940 980 1026 1057 1083 1146 1220
496 487 488 476 437 414 364 318 288 243 249 266 217 219 214 207 202 204 224
2001 2002 2003 2004 2005 2006 2007 2008 2009 2010 2011 2012 2013 2014 2015 2016 2017 2018 2019
（年份）
时间
COD（原水）
COD（排水）

（b）

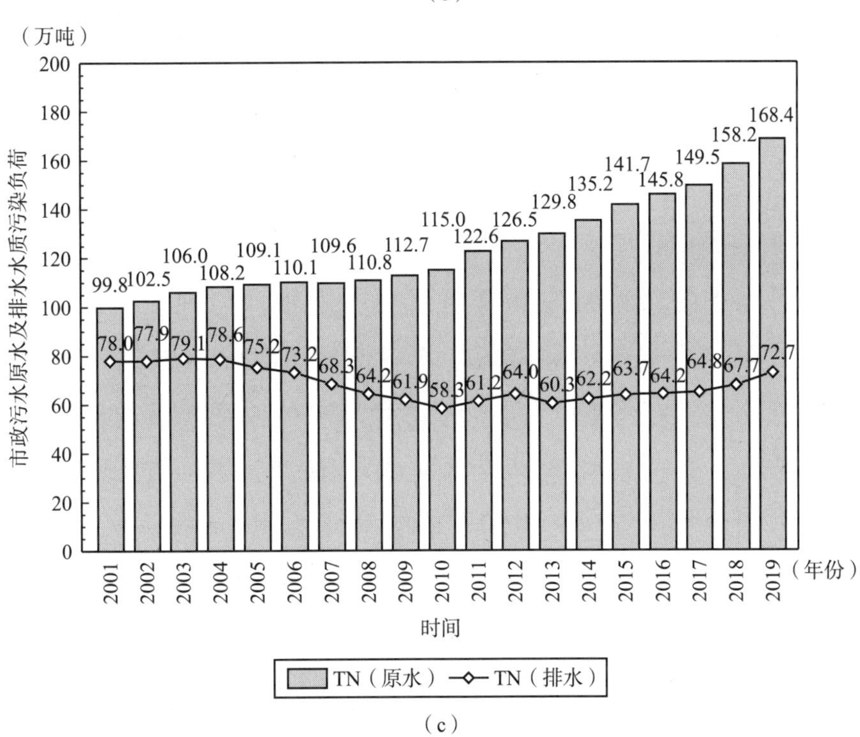
（万吨）
市政污水原水及排水水质污染负荷
200
180
160
140
120
100
80
60
40
20
0
99.8 102.5 106.0 108.2 109.1 110.1 109.6 110.8 112.7 115.0 122.6 126.5 129.8 135.2 141.7 145.8 149.5 158.2 168.4
78.0 77.9 79.1 78.6 75.2 73.2 68.3 64.2 61.9 58.3 61.2 64.0 60.3 62.2 63.7 64.2 64.8 67.7 72.7
2001 2002 2003 2004 2005 2006 2007 2008 2009 2010 2011 2012 2013 2014 2015 2016 2017 2018 2019
（年份）
时间
TN（原水）
TN（排水）

（c）

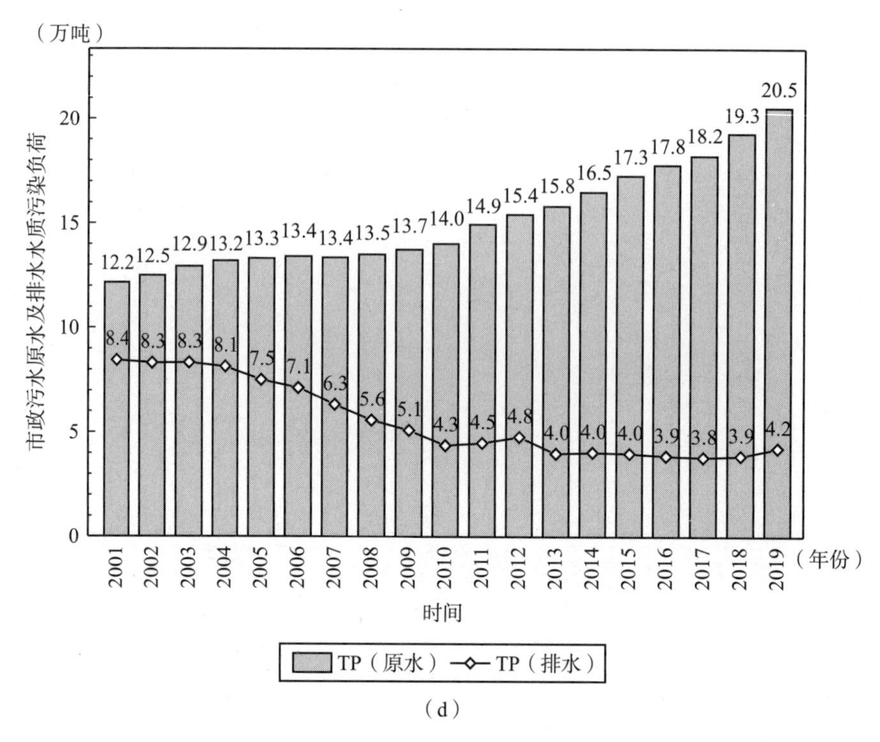

（d）

图3-9 中国近20年城市污水产处理及污染负荷

3.3.2 农村生活污水污染

农村污水中的污染物主要来自于厕所黑水，与城镇污水一样，主要是COD、氨氮、总氮、总磷等。本书调研了2018～2021年发表的科研论文，从中摘录的全国不同地区农村污水的水质特征参数，结果如表3-1所示。全国农村生活污水COD、氨氮、TN、TP均值分别为197.0毫克/升、30.1毫克/升、41.0毫克/升、3.2毫克/升。2019年住建部发布的《农村生活污水处理工程技术标准》（GB/T51347-2019）给定的农村生活污水水质参考值：COD为150～400毫克/升、氨氮20～40毫克/升、总氮20～50毫克/升、总磷2.0～7.0毫克/升，排水系数为0.4～0.8。调查结果与工程技术标准中给定的参考值非常接近，二者较为一致。因此以污水排放系数0.8、水质参数取文献调查所得均值，结合2019年农村常住人口、人均生活用水量等对全国农村污水中COD、氨氮、总氮、总磷负荷进行核算。

表3－1　　中国农村生活污水水质　　单位：毫克/升

调查地点	调查时间	COD	TN	NH_3-N	TP	备注
四川	2016.1～2016.12	151.54	29.97	21.99	1.93	Tao Wang（2019）
浙江温州	2017（3039个村）	250～400	—	40～60	2.5～5	王从雅（2019）
陕西南部	2017.11～2018.4（5个村）	283.54	40.63	32.7	3.63	武毛妮（2018）
广州市	2019.1～2019.4（9个村）	231.9	—	25.2	2.59	陈丽红（2019）
广西梧州蒙山县	2016.12（1200人）	176	—	22.0	3.5	谢春生（2019）
嘉兴海宁	2018.12～2019.7（74座处理厂）	99.67	52.5	38.6	4.37	夏斌（2021）
浙江	2017（503座农村污水处理厂）	186.35	—	30.33	4.06	孔令为（2021）

住建部《2019城乡建设统计年鉴》显示2019年中国村庄常住人口总数为68634.82万人（村庄人口及面积），人均生活用水量为91.19升/天[①]。农村生活污水中污染物负荷如图3－10所示（无农村污水处理统计数据）。

中国农村居民居住区较为分散，人口数量大，不同地区情况不一。农村生活污水收集难度大，污水处理设施的运行维护等资金不足，而且没有统一的、适用的污水处理技术及缺乏相关的技术人员等因素，极大地限制了农村生活污水的有效处理[②]。从估算结果来看，2019年仅农村常住人口生活污水中COD、TN、TP等污染物含量分别为360万吨、74.9万吨、5.8万吨，是2019年市政污水处理后相应污染物排放量的160.7%、103.9%、138.1%。由此可以看出，如果农村生活污水得不到有效处理，其对环境的影响比目前的市政污水还要大。

① 资料来源：中华人民共和国住房和城乡建设部网站。

② 农村生活污水处理问题现状［Z］. 中国污水处理工程网，2019－11－10.

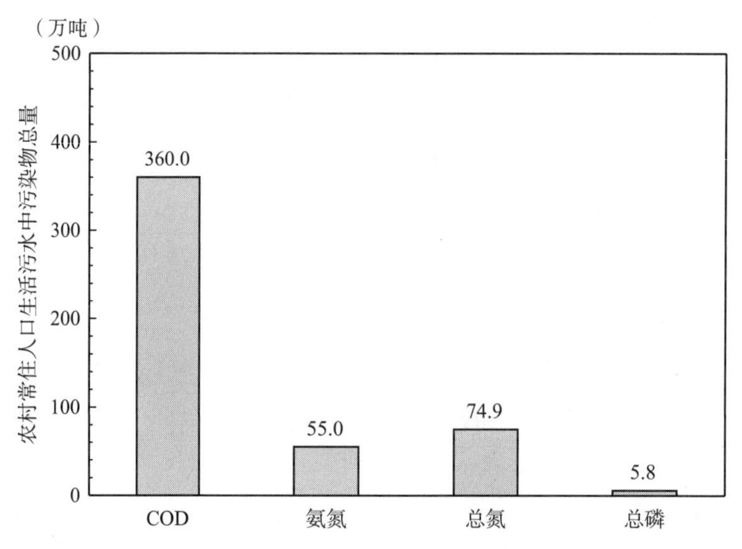

图 3－10　2019 年中国农村常住人口生活污水污染物负荷

3.3.3　化肥产生与生活污水

中国年化肥施用量数据来源于国家统计局，其中氮肥折纯量以 100% N 纯氮计、磷肥折纯量以 100% P_2O_5 计。在本书中为了便于比较，将磷肥施用量进一步折算为纯磷（100% P）量。化学肥料年新增生产能力未进行折纯计算。

中国化学肥料产能逐年新增，每年新增产能均在百万吨以上，2015 年以后年新增产能呈下降趋势。如图 3－11 所示，2018 年磷肥新增产能 79.5 万吨，氮肥新增产能 130 万吨，而同年城市市政污水和农村生活污水中总磷含量为 25.1 万吨、总氮含量为 225.9 万吨，即污水中磷和氮含量分别为年新增相应化学肥料产能的 31.6%、173.7%。而中国农业化学肥料的当季利用率偏低，氮肥不足 40%、磷肥约 20%[①]。新增产能未按照氮磷元素的折纯量进行计算，若再考虑肥料的利用率，则生活污水中氮磷总量完全可以满足年新增化学肥料产能的需求，无须新建化学肥料厂。

---

① 王祝余．响水县小麦氮磷钾肥利用率研究［J］．现代农业科技，2021（6）：7－8＋12；马恩朴等．近 30 年中国农业源氮磷排放的格局特征与水环境影响［J］．自然资源学报，2021，36（3）：752－770.

2019年中国氮肥、磷肥施用折纯量分别为1930万吨、249万吨（见图3－11），按氮肥利用率为40%、磷肥利用率为20%计算，则污水中氮磷元素可分别满足其年有效施用量的31.5%和53.0%。磷矿属于一次性矿产资源，具有不可再生性、不可循环利用性等特点，据估计世界磷矿大约可供开采300年以上。我国2019年磷矿资源储量仅32亿吨（占世界储量的4.6%），并且平均品位低（16.85%），年开采量高达9332.4万吨①。若以2019年我国磷矿资源储量和开采速率计算，

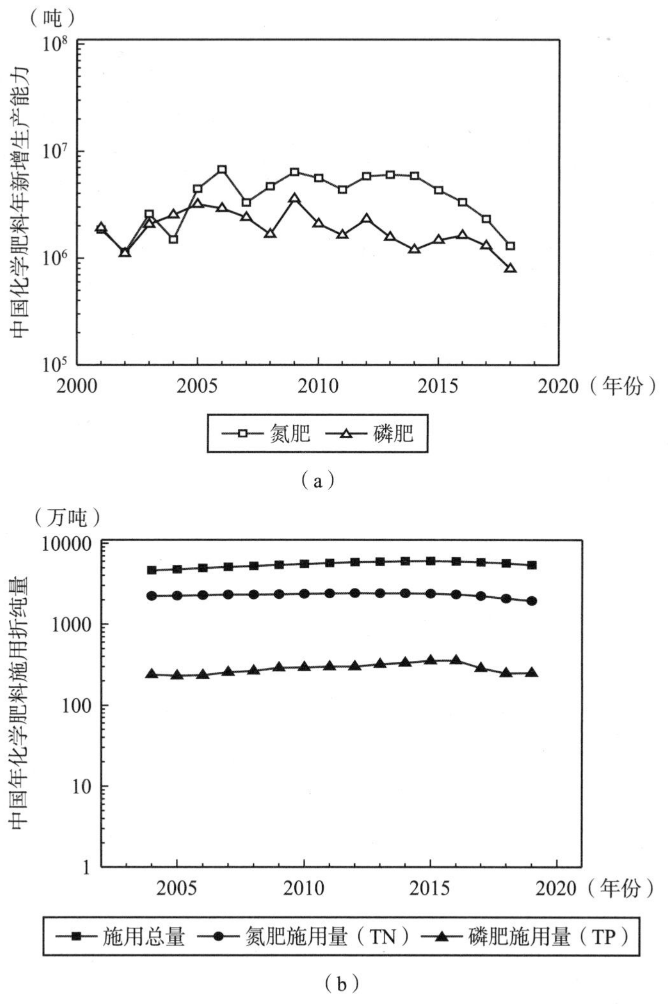

图3－11　中国化学肥料年新增产能及年施用量

① 吴发富，王建雄，刘江涛等．磷矿的分布、特征与开发现状［J］．中国地质，2021，48（1）：82－101.

我国磷矿资源仅够开采 34.3 年。因此，在我国如果能充分利用好生活污水中的氮磷等元素，则可以少建 30% 的氮肥厂、50% 的磷肥厂，延长磷矿资源使用期限一倍以上。

3.4 冲水马桶的温室气体排放代价：增加碳减排压力

本书中的温室气体种类仅仅限于二氧化碳、氮氧化物、甲烷，并根据温室效应贡献值（全球变暖潜势，global warming potential，GWP）将甲烷和氮氧化物转化为当量二氧化碳，归一化为二氧化碳排放量。冲水马桶在冲洗水生产、供应、排水、设备制造运输安装及后期处置等环节均产生温室气体排放。本书只计算冲洗水生产和供应、污水处理中的电力消耗及污水处理过程中因有机物降解而释放的温室气体，其他部分不计。

电力消耗量为国家住建部或国家统计局发布的年度数据，并将其转化为标准煤消耗量和电能折算量，最终依据电力生产构成数据计算出温室气体排放量。水电、火电、核电、风电均会排放温室气体，其排放系数主要从最新研究文献或行业报告中获得。水电温室气体的排放包含水电站建设原材料的生产、材料运输、建设施工、运行维护过程和废气处理过程，其排放系数为 3.7 ~ 44 克/千瓦时（在本书中取 44 克/千瓦时）[①]。火电温室气体的排放包括煤开采、洗选煤、运输、煤自燃、电厂建设、电厂运行等环节。其中煤开采、洗选煤、运输、煤自燃、电厂建设环节排放系数分别为 207.9 克/千瓦时、0.54 克/千瓦时、6.24 克/千瓦时、67.9 克/千瓦时、1.32 克/千瓦时[②]；电厂运行阶段温室气体排放

---

① 夏欣，钟权．水电站生命周期温室气体排放研究综述［J］．中国农村水利水电，2020，(11)：92 – 188.

② 马忠海，潘自强，贺惠民．中国煤电链温室气体排放系数及其与核电链的比较［J］．核科学与工程，1999，(3)：74 – 268.

系数为900.4克/千瓦时（电力行业年度发展报告2020，2019年全国火电行业二氧化碳排放系数838克/千瓦时、氮氧化物0.195克/千瓦时）；即火电单位温室气体排放系数为1184.3克/千瓦时。核电温室气体排放包括铀矿采冶、铀转化和浓缩、扩散退役工程、燃料元件制造、核电站建设、后处理、废物处置等，总排放系数为11.9克/千瓦时①。风电温室气体排放主要包括设备制造与运输、建设施工、运行维护、回收处置等阶段，海上风电和陆上风电有所差异。杨举华等研究海上风电得出温室气体排放系数为26.47克/千瓦时②，高超等研究陆上风电得出单位排放系数为15.47克/千瓦时（本书中取二者均值20.97克/千瓦时）③。

3.4.1　耗水内涵的温室气体排放

冲水马桶耗水内涵的温室气体排放主要是指厕所冲洗用水的生产和供给过程中因消耗电能所导致的间接温室气体排放。目前国内中水回用、灰水回用等污水资源化利用率较低，冲洗厕所所用的水资源绝大部分都是饮用水，故在计算耗水内涵的温室气体排放量时，直接从原水生产和供水能源消耗的角度计算。

具体方法为：（1）收集国家住建部或者国家统计局发布的供水量、供水能耗、排水量等数据，将厕所冲洗水的生产和供应能耗转换成标准煤消耗量；厕所冲洗水量按生活污水总量30%计。（2）根据中国电力行业年度报告中的供电煤耗量，将标准煤耗量转化为电能消耗量。（3）根据中国历年电力生产结构组成和各电能生产过程中的温室气体排放系数，计算出厕所冲洗水在生产和供应过程中的温室气体排放总量。计算结果如图3－12所示。

---

① 姜子英，潘自强，邢江等．中国核电能源链的生命周期温室气体排放研究［J］．中国环境科学，2015，35（11）：10－35.

② 杨举华，张力小，王长波等．基于混合生命周期分析的我国海上风电场能耗及温室气体排放研究［J］．环境科学学报，2017，37（2）：786－792.

③ 戢时雨．基于生命周期的风电场碳排放核算［J］．生态学报，2016，36（4）.

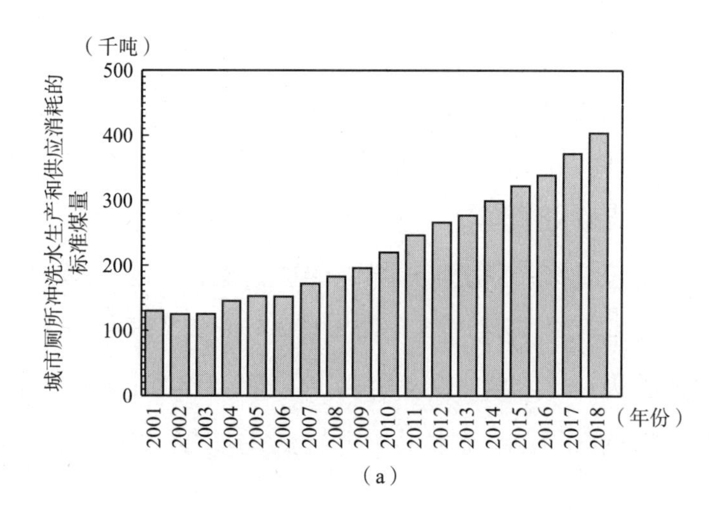
（千吨）
城市厕所冲洗水生产和供应消耗的标准煤量
500
400
300
200
100
0
2001
2002
2003
2004
2005
2006
2007
2008
2009
2010
2011
2012
2013
2014
2015
2016
2017
2018
（年份）

（a）

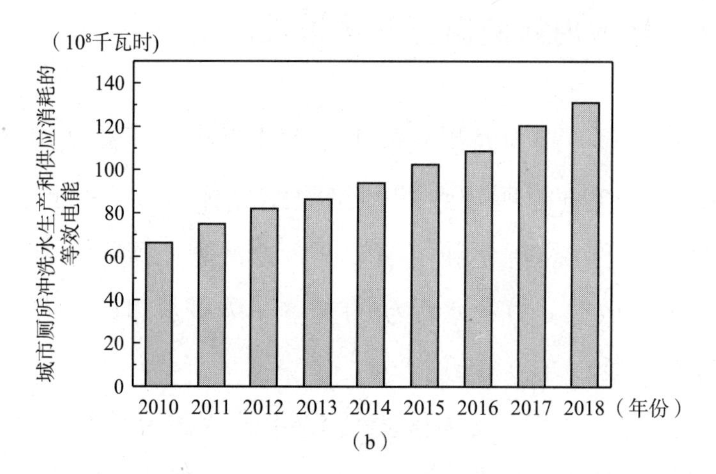
（10^8千瓦时）
城市厕所冲洗水生产和供应消耗的等效电能
140
120
100
80
60
40
20
0
2010
2011
2012
2013
2014
2015
2016
2017
2018
（年份）

（b）

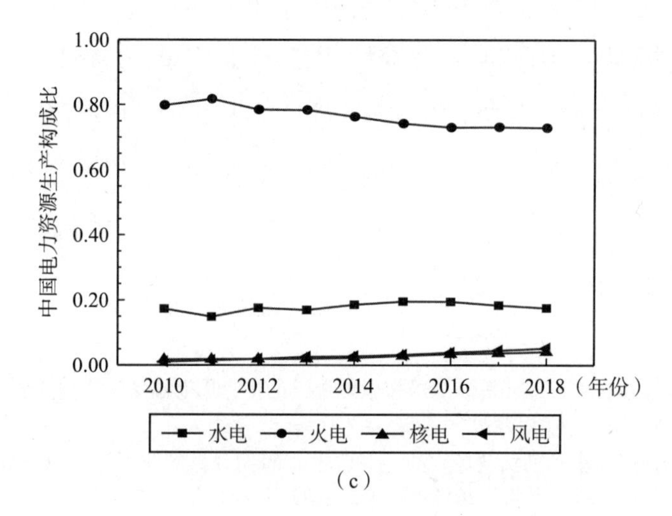
中国电力资源生产构成比
1.00
0.80
0.60
0.40
0.20
0.00
2010
2012
2014
2016
2018
（年份）
水电
火电
核电
风电

（c）

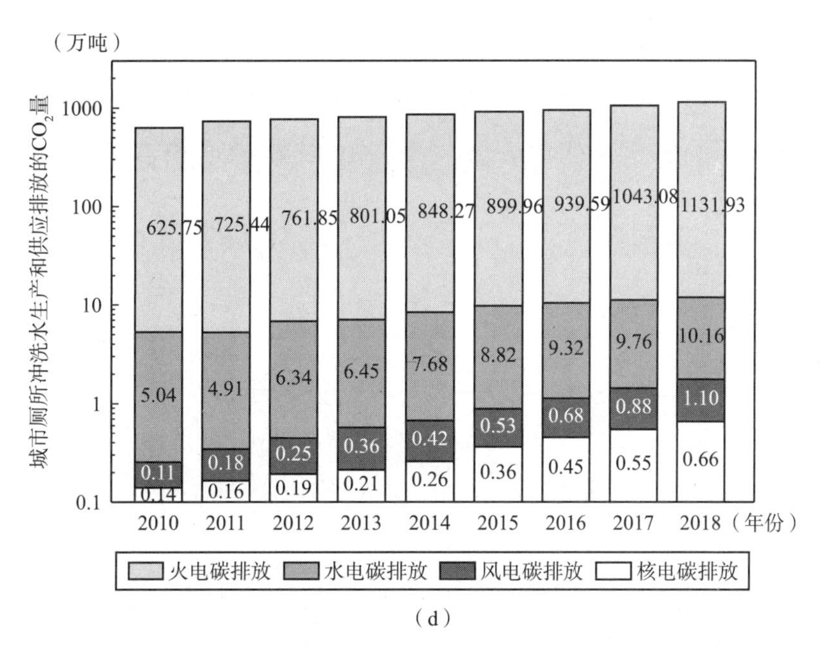

（d）

图3－12　中国历年城市厕所冲洗水生产和供应能量消耗和温室气体排放

从结果可以看出，我国城市厕所冲洗水生产和供应消耗的总能源逐年增加，2018 年仅此一项消耗电能 130 亿度左右。2018 年电能构成中，火电约占 75%、水电约占 20%、核电和风电约占 5%，年温室气体排放量约 1143. 8 万吨。

3. 4. 2　耗能内涵的温室气体排放

耗能内涵的温室气体排放主要是指厕所黑水在排入市政污水处理厂后，污水处理厂中的处理设施所消耗的电能造成的温室气体排放，如污水提升过程、曝气过程等。自 2007 年太湖流域蓝藻暴发导致无锡供水危机后，全国陆续开展了市政污水处理厂提标改造工作，其目标为污水处理厂出水达到一级 A，截至目前提标改造工作尚未全部完成。因此在本书核算市政污水处理厂耗能内涵的温室气体排放时，以出水水质一级 B 为基准，以刘俊新等的单位污水处理能耗研究结果 0. 490 千瓦时/立方米为计算依据。其具体估算方法如下：（1）收集国家住建部或者国家统计局发布的排水数据，根据黑水量占排水总量的比例估算出黑水总量；

黑水量按生活污水总量的30%计；（2）根据污水处理厂运行电耗，估算出黑水处理过程中的电耗；（3）根据中国历年电力生产结构和各类电能生产过程中的温室气体排放量，计算出黑水处理过程中因耗能而产生的温室气体排放总量（见图3－13）。

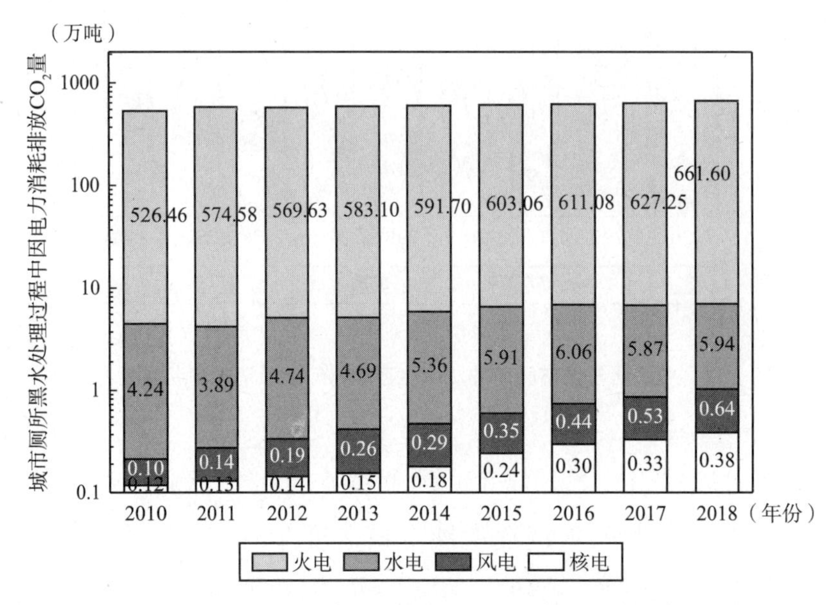

图3－13　中国城市污水处理厂耗能温室气体排放

从2010年开始，中国城市污水处理厂污水处理设备耗电量因处理率的提高，耗电量逐年增加，由此导致的温室气体排放量也逐年增加，从2010年的530.9万吨增加至2018年的668.6万吨。

3.4.3　处理过程温室气体排放

厕所产生的黑水排往市政污水处理厂，黑水中的有机污染物因微生物的代谢活动而降解或者分解，在此过程中释放大量的二氧化碳（CO_2）、甲烷、氮氧化物等。污水处理过程中产生的CO_2来源于污水中的有机物生物分解过程，而这部分CO_2的最初来源是自然界植物进行光合作用时吸收大气中的CO_2，属于自然界碳循环系统的CO_2，不会引发大气中CO_2的净增长。根据《2006年国家温室气体清单指南》，污水处理过程中的二氧化碳排放是生物成因，不纳入到排放核算中①。因此在核算碳排放时，只计算甲烷和氮氧化物（GWP值分别按21和310计算）。污水处理过程中药剂、碳源的投加所带来的间接碳排放不在核算范围内。

黑水通常与灰水、厨房用水等混合在一起形成市政污水，其有机物含量占市政污水有机物总量的60%以上、水量占总水量的25%～35%。

市政污水处理厂的温室气体排放规律研究的较为清楚，因此通过市政污水处理过程中温室气体排放量的估算间接计算黑水处理过程的排放量。其具体估算方法如下：（1）收集国家住建部或者国家统计局发布的排水量数据；（2）结合单位污水处理过程中的温室气体的排放量系数，计算市政污水温室气体排放总量；（3）根据黑水中有机物占市政污水有机物的比例，计算黑水年度温室气体排放量。

在本书估算中黑水水量按市政污水总量的30%取，黑水中有机物量按市政污水有机物总量的60%取。我国市政污水的处理率从1995年的20%迅速增加到2019的95%左右，虽然仍未达到100%，但是在本书中均假定市政污水处理率为100%，出水全部达到一级B的要求。单位市政污水处理过程中排放二氧化碳当量采用刘俊新等研究结果，一级B为0.881千克二氧化碳/立方米。

从2001年开始，中国城市污水处理厂污染物降解过程中，甲烷和氮氧化物等温室气体排放量也逐年增加，从2001年的781.6万吨增加至2019年的1319.3万吨（见图3－14）。

综合以上估算成果，近十年因冲水马桶而增加的温室气体排放量从2010年的2062.8万吨增加至2019年的3052.0万吨（见图3－15），其中耗水内涵、耗能内涵和处理过程温室气体排放量分别占总量的

---

① Doorn M. R. J., Towprayoon S., Vieira S. M. M. et al. Wastewater treatment and discharge, 2006 IPCC guidelines for national greenhouse gas inventories [J]. Intergov Panel Clim Change, 2006: 612－628.

37.5%、21.9%和40.6%，即冲洗水生产供应和污水处理过程中有机物降解是碳排放的关键过程。

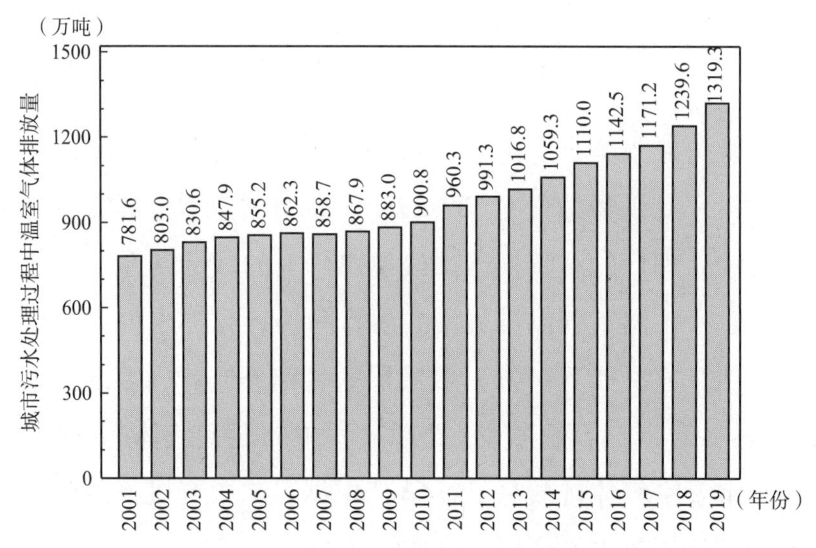

图 3-14　中国城市污水处理厂处理污染物降解过程中温室气体排放

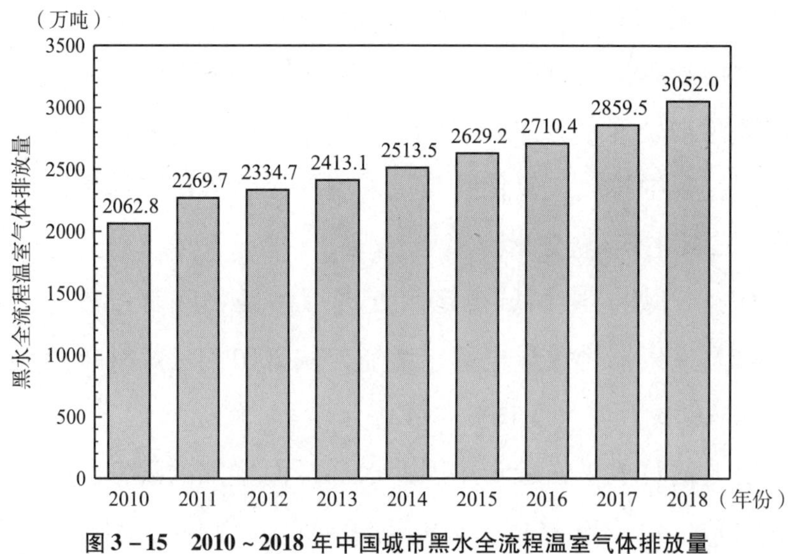

图 3-15　2010～2018 年中国城市黑水全流程温室气体排放量

2019 年我国大约 22%～31% 的城市供水用来冲洗厕所，形成黑水进入城市污水处理厂，消耗了大约 36 座中等容量电厂生产的全部电能后进行达标排放，在此过程中与黑水相关的碳排放量为 3052.0 万吨。

黑水中的氮磷等养分含量巨大，分别相当于全国年氮肥和磷肥有效施用量的30%和50%以上。可见冲水马桶不仅消耗了大量的资源、能源，也排放了大量的温室气体，造成了“以资源消灭资源”的不利局面。

3.5 源分离技术现状与展望：生命永续源头

3.5.1 源分离的意义

2019年我国每年产生的人粪污约6亿吨，其中，经由冲水马桶排放的人粪污含有矿质养分（氮磷钾等）较多，但是在排水管网中洗浴用水、厨房用水以及清洗地面用水混合在一起，大幅度稀释了人粪污的矿质养分浓度，而且还带入了洗涤剂、洗发水等含有表面活性剂成分的污染物，对于后续的人粪污资源化利用带来困难。

如果能够将目前的混合排放改为冲水马桶排放的人粪污和其他生活污水分离，对于后续处理将带来极大的好处：

（1）分类处理、分类回用。单纯的人粪污经过生物处理腐熟无害化之后，可以作为农业生产所需的优质有机肥料，尤其是人粪污中含量较高的磷元素。居民其他生活废水含有COD较低，易于生化处理达到中水回用标准再利用。

（2）降低处理技术难度。目前混合型的生活污水中，含有表面活性剂和其他难以生化处理的成分，给矿质养分的资源化利用带来技术上的困难和分离成本的增加。实现源分离之后，单纯的人粪污可以采用微生物好氧发酵和厌氧发酵工艺技术处理，制作成农业生产所需的有机肥料。其他生活污水则用MBR或A^2O工艺处理，达到符合中水回用标准后加以再利用。

3.5.2 源分离的方法

源分离的方法主要包括三水分离和两水分离，三水分离为黄水、黑水和灰水的分离，两水分离是指黑水和灰水的分离。

按照目前生活污水的简易划分方法，洗浴和冲洗用水成为“灰水”，COD大致在50～500毫克/升之间；单独分离的尿液成为“黄水”，COD大致在10000～20000毫克/升之间，冲水马桶形成的人粪污则成为“黑水”，COD大致在20000～50000毫克/升。

按照生化处理难度划分，“灰水”主要是混合了洗涤剂等表面活性剂成分的废水，基本上不含矿质营养成分，也是比较容易处理的，例如通过好氧曝气法再经过植物吸附净化，或者氧化沟工艺再经过人工湿地植物净化就可以达到农田回用的标准。

“黄水”是96%～97%的水和尿素氮，以及尿酸、肌酐、氨等非蛋白氮化合物、硫酸盐和呈味物质雄甾酮类等组成，其中含氮量约1%左右，除了专门收集人尿提取尿激酶的设施以外，其余的人尿收集设施难以做到全封闭存放，不可避免会有杂菌滋生，导致臭气产生和尿液中矿质养分以及活性养分的损失。

“黑水”本意是指人粪尿分离后，单纯用水冲洗人粪形成的悬浮状污水，实际上目前的生活污水是“三水合一”形成的，一方面，大大稀释了废水的矿质养分浓度，另一方面，混入了表面活性剂等成分导致后续的生化处理难度加大。

在目前推广的农村厕所革命中，人粪污的处理流程为：冲水马桶连接下水道经过简易的三格式化粪池再输送到村镇的污水处理厂处理。在这个过程中，洗浴用水也被同时纳入简易的三格式化粪池，而三格式化粪池属于低效和高排放的前处理技术，在人粪污停留的过程中，不完全的兼性厌氧环境造成约50%的氨氮和含硫臭气排放，使得矿质养分有较大的损失，再输送到污水集中处理场时，无论是采用好氧工艺还是厌氧工艺，处理过程还会有进一步的矿质养分损失，既污染了环境又浪费了矿质养分，可谓得不偿失。

实现源分离，首先应将“灰水”与“黄水、黑水”分离，避免稀释废水中矿质养分的浓度，也避免混入一些难以生化降解的物质，其次，“黄水、黑水”不再使用简易的三格式化粪池储存，可采用真空负压收集系统或者临时密闭式储罐收集，通过负压管道或者渣浆泵管道输送到村镇的集中处理设施进行生化处理或利用，可以避免在储存期间矿质养分和活性成分的损失，也消除了储存期间的臭气排放。

3.5.3 源分离案例

1. 负压气冲厕所

我们常说的负压是相对于地面的常压而言，常压是指地球海平面的压力，即通常所说的1个大气压，它等于101.3千帕或1.013巴（bar）。我们所说的负压或者真空是指大气压力小于1个大气压的压力，负压技术在生活和工业生产中有广泛的应用，最常见的就是日常使用的吸尘器。

负压能排水吗？答案是肯定的。其实正压和负压都能排水，并且在人类社会有很长的应用历史。正压排水就是我们通常所见到的“重力流+泵站”的常规模式，而负压排水早在100多年前欧洲新建城市管网系统时就曾得到广泛应用，如巴黎、柏林等城市①。那么负压是怎么排水的？典型的负压排水案例就是我们所熟悉的飞机上的便器了。负压便器的工作压力在0.2~0.6巴（负压），如果把便器排污管道里的压力视为零的话，冲厕时相当于有2~6米水柱（1巴约等于10米高的水柱）所产生的压力，将便器中的水推向出口。而传统冲水马桶冲厕是依靠大量的水来抬高便器中的水位，当水位高出液封弯管的水位后，重力驱动便器中的水由出水口流出。通常这一水位差在10厘米以内，压力仅有

① 张健，李孟飞，李萌等．负压排水技术在乡村污水收集中的应用［J］．中国给水排水，2020，36（22）：66－71.

0.01 巴。可见负压便器排水的驱动力大约是常规马桶的 20～60 倍，这就是负压便器能够最有效的节水的秘密。

上面说到 100 多年以前欧洲一些大城市曾广泛采用负压排水，后来怎么不用了？其实当时的多相流输送理论和控制技术的发展水平还十分有限，加之合成氨工艺的发明和产业化应用，导致该排水技术的消失。一直到 20 世纪五六十年代，该技术水平才有所提升，可以实现污水的即来即排，系统连续运行，并在船舶排水中得到了应用。20 世纪 70 年代，市政排水系统开始有规模化商业应用，而此时已经错过了欧洲下水道大规模建设时机，负压排水在海滨建筑、水源地保护、地形复杂的重力流难以下管或地下水位高等领域作为替代方案而得到应用。

经过技术的革新，目前负压排水技术已经非常成熟，它具有能耗低、人粪尿与其他排水分离、可将上千个便器连接到一个负压源等优点。目前我国乡村排水正处于建设阶段，万若环境工程技术有限公司结合 10 年以上的负压排水工程实际运行经验及乡村排水的特点，开发了四种乡村负压排水模式①，如图 3－16 所示。

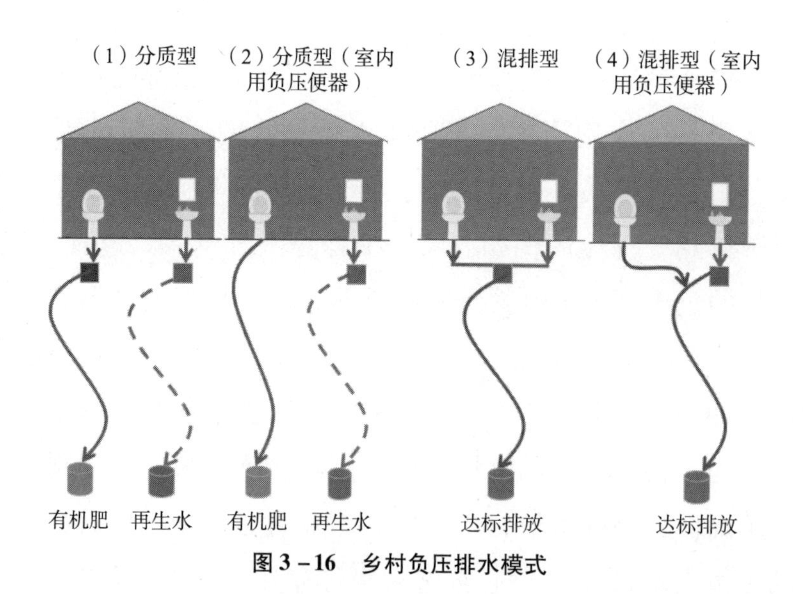

图 3－16　乡村负压排水模式

① 张健，李孟飞，李萌等．负压排水技术在乡村污水收集中的应用［J］．中国给水排水，2020，36（22）：66－71.

（1）分质型。

黑水排放至室外的黑水负压收集器，在负压收集器内达到设定液位后排入负压管网实现集中收集。该方法较适用于已有收纳黑水的化粪池，通过增加负压适配器可实现黑水的单独集中收集与资源化处理利用，灰水由于污染负荷低可以进行分散处理然后重力流排走或新增收集器通过负压管道集中收集。

（2）分质型（室内用负压便器）。

应用负压便器，可以直接通过负压管网单独收集黑水，由于负压的作用可以实现节省冲厕水和收集容积小浓度高的黑水。灰水可以采用重力流管道或通过负压收集器进入负压管网单独收集。

分质收集到的黑水可通过好氧稳定化、厌氧或其他方法进行资源化处理，分质收集的灰水由于氮磷和有机物含量低，其处理工艺变的简单而可靠。

（3）混排型。

污水混合排放至室外的负压收集器，汇集到设定液位后自动排入负压管网，经负压管网输送至负压站。该方法是解决重力流管道易堵塞以及堵塞后下雨化粪池往外溢水等问题的一个替代方案。

（4）混排型（室内用负压便器）。

灰水（杂排水）单独排放至室外负压收集器，汇集到设定液位后自动排入负压管网。应用负压便器，直接将黑水（粪尿及其冲洗水）排入负压管网。混合污水经负压管网输送至负压站。该方法较适合缺水、有改厕需求以及干旱或寒冷地区。此应用情形下，负压便器与其他无水冲堆肥厕所相比可以方便地安装在室内，灰水的收集也可以在室内通过负压收集器收集，对于寒冷地区，该模式可有效减小室外污水管网的埋深，节省土建费用。

以上四种模式可根据现场情况灵活选择。邯郸市永年区某村原来村民多数使用建在庭院里的旱厕，后来部分村民开始使用水冲厕，废水沿水沟排放或直接排到街道，村里卫生条件较差。村委会在改善自来水供水条件前，考察了建设化粪池后接重力流管道的案例和不同规模的村级污水处理站后，发现普遍存在建化粪池需占地、建重力流管网需要全面破坏已经硬化的路面、污水处理站运行难等问题。经过分析比较，村里决定利用改水的契机，供排水一体化施工，自筹资金同时实施改厕、黑水灰水源分离负压排水的方式（见图 3 – 17）①。沿街道边绿化带布设水管网、分质排水管网，并在村边集中处理污水。

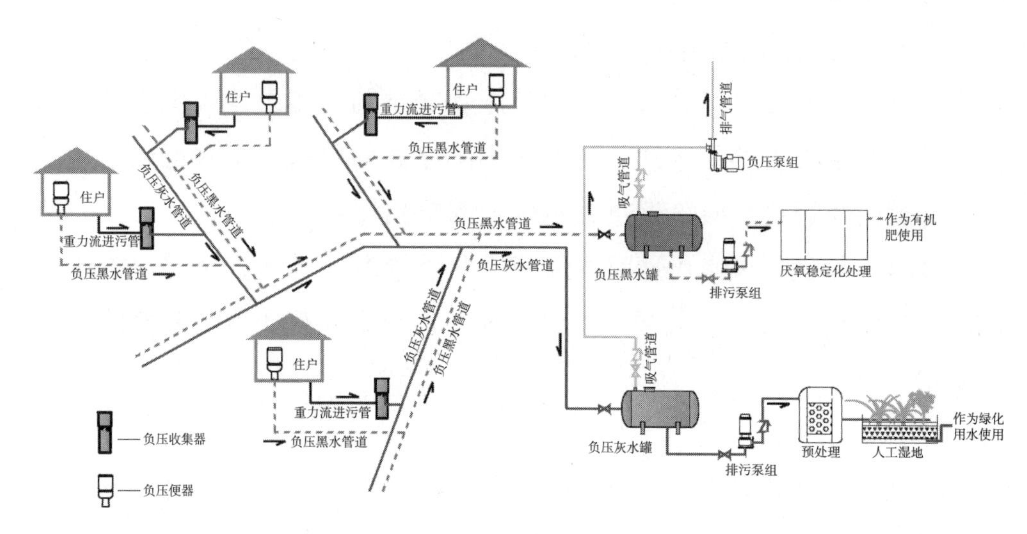

图 3 – 17 负压分质排水流程

村民根据各自情况选择便器在室内的安装位置，自来水和排污负压管道沿墙边敷设，自来水管道和负压管道分别与室外管网接驳。考虑到很多村民由旱厕直接转变到使用新型的负压便器，在冲厕方式上采用了感应冲厕，在使用者坐着如厕后自动冲水（冲水每次约 1 升），而站立小便或向便器内倾倒残渣剩饭时，可以采用“只抽不冲”冲厕模式。

黑水和灰水管道分别沿道路两侧埋设，避免了破拆水泥/柏油路面。管道沿程需降低埋深时做了几处提升，平均埋深 1.1 米。灰水（洗碗、洗衣、洗浴的杂排水）沿户内原有管道汇集到街道路边埋地安装的负压收集器（见图 3 – 18），收集器汇水到设定液位后自动打开负压驱动的

① 张健，李孟飞，李萌等. 负压排水技术在乡村污水收集中的应用［J］. 中国给水排水，2020，36（22）：66 – 71.

隔膜阀，将灰水输送到负压管网，经过格栅和沉淀池后通过人工湿地进行净化处理，出水达到一级A排放标准。

图3-18　黑水、灰水、信号线管道同沟铺设及污水资源化中心

资料来源：作者整理。

收集到负压站后黑水排入地埋式厌氧发酵池。村里原计划通过添加秸秆、畜禽粪便产生沼气，为村民提供燃气。由于后来政府实施了煤改气工程，所设的厌氧池仅作为黑水的稳定化处理，之后作为有机肥应用于该村的农业种植。

系统于2013年投入使用，收集及处理设施自动化运行，由村委会的兼职电工兼职负责日常的运行维护。系统的直接运行费用仅为收集中心的耗电，折合每户每月耗电5~6度，按每度0.6元计算（当地村民用电三档电价中的最高价），折合每户每月3~3.6元。该村水价每吨3.5元，人均耗水50升/天，低于当地村庄平均水平。新型厕所节水5升/每次（常规节水便器冲厕耗水6升－负压便器冲厕耗水1升），该村每户3~5人常驻，按每户每天如厕7次的话计算，每月节省的水费（7次×5升/次×30天×3.5元/升=3.7元）就可以抵销黑灰水收集处理的直接运行费用。

该村还以黑水利用为契机发展有机种植，黑水替代化肥在有机种植园施用，构成了一个“排泄物—农业—食品”的物质循环模式。

此外，2020年该技术在天津宁河造甲镇某村进行了应用，设计规模为4200户居民，灰黑分离，负压收集。气冲厕所入室收集高浓度黑水，收集到的黑水与其他有机废弃物一起通过生物发酵干化处理成为卫生无害化的固态有机肥（可供上千亩有机种植土壤使用）；灰水经过简单处理后成为再生水；年节省冲厕水5万立方米，年生产再生水30万立方米。

2. 无下水道资源循环利用卫生系统

（1）厕所模式。厕所革命中常用的6种厕所模式，分别是水冲式厕所、卫生旱厕、粪尿分集式厕所、三格化粪池式厕所、双瓮漏斗式厕所、无水免冲生物厕所。已完成改厕的村民大多数认为改厕后的主要问题在于冬季无法正常使用，厕具便宜但是前期建造成本较高，并且后期管护情况未知，需要花费的抽粪费用较高，费时费力。而且农村改厕完成后，管理抽粪、粪污再利用等后期工作不完善，冬季塑胶桶及管道等容易上冻等导致粪污清理困难，粪污的清理成本提高，也影响村民的使用。另外，在我国的西北部等高原地区，冬季长且气候寒冷多积雪，土壤上冻也会给改厕施工带来影响，导致改厕的工期长、效率降低。改造厕所普遍采用的是塑胶粪罐，这种材料使用期有限，深埋地下后如果受到损害修复较为困难，修复成本高，政府不补给后期维修费用的话，农村一般家庭难以承受。即使做了保暖措施的厕所，但厕所供暖会增加额外的取暖支出，对于大部分农户来说，还是无法承受。

通过对比分析，无水免冲生物厕所是今后农村人居环境整治和人居环境提升发展的主要方向，其他模式的厕所都可能是一个过渡类型。从改造成本、操作方法、使用习惯、群众接受程度等方面比较，有污水管网系统的区域，可以直接改造水冲式厕所；高寒、缺水、山区等无下水管网区域和生态环境脆弱等区域，可以选用“无下水道资源循环利用卫生系统”。

（2）兰标无下水道卫生间系统。兰标无下水道资源循环利用卫生间系统（无水免冲生物马桶）利用微生物进行的固/液/气集成式处理的全新工艺路线，基于代谢模型，设计合成的新生态菌群对粪污进行去存量、控制异味以及无害化处理和粪污资源化利用。在源头实行粪尿分集处理，利用生物技术对粪实现无害化、减量化和资源化；通过催化氧化技术对尿液实现灭菌、降解，无害化处理后作为液肥还田使用或排放，免冲洗，防冻防臭，清洁卫生。厕具使用过程中基本无异味、无气溶胶传播疾病等风险，使用寿命15年以上，大约每年清理维护一次。

产品基本特点：

绿色低碳：无须用水，节能环保。

无害化：无废水、无污染、无须转运。

资源化：原地处理，生物分解，变废为肥，循环利用，改善土壤。

防冻：高效低耗能温控装置，确保在-30℃时能正常使用。

控制异味：新风系统+高效微生物菌剂处理除臭。

安装方便：高度集成化、一体化马桶设计，安装、搬运简单，无需开挖管沟，占地面积小，省时省力。

维护费用低：一年全部费用160元左右。

能耗低：月使用电费仅5元左右。

产品适用范围极广：旅游景区的公共厕所；干旱、缺水、无管网的偏远农村厕所；野外建设、施工、作业厕所；野战部队厕所；学校、车辆、火车、船舶、飞机厕所及宠物厕所等。

目前，该产品因节水效益显著，获得《中国环境标志（Ⅱ型）产品认证证书》、《CEC环境友好产品认证证书》、四星级《CEC环保设施运维服务认证》以及四星级《CEC售后服务认证》等，并参与我国“农村户厕卫生规范”的制定。2018年11月，该产品作为中国科学院“一带一路”创新合作成果在第二届科技创新国际研讨会上出展；2019年，被中华人民共和国生态环境部环境发展中心收录在国家生态环境科技成果转化综合服务平台，入选《重点环境保护实用技术及示范工程名录》。

3. 其他厕所技术特点

目前调查到的厕所技术有26种，其不同之处在于源头收集方式、收集后的运输、处理方式及排泄物的最终去向。源头收集方式有混合收集和分质收集，收集后的处理方式有打包转移、水冲进入管网、气冲进入管网、原地储存等，随后的粪便处理有排入污水处理厂异地降解、异地集中资源化利用、厕具内直接生物降解、厕具内生物堆肥等，排泄物的最终去向有被直接降解掉、转化为有机肥还田等。具有粪肥资源化利用（作为有机肥还田，且具有检测报告）功能的厕所技术如表3－2所示。

评价新技术马桶技术可以有三个层级。第一级为底线要求，室内卫生和室外达标排放，没有超标的环境污染；第二级是尽可能地低水耗、低能耗和方便运行与维护；第三级则实现最大程度的粪尿还田，实现五谷轮回。具体选择哪种技术则坚持“结果导向、因地制宜”的原则，政府支持鼓励实现五谷轮回的技术创新和市场淘汰机制，但是不宜“一刀切”地推行水冲厕所。

总体来看，目前厕所技术多样，有无须上下水的、有能实现源分离或资源化利用的。如负压气冲厕所，虽然需要下水管道和负压源，但是能实现粪污资源化利用和最大化节水，并且将粪污转移至人群目视范围以外，人群较容易接受，缺点在于建设成本相对较高。但是长期运行下来因为节约了污水处理厂的成本，经济效益还是优于传统的管网集中生活污水处理系统的。其他采用真空技术的厕所也类似。而采用粪尿分集微生物堆肥的厕所（以兰标系统为例），利用微生物和外加剂来协助降解或者发酵粪便，优点在于可以实现粪污资源化利用、无需上下水管道、无需用水冲洗等，但是存在粪污长期在厕具之内、降解过程产生挥发性气体等影响人群心理上的接受能力。打包厕所、泡沫厕所等，仅仅只是在收集端实现了人群感官体验上的改进，后端无任何变化，甚至还复杂化了。在解决传统水冲马桶“四大痛点”问题（水溅屁股、粪便粘瓷、细菌飞散、臭气熏天）上，真空技术厕所和微生物堆肥厕所彻底解决了水溅屁股的问题、其他三个问题有部分的改善，也不会产生冲水马桶的马桶烟羽问题，相较而言有一定的进步。但是，目前大部分的厕所技术忽视了如厕过程中的臭气和细菌飞散问题。盖茨基金会对厕所技术提出的要求是：不依赖下水、不依赖上水、不依赖电力、卫生清洁、无害化排放或资源化处置、人均日使用成本不超过5美分。目前，我国厕所技术离这一标准还有巨大的进步空间。

表3-2　目前具有粪肥资源化利用功能的厕所技术性能汇总

序号	厕所技术名称	泡洗式厕所	粪尿分集微生物堆肥厕所	机械传输式无水生态厕所	负压气冲厕所	干式生物公厕
1	处理方式简述	水+泡沫冲洗方式	粪尿源头分离，分开进行无害化处理后生成有机肥资源循环利用	机械传输式源分离，粪便兼氧+缺氧两级生物发酵、制肥，尿液厌氧+好氧两级滤池处理、吸收	利用管道内的负压输送粪尿，整个系统由收集单元、管道单元和负压单元组成，管径小、流速快、布置灵活；系统密闭，废物和臭气只进不出。原则上只收集粪尿，不处理粪尿；也可开展消毒，资源化利用等	干湿分离+微生物降解
2	适用领域	家用/公厕	高寒、缺水、山区等无下水管网区域，生态环境脆弱等区域	家用、公厕均可，适合于无上水下水管网地区、缺水地区，广大农村，尤其是高寒高海拔地区	公厕或家用（或者居民聚集区）	公厕
3	粪尿是否分别收集	否	分别收集，分开处理	粪尿分开收集、分别处理	可根据实际情况选择分别收集或混合收集	是
4	排放物组成及其性状	稠状固体+水	褐色残渣，高效生物有机肥	排放物组成：1. 粪便最终为固体有机肥；2. 尿液最终为 N_2、CO_2、水蒸气	为流体或半流体	固体+稠状固体+液体
5	排放物还田效果及达标情况	符合无害化处理标准有机肥可直接还田	符合无害化处理标准有机肥可直接还田	排泄物可以直接还田资源化，达到GB/T25246－2010《畜禽粪便还田技术规范》和NY525－2021《有机肥料》的要求	可还田	是
6	还田物营养保持情况	较好	氮磷钾等元素保持量较高	氮磷钾及其他生命元素、有机质等人粪尿固有营养素保持90%以上；有机质含量≥70%	比较好	6%

续表

序号	厕所技术名称	泡洗式厕所	粪尿分集微生物堆肥厕所	机械传输式无水生态厕所	负压气冲厕所	干式生物公厕
7	每人次大小便耗水量	大厕 3.8 升/次，小便 2 升/次	零耗水	无需用水	小便可以不耗水，大便 0.6～1.2 升	无
8	排放物较输入粪尿增减量	蹲便器 80%，小便器 10%	尿液减量达 2%，粪便减量达 95%	减量化≥80%	增加	大便 65%，小便 55%
9	工作过程产生何种气体及其量的多少	氨气	产生中量的水蒸气和二氧化碳需排出	工作中产生的氨气 4 毫克/立方米；硫化氢气体 0.32 毫克/立方米；符合 GB14554－93《恶臭污染物排放标准》	无	无
10	排放物处置模式	泡沫覆盖，微生物分解处理后尿液和有机肥可收集还田	微生物分解处理后尿液和有机肥可收集还田	机械传输式源分离粪尿分开处理，其中粪便兼氧＋缺氧两级生物发酵、制肥，尿液厌氧＋好氧两级滤池处理、吸收不外排	集中无害化堆肥处理	微生物降解
11	每厕位厕具设备购置成本	5000 元	4000 元（家用马桶）5 万～8 万元（公厕单厕）	市场价 3800 元	—	6 万～6.5 万元
12	每人次大小便使用成本	0.01 元/次	0.02 元/次	大小便平均约 0.0125 元/次	若系统收集几百户以上，约 0.3 元/次	无
13	每人次大小便清运成本	0.1 元/次	马桶（1～2 次/年，120 元/次）；公厕（2～4 次，1000～4000 元/次）	约 2 个月出料一次，含辅料添加、出料的耗电量，人工等，折合约 0.02 元/次	—	无
14	每人次大小便能耗	0.01 元/次	0.001 元/次	0.025 千瓦时（度）	远距离（1 公里数量级），约 0.0005 度电	无

续表

序号	厕所技术名称	泡洗式厕所	粪尿分集微生物堆肥厕所	机械传输式无水生态厕所	负压气冲厕所	干式生物公厕
15	每厕位每天使用人次上下限及使用寿命	不限	最少：0人次，最多：30人次（马桶）600～800人次（公厕）寿命15年	公厕无人数限制，户厕使用人数一般为3人内，短期内（5天）不超过5人。产品使用寿命≥5年	大于30年	50年
16	气温适应性	0～50℃	-30～70℃	温度：环境环境为-5～40℃可直接使用，环境温度低于-5℃需要有专门房体	较为广泛，冬季供水需要考虑保温，或者舀水冲洗	-40～40℃
17	海拔适应性	不限	海拔小于5000米	海拔小于5000米	不限	4500米以下
18	湿度适应性	0～99% RH	5%～90% RH	湿度：15%～90%	不限	不限
19	移动及固定厕所适应性	均可	移动厕所、公共厕所、家用户厕、交通工具厕所等	产品可移动性、插电即可使用	不限	固定
20	适用领域	家用/公厕	高寒、缺水、山区等无下水管网区域，生态环境脆弱等区域	家用、公厕均可，适合于无上水下水管网地区、缺水地区，广大农村，尤其是高寒高海拔地区	—	公厕
21	厂家品牌	江苏飞慕	张掖兰标生物科技“厕重点”无水免冲生物厕所	湖南海尚环境生物科技股份有限公司	万若环境	中渔路通达

3.5.4 源分离后端处理技术

在最新的有机肥料行业标准（NY525－2021《有机肥料》）中，对有机肥料（organic fertilizer）的定义是：主要来源于植物和（或）动物，经过发酵腐熟的含碳有机物料，其功能是改善土壤肥力、提供植物营养、提高作物品质。

由于人粪尿中含有大量的病菌、虫卵和其他有害物质，如果不进行无害化处理，就会污染土壤、空气、水源以及农作物，进而传播疾病，给人和禽畜的健康带来严重的危害，而且未经无害化处理的人粪污在田间进行矿化分解还会形成较高浓度的挥发氨，引起果蔬粮作物的“烧根烧苗”现象，所以它们都需要经过无害化处理才能施用。

人粪污经过源分离后，分别为固态或半固态形式（含水率约50%～80%）和液态形式（含固率<10%），其中固态和半固态的人粪污基本上采用好氧堆肥的方式进行无害化处理，而液态形式的人粪污则通常通过污水管道或抽粪车进入污水处理站，采用好氧曝气或厌氧发酵或厌氧＋好氧等方式进行无害化处理。

1. **好氧堆肥**

好氧堆肥过程能够将固体废弃物转化为稳定、无害的有机质，进而用作益于植物生长、改良土壤质量的肥料以及栽培苗木的基质等。

好氧堆肥过程，微生物降解有机物是关键，分解过程中部分养分转化为细胞生物，部分转化为微生物的代谢产物，还有部分挥发性物质逸出如图3－19所示。

好氧发酵堆肥过程通常分为两个阶段，即一级发酵（快速或称高温发酵）阶段和二级发酵（后熟或陈化）阶段。一级发酵的特点是：微生物分解过程放热产生的高温和较高的需氧量，可降解性的挥发性物质大量减少，同时可伴随着较多的臭气挥发。二级发酵过程堆体温度低、需氧量小、臭气挥发少。从无害化的角度看，人粪污的好氧堆肥发酵必须经过这两个阶段的发酵才能达到彻底腐熟，并且减少对植物有抑制作用的物质和抑制有害病原菌。

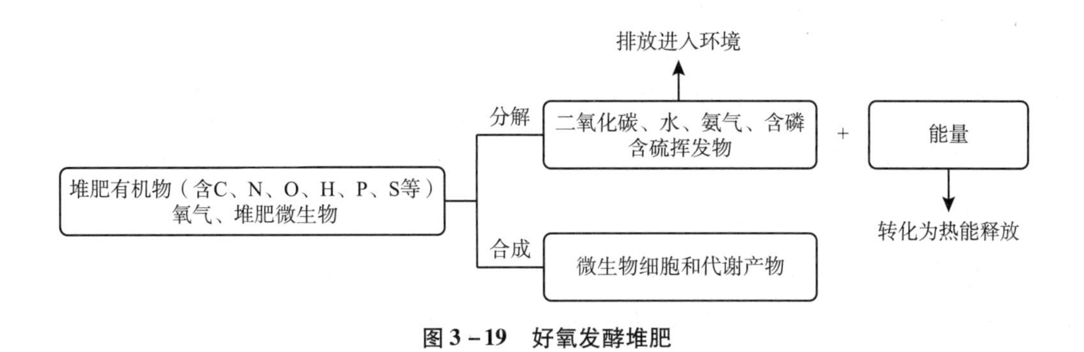

图3－19　好氧发酵堆肥

达到完全腐熟条件的好氧堆肥过程，其发酵主要条件应满足：含水率50%～70%，碳氮比（C/N）＝20～35，碳磷比（C/P）＝75～100，发酵温度50℃～70℃，pH中性。

（1）优点。

原料范围广泛，例如人粪污、畜禽粪污、各类植物残体（秸秆、树枝、饼肥等），均可用作堆肥原料；堆制工艺简单，既可以采用工厂化规模化堆肥，也可以在田间场地进行简易堆肥；堆肥过程控制可繁可简，即可以添加堆肥微生物菌种也可以自然发酵，既可以通风增氧也可通过翻堆增氧；经过二次腐熟后无害化比较彻底，可以消除有害病原菌和有害虫卵，使之达到NY525－2021《有机肥料》标准的规定。

（2）不足。

碳氮的损失比较大。好氧堆肥显著增加有机物料矿化率，增加碳损失60.54%～86.15%，增加氮损失48.64%～58.16%[①]。

去除残留抗生素的效果不佳。在猪粪、鸡粪和麦秸分别混合堆制条件下，高温堆肥对四环素类抗生素主要种类具有不同程度的降解效果。由于这些抗生素难溶于水的特性以及对堆肥微生物发酵菌的抑制作用，

---

① Chang R. Effects of composting and carbon based materials on carbon and nitrogen loss in arable land utilization of cow manure and cron stalks, 2019.

在添加辅料（麦秸和风化煤）和辅助菌剂的情况下，最好的去除效果可以达到85.97%（四环素），最差仅为40.23%（土霉素）[①]。在规模化畜禽养殖粪便中抗生素残留量达到了毫克级水平，即使去除率达到90%，残留量仍然较大，若人粪污与畜禽粪便及有关废弃物混合堆肥，施用到土壤后存在一定的环境风险。

去除残留重金属的效果很差。一般来说，畜禽粪便的堆肥处理对重金属的含量没有任何明显的影响，甚至浓度还有增加的趋势，但对其存在形态或者生物有效性有所影响。堆肥处理对重金属绝对量减少的意义不大。例如，有研究表明取自某蛋鸡养殖场的鸡粪与秸秆等有机物料经堆肥处理之后，8种重金属（Ni、Cd、Hg、Pb、Cr、As、Cu和Zn）的含量较堆肥前均有所增加，重金属绝对量变化不明显[②]。

2. 厌氧发酵

厌氧生物处理是利用微生物的代谢过程，在隔绝氧气的条件下将有机物转化为甲烷、二氧化碳、氢气、硫化氢、氨、水和少量细胞产物，可以处理多种多样的营养性有机污染物，如含有糖类的淀粉类、纤维素类和果胶类物质，含有蛋白质、长链脂肪酸、尿素和氨的物质，含有难以降解的多环芳烃类异生物合成物（洗涤剂、溶剂、除草剂等和一些化工中间体），甚至可以发酵转化多达几十种的有毒化工类废水，如酚类化合物和烃类化合物。

与好氧发酵工艺相比，厌氧发酵工艺具有显著的优势：

（1）能耗低。

针对不同的厌氧发酵设施，其能耗一般为好氧工艺的10%～20%，同时厌氧发酵处理还产生大量的清洁能源（甲烷）。

（2）设施占地面积小。

先进的厌氧工艺负荷可以达到20～40千克/立方米·天，比好氧工

---

① 张树清，张夫道，刘秀梅等．高温堆肥对畜禽粪中抗生素降解和重金属钝化的作用[J]．中国农业科学，2006，39（2）：43－337.

② 王玉军，窦森，李业东等．鸡粪堆肥处理对重金属形态的影响[J]．环境科学，2009，30（3）：7－913.

艺最高仅3.2千克/立方米·天的负荷率要高出很多，反应器的体积小，占地少。

（3）剩余污泥可利用性高。

厌氧发酵（液体流体）所产生的剩余污泥量相比好氧工艺极少，而且厌氧污泥经过安全检测后可以直接用作高养分高活性的有机肥料，即便是需要处理，其处理费用也仅相当于好氧工艺的10%左右。

（4）工艺系统相对稳定。

采用成熟的厌氧发酵工艺可以应对浓度和水量经常变化的废水而保持其降解能力不减，设备运行维护也比较简单可靠。

自从厌氧发酵工艺问世以后，尤其是20世纪荷兰和德国的厌氧发酵技术，走在了世界前列，目前全世界在运行的厌氧发酵设施设备，主要是采用这两个国家实验多年定型的技术，目前最常见的畜禽和生活污水处理装备当属UASB厌氧发酵装置。在实际应用中的厌氧发酵设施受限于工艺技术和环境条件，还是有很大的不足，以UASB为例，主要表现在：

①难以保障最适合厌氧发酵的严格厌氧环境。沼气发酵微生物包括产酸菌和产甲烷菌两大类，它们都是厌氧性细菌，尤其是产甲烷的甲烷菌是严格厌氧菌，对氧特别敏感。它们不能在有氧的环境中生存，哪怕微量的氧存在，生命活动也会受到抑制，甚至死亡。目前的厌氧发酵设施，无论是小型的户用沼气池还是工程化的中大型沼气罐，都属于常压发酵，只是在罐体的局部能达到厌氧发酵严格厌氧条件（最适宜的氧化还原电位-350毫伏），进料和出料环节都有和大气联通的界面（氧化还原电位在-100毫伏到+100毫伏之间）。

②对原料进料浓度要求较高。对于养殖行业常用的UASB厌氧发酵装置而言，进液COD通常不得高于10000毫克/升，否则可能引起“酸败”导致发酵终止。

③单位容积产气率较低。单位容积产气率是衡量厌氧发酵效率的主要指标，用单位容积每日产生的沼气量计算，户用沼气池一般为0.1~0.3立方米/立方米·天，UASB为0.8~1.2立方米/立方米·天。

④消化率低。进料液的消化率最高为70%，消化率低则意味着出液中混杂着许多未经熟化消化的原料成分，可能对后续的资源化应用带来不利影响。而消化率通常与采用的技术工艺、发酵温度和环境条件（如PH值）等有密切的关系。

以上种种限制，导致厌氧发酵技术的应用受到了相当的限制。

3.6 小结

冲水马桶的出现和应用极大地提高了人们生活品质和卫生条件，改善了众多传染病对人类健康的影响，但是付出的资源、环境代价也是非常的巨大，尤其是其阻断了人粪便的五谷轮回通道，是其不可持续的根源所在。源分离是实现人类粪污资源化利用的第一步，现有的厕所技术进行了各方面的有益探索，尚未达到理想的技术要求。理想的厕所技术应该具有“无水、卫生、资源化、低成本”的特征，无水是要求不用水冲洗马桶；卫生是使用过程中无臭气、使用后无感官不适、粪污无害；资源化是粪污中的生命元素得到最大程度的安全利用（包括碳氮等有机养分）；低成本是厕具及与之相关的安装、维护、附属工程等费用普通大众可以接受。因此未来的厕所技术应该大胆革新、打破常规的前后端模式或者在后端发力取得原创性技术，将人类的排泄生理过程变为舒适、卫生和环境友好的过程。

第4章
生命永续之原

原，还原、本原、回归之意。即生命要生生不息、健康永续就必须回归到承载生命的本源——土壤。土壤生命元素的缺失源于五谷轮回通道的阻断，而要重新疏通五谷轮回通道、还原土壤生命元素之本，则必须在现代科技水平的基础上，以新的技术和理论武装五谷轮回，使之重新焕发青春、照亮人类的生命永续之路。本章从土壤生命元素的补充角度，思考五谷轮回未来的方向。

4.1 土壤生命元素修复技术：治标方案

地球上有两个一级生态系统，亦即陆地生态系统和海洋生态系统。陆地生态系统，是土壤通过绿色植物将无机环境中的能量同化并输入系统来维系其能量稳定，在此同时把无机环境中的化学元素合成为有机物（食物）来维系整个系统的食物链稳定。可见，土壤是陆地生态系统食物链的首端，食物链所传递的这些维持生命的化学元素，最初是来自于土壤。因此，维持土壤营养元素的充沛是维系整个食物链营养元素充沛的基础。土壤是由矿物岩石风化而来的，土壤固体的95% ±是矿物质，正是土壤中的活性矿物质元素构成了绿色植物生长的养料。因此，植物和人体中都含有岩石圈中的几乎所有矿物质元素。

地球人口的无序增长和生活生产方式的改变使得人类不得不引入人工化学肥料来提高粮食产量，但化肥通常只施用了氮、磷、钾三个元素，长期高产就可能把土壤中其他活性矿物质营养元素消耗殆尽，造成土壤缺素—植物缺素—人体缺素的后果。这是美国曾经在 20 世纪 40 年代遇到的问题，也是我国目前面临的问题。人少地多的美国采用休耕轮耕来解决这一问题，而人多地少的我国又该怎么办呢？

这一问题的实质是，如何“科学有效”地向耕地土壤中全面补充活性矿物质营养元素。既然土壤是从岩石风化而来，那就以最佳成土母岩为原料，通过技术手段将其中的矿物质元素整体活化，然后施入耕地土壤达到全面补充活性矿物质营养元素的目的。解决这一问题的关键是元素活化技术。目前国内有两种元素活化技术已经实现了工业化生产，一是世界普遍采用的高温煅烧技术，二是中国科学院自主研发的水热蒸养技术。此外，补充土壤的活性矿物质元素应该具备两个特点：施入土壤的活性矿物质元素应是“枸溶性”元素（能够被植物根系分泌的根酸溶解而吸收，但不会被水淋失），而非“水溶性”元素（因为水溶性元素会被雨水、灌溉水淋失难以在土壤中长期存留）；土壤不仅有提供养分的功能，还有结构功能和生态环境功能，土壤中不仅有矿物质，还有有机质（含微生物），因此施入土壤的活性矿物质元素产品不应对土壤的结构功能和环境功能产生负面影响，而且最好能够与土壤有机质良性结合。

高温煅烧和水热蒸养技术产品，都能够向土壤全面补充“枸溶性”矿物质营养元素。高温煅烧产品具有类似水泥的水硬性，遇水后会产生水化反应从而板结土壤、破坏土壤结构。水热蒸养产品由于自身具有纳米颗粒的支架多孔结构，能够很好地与土壤有机质结合形成“土壤有机－无机复合体”（即土壤胶体），从而改善土壤结构功能和环境功能。水热蒸养产品与生物有机肥复合施用的效果更好，这已经被大量的农业试验示范所证实。

4.1.1　矿物质营养液A

北京金山生态动力素制造有限公司从天然无毒矿石中获得含水离子络合物浓缩液，富含20多种生命元素，经用水稀释500~2500倍后可用于农业生产，在本书中称其为“矿物质营养液A”。2016年在吉林省榆树市青顶子乡莲花村水稻田开展田间应用试验，当地土壤肥力中等，生产管理水平中等。

1. **施肥水平设计（按亩计）**

处理1：15-15-15复合肥33.3公斤、二胺3.3公斤、锌肥1.3公斤、钾肥6.7公斤（当地习惯用肥品种与数量）。

处理2：鞍山无机有机肥100公斤/亩。

处理3：当地习惯用肥品种与数量+矿物质营养液A（底施1公斤，兑水100公斤耙平田面时泼浇或用喷头喷洒）+矿物质营养液A叶面喷雾（分蘖初期、孕穗期和灌浆初期喷施三次，每次15公斤水+30毫升矿物质营养液A）。

处理4：鞍山无机有机肥100公斤+矿物质营养液A（底施1公斤，兑水100公斤耙平田面时泼浇或用喷头喷洒，要求全田均匀分布）+矿物质营养液A叶面喷雾（分蘖初期、孕穗期和灌浆初期喷施三次，每次15公斤水+30毫升叶面矿物质营养液A）。

2. **田间生产/生长情况**

2016年5月28~31日：插秧，处理3和处理4每亩底施1公斤矿物质营养液A（兑水100公斤耙平田面时泼浇或用喷头喷洒）。

2016年6月7日：返青。

2016年6月15日：5分蘖，开始用叶面矿物质营养液A（500倍液）。

2016年7月25日：幼穗分化第三期（500倍液）。

2016年8月10日：齐穗（500倍液）。

3. **实验结果**

（1）6月28日田间调查：喷施加底施矿物质营养液A之后，水稻长势明显加快，根系发达，分蘖力增强，低位叶蘖生长快且成穗率高；使用矿物质营养液A后的水稻生长不论是分蘖数量还是长势都表现出良好的特征，而没有使用矿物质营养液A的水稻生长期分蘖苗数与生长势较差。

处理1：10蔸总苗数126个，平均每蔸苗数12.6个；

处理2：10蔸总苗数201个，平均每蔸苗数20.1个；

处理3：10蔸总苗数178个，平均每蔸苗数17.8个；

处理4：10蔸总苗数344个，平均每蔸苗数34.4个。

（2）水稻产量：化肥+矿物质营养液A处理产量最高，其次为有机肥+矿物质营养液A处理组，只用有机肥的产量第三，只用化肥的产量最低。以化肥或者有机肥为底肥，矿物质营养液A均能大幅增加作物产量，增产约30%。增产的主要原因是促进低位蘖发育，数量多且整齐，穗型较大，成穗率高，籽粒成熟度好，千粒重大（见表4－1）。

表4－1 水稻产量及其植株生物学特征

	苗数（个/蔸）	穗数（万/亩）	株高（厘米）	穗长（厘米）	穗数（个/蔸）	总粒数（粒/穗）	实粒数（粒/穗）	结实率（%）	千粒重（克）	理论产量（千克/亩）	实际产量（千克/亩）	增产情况（%）
处理1	12.6	21.67	107	16.5	19.5	101.9	92.9	91.17	20	503.2	500	0
处理2	20.1	22.99	116	17.5	20.7	121.9	85.1	69.85	20	489	600	20
处理3	17.8	25.67	113	18.5	23.1	113.2	104.9	92.85	21	686.6	733.33	46.67
处理4	34.4	23.11	111	17.5	20.8	122.23	105.2	86.09	21	619	666	33.2

4.1.2 矿物肥B

中国科学院地质与地球物理研究所，模拟自然界岩石风化成土壤的地球化学过程，通过一定的物理化学手段将富钾硅酸盐岩石中的矿物质元素（钾硅钙镁铁磷硼锰锌等）整体活化为能被植物吸收的有效营养（活化率可达70%～80%），从而将岩石转变为富含多种营养元素的矿物肥料，修复改良土壤、还原土壤的原生态，在本书中将其称为“矿物肥B”。其工艺为：将富钾岩石破碎研磨至200目以下，加入磨细的石灰和专用活化剂后，加水搅拌混匀，然后置入高压反应釜，在190℃、13公斤压力下静态恒温反应10～15小时，取出后破碎、烘干、研磨至200目以下，既可作为粉状肥包装出售，亦可造粒后作为粒状肥再出售。

该产品不仅在营养成分上类似于天然风化土壤，而且在物理结构特性上也类似于土壤，具有特殊的微孔结构和纳米—亚微米颗粒结构（容重约为0.8克/立方米）。不仅能向土壤补充数十种矿物质营养元素（有效$K_2O \geqslant 4\%$，$SiO_2 \geqslant 20\%$、$CaO \geqslant 25\%$，以及数量不等的Fe、Mg、B、Ti、Mo、Cu、Zn、Mn等中－微量元素），而且能够改良土壤团粒结构、调理土壤生态环境。并具有对土壤pH值的双向调节作用（亦即把酸性土壤和碱性土壤的pH值都往中性方向调节，这是土壤胶体缓冲性能的体现）和对重金属离子的吸附钝化效果（这是胶体粒子的吸附和阳离子交换能力的表现）。实验室测定其阳离子交换容量（CEC）高达45cmol/kg以上，远高于土壤CEC（10～20cmol/kg）。目前该产品已经在全国25个省份的农作区开展了应用试验，实验点涵盖十大气候带、包含九大土类、六十多种农作物，证明其既具有良好的土壤调理效果，又具有肥料的功能（为植物生长提供数十种矿物质元素养分）。

1. 苹果种植实验

2009年在长武县王东沟果农的八年生果园进行，正值盛果期。试验设五个不同用量处理：①CK：施尿素0.5千克/株、施过磷酸钙0.5千克/株，不施矿物肥B；②在施氮磷基础上，每株增施0.5千克矿物肥B；③在施氮磷基础上，每株增施1.0千克矿物肥B；④在施氮磷基础上，每株增施1.5千克矿物肥B；⑤在施氮磷基础上，每株增施2.0千克矿物肥B。试验以单株为小区，每个处理重复3次。在苹果收获期随机采样，分别测定其维生素C、总酸度、总糖度、K含量，并计算出糖酸比。维生素 C 用钼蓝比色法测定；总酸度用滴定法测定；总糖量用斐林—碘量法测定；K 含量用原子吸收法测定。结果显示施用矿物肥 B，苹果平均增产 10% 以上，并且苹果的品质均有提高（见表 4－2）。

表 4－2　　不同施肥处理对苹果品质的影响

处理	Vc 含量（毫克/克）	酸含量（%）	糖含量（%）	糖酸比	产量（千克/株）	增产率（%）
CK	19. 94	0. 3445	5. 338	15. 49	70	—
0. 5	22. 45	0. 3222	5. 639	17. 50	75	7. 1
1. 0	23. 29	0. 3322	5. 785	17. 41	78	11. 4
1. 5	25. 03	0. 3277	5. 804	17. 71	81	15. 7
2. 0	24. 86	0. 3271	6. 204	18. 97	82	17. 1

2. 水稻种植实验

2015 年 7 月在湖南省醴陵市泗汾镇经堂村小塘组进行了田间试验，供试土壤为第四纪红色黏土发育的红黄泥①。试验前耕层土壤肥力中等，土壤碱解氮为 177 毫克/千克、有效磷 10. 3 毫克/千克、速效钾 77 毫克/千克、有机质 43. 9 克/千克，PH 5. 2，土壤全 Cd 含量为 0. 69 毫克/千克，有效 Cd 为 0. 41 毫克/千克。田间试验共设 5 个处理，3 次重复，随机区组排列每小区面积 5 米 ×6 米 =30 平方米，小区间做土埂包农膜隔离，四周设置 1. 5 米宽保护行。处理 1：对照（CK），常规施肥（40% 复合肥 450 千克/公顷）；处理 2：矿物肥 B 600 千克/公顷 + 常规施肥；处理 3：矿物肥 B 750 千克/公顷 + 常规施肥；处理 4：矿物肥 B 1125 千克/公顷 + 常规肥；处理 5：矿物肥 B 1425 千克/公顷 + 常规施肥。结果表明施用矿物肥 B 后水稻增产 7. 5% ~16. 2%，土壤有效矿物质元素有所增加（见表 4－3、表 4－4）。

① 罗思颖，周卫军，潘诚良等．钾硅钙微孔矿物肥对水稻重金属镉的降阻效果研究［J］．中国农学通报，2017，33（29）：4－90.

表4－3 施用矿物肥后水稻生物学特性比较

	处理1	处理2	处理3	处理4	处理5
株高/厘米	117.5 ±0.97	119.9 ±1.34	122.4 ±0.75	124.3 ±0.69	125.4 ±0.62
有效穗（万/公顷）	270.0 ±9.6	271.5 ±4.8	279.0 ±3.9	280.5 ±4.8	280.5 ±4.8
穗长/厘米	24.2 ±0.42	24.9 ±0.25	25.2 ±0.25	24.8 ±0.35	25.1 ±0.55
穗总粒数/粒	136.3 ±1.85	143.2 ±1.85	144.9 ±0.55	146.9 ±1.12	145.1 ±0.71
穗实粒数/粒	119.3 ±1.00	127.5 ±0.79	128.1 ±0.82	131.7 ±0.72	130.9 ±1.14
结实率/%	87.5 ±0.75	89.0 ±1.04	89.4 ±1.14	89.9 ±1.10	90.2 ±1.08
千粒重/克	27.1 ±0.25	27.2 ±0.23	27.4 ±0.23	27.4 ±0.15	27.5 ±0.20
理论产量/(千克/公顷)	8729 ±74	9416 ±56	9792 ±55	10124 ±60	10206 ±42

表4－4 施用矿物肥B前后水稻土壤有效矿物质营养比较

	实验前	处理1	处理2	处理3	处理4	处理5
有机质/(克/千克)	43.9	42.3 ±0.72	42.9 ±0.25	44.4 ±0.67	43.4 ±0.56	44.2 ±0.81
pH	5.2	5.3 ±0.15	5.4 ±0.12	5.4 ±0.20	5.6 ±0.21	5.7 ±0.12
碱解氮/(毫克/千克)	177	180 ±2.65	189 ±2.65	183 ±2.65	202 ±3.46	198 ±2.00
有效磷/(毫克/千克)	10.3	10.1 ±0.56	10.6 ±0.26	11.2 ±0.49	12.5 ±0.44	12.4 ±0.26
速效钾/(毫克/千克)	77	78 ±2.65	93 ±2.65	96 ±4.00	125 ±5.57	118 ±6.24
全Cd/(毫克/千克)	0.69	0.69 ±0.02	0.68 ±0.02	0.68 ±0.04	0.67 ±0.04	0.67 ±0.02
有效Cd/(毫克/千克)	0.41	0.40 ±0.02	0.38 ±0.03	0.37 ±0.05	0.31 ±0.02	0.30 ±0.03

4.2 生态农业理论与实践：治本方案之一

1940年德国化学家李比希提出矿质营养理论和最小因子定律，自此，以化肥为基础的现代化农业拉开序幕，并在几十年的时间内迅猛发展，化肥已成为全世界主流农业不可或缺的支撑。在以化学肥料为基础的农业高速发展的同时，越来越多的环境问题和食品安全问题浮现出来，从而导致了全球各国科学家和农业人员的反思，寻找环境友好的替代农业成为一些先锋科学家和社会人士的研究方向。

美国土壤学家威廉姆·奥尔布雷克特（William Albrecht）基于环境

污染、资源濒于匮乏、土壤退化等情况，于1971年首次提出生态农业的概念，他认为理想的替代农业，应当是能自我维持、经济上有高效益的农业。

早在20世纪70年代后期，以我国著名的生态和环境学家马世骏院士为代表的学者就指出，要以生态平衡、生态系统的概念与观点来指导农业的研究与实践。1981年，马世骏先生在农业生态工程学术讨论会上提出了“整体、协调、循环、再生”生态工程建设原理。1982年，西南农业大学叶谦吉教授在银川农业生态经济学术讨论会上发表《生态农业—我国农业的一次绿色革命》一文，正式提出了中国的“生态农业”这一术语。1992年，联合国环境与发展大会发布《里约宣言》和《21世纪议程》，确立了基于生态农业的可持续发展农业的地位。

1962年，美国海洋学家卡尔逊的《寂静的春天》引起了全世界环境保护意识的觉醒，而美国土壤学家F. H. 金写于1911年的《四千年农夫》则成为全球自然农业、生态农业或有机农业的圭臬。

2003年，中国科学院地理所李文华院士主编的《生态农业——中国可持续农业的理论与实践》中指出：我国生态农业建设中存在的问题包括：（1）重生产、轻市场；（2）重生产功能、轻生态功能；（3）缺乏统一的管理标准；（4）缺乏产业部门间的耦合；（5）重模式、轻技术；（6）重生产实践、轻理论研究等。

应当说，我国的生态农业组织体系和技术系统一直都在更新变革中，运行体系也在不断完善中，新的模式和新的技术也在不断地推出，目前重点的方向是生态农业的产业化发展与三农的发展同步化。

4.2.1 生态农业的概念及优势

从农业生产的历史角度看，人类的农业生产方式大体可分为三个阶段：第一个阶段古代的传统农耕，其主要特点是依赖于自然，俗话说就是靠天吃饭，其生产力水平很低；第二个阶段是19世纪兴起并发展至今的化学农业，依靠化肥、农药和机械化“三驾马车”实现了高生产力的发展，但同时由于化学产品在农业上的过度使用带来极大的环境代价和安全风险；第三个阶段应当是21世纪开始的生态农业，其核心是农业的生产在保持高生产力的前提下，更注重环境生态保护和可持续发展。

目前的农业生产方式，通常称之为石油化学农业，也可以称之为“开环农业”，其特征是“三高一低”，即高投入、高风险、高污染、低效益。

高投入。尽管以化肥为代表的农资投入到种植生产中不表现高成本，但实际上化肥的产生过程不但是高能耗、高排放，而且所使用的原料（煤炭、石油、天然气）都是属于不可再生能源，这些成本如果都算到农业生产上，将是个天文数字的高投入。

高风险。由于大量化学品的使用，尤其是化肥的过度施用已经远远超过国际公认的耕地承载力指标。据调查，我国目前平均施用化肥达到了400千克/公顷，而国际公认的施用化肥的耕地承载力是225千克/公顷。依照省份而言，2014年单位面积化肥用量排名靠前的七个省份为：北京591.6千克/公顷、海南575.8千克/公顷、福建531.9千克/公顷、广东526.0千克/公顷、河南490.9千克/公顷、陕西487.1千克/公顷、天津486.4千克/公顷[①]。

从第三次全国土壤普查的结果看，已经有70%以上的耕地被列入中低产田，土壤有机质不足1.5%。耕地质量越低，就越依赖于更多的化肥投入。

高污染。根据生态环境部对京津冀、长三角、珠三角等几个大区的调查研究，表明目前我国的排放污染占比大体为工业10%左右，生活污染20%～30%，农业污染60%～70%。这个结果其实超出了很多人的认知，一提到污染，我们总是把目光集中到看得见的污染源，比如工厂的烟囱、汽车尾气、燃煤锅炉等，但实际上，每年投入到农业生产中的近

① 侯萌瑶，张丽，王知文等. 中国主要农作物化肥用量估算［J］. 农业资源与环境学报，2017（4）.

6000万吨化肥中的70%都变成了污染源，污染了土壤、水源和大气，而农业生产附带产生7亿吨秸秆和数亿吨园林树枝也仅有不到一半循环利用，其余的或者焚烧、或者自然分解，污染大气，增加碳排放。我国每年使用180万吨的化学农药，仅有不到20%发挥了杀虫杀菌的功能，其余的或是挥发排放到大气中，或是残留在农产品中给食品安全带来安全威胁。

低效益。农业和农产品在市场上的竞争力本来就十分脆弱，农产品的价格几十年来都处于低位，增产不增收成为目前农业生产的常态，使得农业收入占农民总收入的比重一再下降，很多农民都弃田务工，大量农田撂荒或者粗放式生产，更进一步加剧了农业生产的风险。

人们逐渐意识到这样的农业发展方式是危险的，可能带来严重的生态灾难，例如过度地开垦森林草原建设耕地带来的局部气候异常和沙漠化；不合理的耕作作业破坏土壤保护层引发的“黑风暴”，高投入化学品消耗大量的不可再生资源等。另外，化学农业的生产方式同时带来了额外的环境成本，大家都在反思今后的农业生产方式该向何处去？

生态农业，是按照生态学原理和生态经济规律建设起来的，既促进生态保护又依赖于良好生态环境支撑的、可持续发展的农经生产经营体系①。

生态农业是一种积极采用生态友好方法，全面发挥农业生态系统服务功能，促进农业可持续发展的农业方式②。

在中国，生态农业被赋予各式各样的定义，但“可持续发展”都是公认的核心要素。生态农业的可持续理论是多维度的，第一，农业自然资源的永续利用和农业生态环境的良好维护；第二，在经济上可以自我维持和自我发展；第三，高品质高产出水平的长期维持；第四，能满足人类食、衣、住等基本需求，农村剩余劳动力就业机会不断增加以及农村社会环境良性发展。

---

① 丁声俊．生态农业，主导农业生产模式［Z］．人民网，2014－10－7.

② 骆世明．农业生态学研究的主要应用方向进展［J］．中国生态农业学报，2005，13（1）．

生态农业是在生态经济学理论指导下的现代化农业，其主要属性包括：

综合性。生态农业是一个复合型的生态经济系统，与各个学科、行业有着紧密的联系。

整体性。生态农业注重长远利益与当前利益，经济效益与社会效益相结合。

稳定性。生态农业构建的生态系统具有多种食物链、生态链和产业链的融合，具有较强的弹性、抗逆性、稳定性。

社会性。生态农业与社会的其他系统呈现密切相关、互相补充又互相制约的关系，主要表现在与其他系统进行的物质、能量、信息和价值交换。

生态农业具有资源的可持续利用及优化配置的特征，是多种生产业态组合的系统，通过相互协调和利益联结，实现整体的高效率、高效益。

4.2.2　生态农业技术及难点

广义上的生态农业实际上是指农业生态系统，包含农业生产与农业生态系统的关系、农业生态系统的基本结构以及与其他生物系统、社会系统之间的关系。所以我们提到的生态农业技术更倾向于生产环节的生态化技术。

按照党的十七届三中全会给出的农业现代化的五个标准“高产、优质、高效、生态、安全”，基本上确定了我国农业产业发展的方向和路线，其核心内涵就是在保持农业不减产的前提下，农业行业整体要进行提质升级，以生态优质安全为标志的可持续农业作为发展方向。发展生态农业，既是中央政府的号召，也是需求转变的结果。随着社会不断的发展进步，人们对物质生活需求发生巨大的转变，以健康为生活质量的评价体系引发了巨大的市场需求，生态环境安全对于国家和民生的影响重大，例如，沙漠化导致的沙尘暴，江河污水导致的流域生态灾难促进了环境保护意识提升；自然生态系统发出的“调节信号”，例如，毁林造田带来局部气候异常，围湖围海造田带来沿海生态环境严重失衡，过量使用化肥带来耕地酸化盐渍化，草原过度放牧带来沙化，这些大自然发出的“警示信号”都催生了人们思考改变农业生产方式。

生态农业在国内已经实施了一些示范和样板项目，包括“三位一体的猪—沼—果和猪—沼—菜”，传承古代农耕文化的“桑基鱼塘”“鸭稻共作、虾蟹稻共作”以及北方主粮产区的间作套种等模式。

根据已经实施的示范和样板项目，我们可以找出它们的“共性”，梳理出实施不同类型生态农业但取得相似效果的“底层逻辑”。

（1）资源最大化利用。按照物种之间 10% 能级递减定律，生产者生产的物质到了高一级消费者那里只有 10% 的能量转移，其余的 90% 是附带能量。在这些样板中，这些附带的能量的归还比例决定了资源的利用程度，而归还的技术则决定了归还的效率。生态农业遵循资源最大化利用的原则，尽管生产的产品不同，产出物和附带物不同，但是都将尽可能返还，例如秸秆还田、畜禽粪堆肥制作有机肥再还田等。

（2）减少外部资源投入。生态农业遵循循环经济理论，尽可能减少对外部总投入物的依赖，尤其是对那些不可再生资源产品的依赖，比如用有机肥替代化学肥料、用植物矿物源农药替代化学农药，用杂草管理替代除草剂等。

（3）“地力常新壮”。所有生态农业模式都很重视耕地肥力的可持续供给能力，在中国古代，我们的祖先发现了“地可使肥，又可使棘”的现象，人们通过耕作、施肥等措施来改变土壤的结构和肥力状态，于是“粪田法”便应运而生。《陈敷农书·粪田之宜》篇提出了“药粪”的理论，篇中强调施肥要“相视其土之性类，以所宜粪而粪之，斯得其理矣。俚语谓之‘粪药’，以言用粪犹用药也”。认为施肥要根据不同性状的土壤，施以它所适宜的肥料，就像给人治病时要根据病情，对症下药一样。即通过施肥和其他农艺措施可以使土壤保持经久不衰的肥力，称之为“地力常新壮”，这是中国古代在施肥认识上的一次重大发展，并为合理的施肥技术奠定了理论基础。正是在这一原则指引下，才使中国的农田，经过几千年的耕种，仍能保持肥力而未出现衰竭。

现代的科学对“地力常新壮”的解读不外乎有机质、矿物质和微生物所产生的作用，尤其是在生态农业兴起之后，科学界更加重视土壤的肥力可持续供给能力的研究，对于这种能力，土壤学界给出了土壤地力的定义：土壤微生物分解有机质和矿物质，产生可被植物吸收利用的有机养分和矿质元素的能力。从这个定义可以理解中国古代传承下来的施肥方法，以及轮作、休耕、覆盖等农艺措施能够保持“地力常新壮”的科学原理，其实就是通过外来添加营养物质，利用土壤微生物的分解矿化作用，持续的将矿物质转化为植物可以直接吸收利用的形态。

从技术应用的角度看，目前生态农业的技术主要表现为：

（1）耕地质量提升和保持技术。休耕/轮作；土壤固碳/平衡矿质元素；免耕/覆盖；因地制宜，宜林则林，宜草则草，宜果则果，宜菜则菜，宜粮则粮。

（2）循环技术。取代不可再生资源的化学肥料。生物质还田；粪污还田；工业和生活废弃物回用还田。

（3）生物多样性技术。间作套种；减少/禁止伤害有益生物的投入物，保护生物天敌。

（4）机械化。适合生态农业的新型农业机械（深松机，可降解地膜PLA）；使用有机液肥的水肥一体化设施。

（5）替代技术和产品。有机肥替代化学肥料；生物农药和物理技术替代化学农药；微生物技术的应用（微生物菌肥、微生物生防植保产品）；生物抗逆增产提质技术（植物原生激素替代化学合成激素）；杂草管理替代化学除草剂等。

实施生态农业技术的主要难点是：

（1）观念转变不易。在目前的农业行业中，专业研究人员的学习背景和研究经历大都是围绕石油化学农业进行的，他们的观念转变涉及到很多人几乎一生的学识和研究成果，从心理上不容易克服。对于种植生产的农民，已经几十年习惯了化肥农药，每当有人和他们提到不用化肥农药做生态农业生产时，经常遇到的反馈是“不可能吧？不用化肥农药还能种地?”。

（2）生态农业缺乏系统性。目前的涉农教育和研究体制导致过于细分专业，搞作物栽培的对土壤、循环等方面仅泛泛了解；搞土壤的对作物所知不深；搞微生物的总期望“一招治天下”，等等。而生态农业是一项多学科交叉的复杂系统工程，需要多学科的配合研究和实践才能真正解决生态农业发展中的问题。目前，生态农业的理论研究还呈现“碎片化”的现象，概念性的综述较多，以系统工程角度研究的较少。

（3）缺乏统一的技术标准。像绿色农业和有机农业，都有严格的标准和规范，而生态农业至今未有发布统一的技术标准、生产标准或产品标准，以至于为了响应号召顺应消费潮流或者响应号召，不管什么农产品，变个花样都往“生态”这个“大箩筐”里装。

（4）技术体系未形成。在已经进行生态农业试点和示范中，甚至包括常规农业中都有不少的单项技术产品在应用，比如堆肥技术、沼气池应用、释放生物天敌等，但是能否完全实现生态农业定义的内容，还需要系统工程实现。在系统工程理论中，任何环节的高效率并不代表整个系统的高效率，各个环节之间的合理匹配以及避免系统中“短板”的出现才是生态农业技术体系所需要的，遗憾的是目前为止尚未有能够完全实现生态农业定义的成套技术体系和成功的应用案例。

4.2.3 生态农业实现模式及成功案例

已经在国内实施的生态农业模式，大体有以下五种类型。

1. “三位一体”模式

这是目前比较典型的生态模式，通过生物质能源和可再生能源的组合，与种植业相结合，形成多层次利用有机物质和物质循环体系，实现生态系统的良性运营。“三位一体”典型的模式为“猪－沼－菜”（见图4－1），即养猪的猪粪污通过沼气池发酵产生沼液，沼液作为蔬菜的肥料，属于简单循环的生态农业，就是在种植蔬菜这个初级生产系统上，加入畜禽养殖环节和沼气工程环节，尤其适合在北方的温室大棚中应用，充分利用了太阳能为温室增温，沼气发酵处理了猪粪猪尿生产沼液沼渣，施用于土壤，为蔬菜提供养分，有利于改良土壤，沼气池建在温室大棚内的地下，保障冬季低温天气的正常运行。北方地区曾经推广过包含人居污水的“四位一体”模式，由于人粪污的收集和处理技术未能达到安全卫生的标准，没有推广起来。

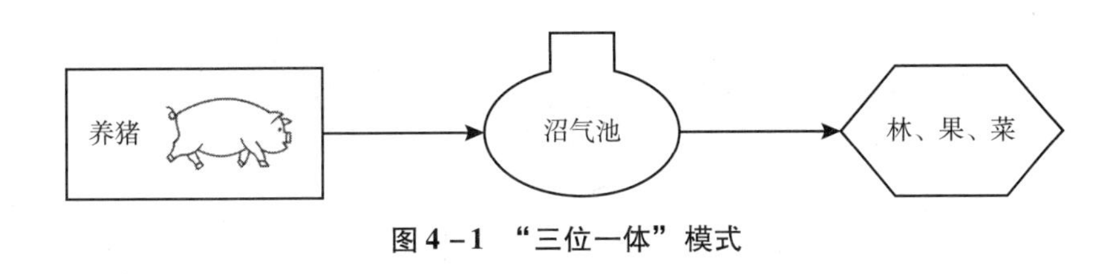

图4－1 “三位一体”模式

2. “秸秆养畜”模式

如图4－2所示，以主粮作物间作或轮作饲料作物，收获的秸秆经过粉碎和青储、氨化等处理后喂养草食动物，动物的粪便经过简单处理（堆肥）再还田。这种模式适合作为“节粮型畜牧业”的地区。

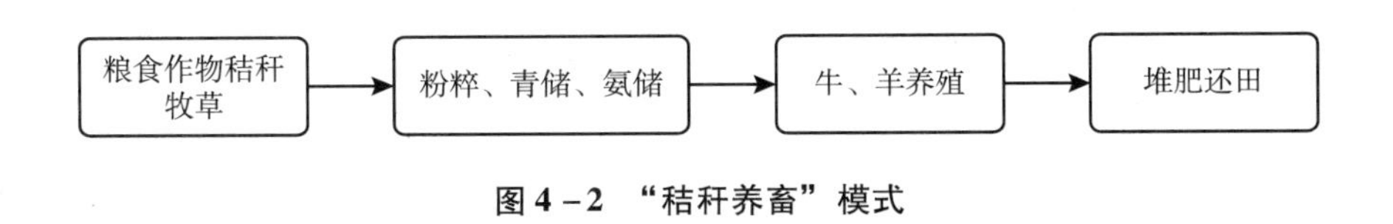

图4－2 “秸秆养畜”模式

3. “林下种草养禽”模式

在经济果林的林下种草养殖禽类动物，实际上属于农林牧三结合的生态农业生产模式，通过饲草和禽类的平衡，禽粪和果林地土壤承载力的平衡进行配置，构成复合型的生态农业初级生产系统，优点是管理简单，技术要求低，易于在小型家庭农场推广。

4. “基塘”模式（见图4－3）

传承于古代的桑基鱼塘加以改进而成的模式，适用于南方水网发达，雨季容易积水成涝的地区，以“桑—蔗—果—鱼塘”为例，是以经济作物桑树、甘蔗、果树为主产品，其副产品余菜余果供应鱼塘生物需要，构成“种桑养蚕、蚕粪养鱼、鱼粪肥塘、塘泥肥桑”的生物循环利用系统，仅在初级生产端就实现了资源的连续转化利用，在促进生态平衡的同时，提高了主产作物的经济效益。

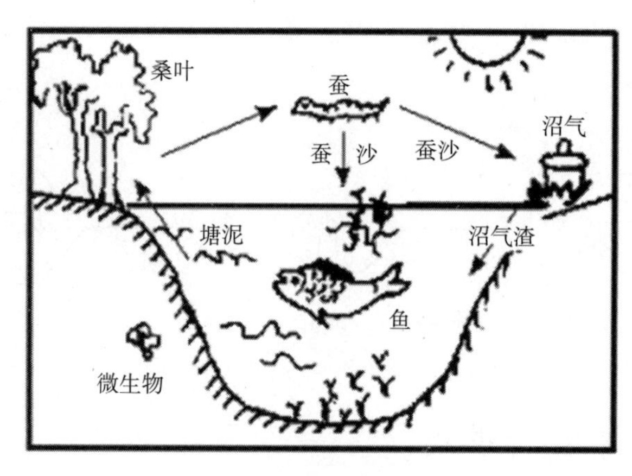

图4－3 “基塘”模式

5. “鸭稻共作”模式

“鸭稻共作”利用稻田收获前的时间在田间放养雏鸭和青年鸭，鸭群在吃掉稻田杂草的同时也吃掉很多稻田害虫，鸭粪则留在稻田中成为养分肥料，实施“鸭稻共作”的生态模式，一方面，大大减轻了锄草杀虫所需的劳动力，另一方面，鸭粪肥田降低了肥料投入，每年还可以通过生态鸭供应市场获得稻米以外的收益。与此类似的还有“虾稻共作”和“蟹稻共作”等。

还有其他的生态农业模式，基本上都是在以上模式的基础上，或者组合或者升级，本质上区别不大，大都是在初级生产端耦合形成的生态系统。

4.3 有机农业理论与实践：治本方案之二

4.3.1 有机农业的原理

1. 国际有机运动联盟对有机农业的定义

有机农业是一种能维护土壤、生态系统和人类健康的生产体系，它遵从当地的生态节律、生物多样性和自然循环，而不依赖会带来不利影响的投入物质。有机农业是传统农业、创新思维和科学技术的结合，有利于保护我们所共享的生存环境，也有利于促进包括人类在内的自然界的公平与和谐共生，其目的是达到环境、社会和经济三大效益的协调发展。

有机农业遵循“heath 健康、ecology 生态、fairness 公正、care 谨慎（又译关爱）”四项基本原则，在有机农业生产中，重点控制的是投入物、过程管理和产品检测。

有机农业基本原理与生态农业是一致的，但是增加了对基因工程、化肥农药等化学工业产品技术使用的限制。有机农业是生态农业的高级阶段，是生态农业未来发展的必然方向。

有机农业并不单纯地强调生态效益。在国际有机农业运动联盟（IF-OAM）对有机农业的定义中，首先就是在保证品质的基础上提高产出（生产足够数量具有高营养的食品），其次才是保护环境、利用再生资源和可持续发展的内容（维持和增加土壤的长期肥力，在当地农业系统中尽可能利用可再生资源，考虑农业系统广泛的社会和生态影响，等等）。充分表明了有机农业提倡并且希望利用生态理论和环境友好技术提高生产力，以适应社会经济和市场的需求。

有机农业的产业化能够体现生态经济学所提倡的积极的生态平衡，

是提高农业生态经济系统生产力的主要途径。在保证有机产品品质的基础上，有足够的生产规模才有足够的产品数量，如果整个有机农业生产系统规模偏小、产能不足，物质和能量不足，物质与价值的交换转弱，则使后续的各个环节的转换能力全面下降，最终导致这个行业在整个社会经济系统的影响进一步减少，甚至边缘化。唯有生产力的提升才能证明有机农业是先进的产业形态。

有机农业是农业生态经济的一种形态。农业生态的食物链（捕食性、杂食性、寄生性和腐食性）之间的网状结构构成了网络化的生态循环系统，农林牧渔既是单独的产业链，也有横向的交叉链接，甚至与工业经济也呈现多方位、多角度的交叉融合，互相依赖，互为制约。因此不能把有机农业与农业生态经济，甚至工业经济单独地割裂开来成为一个独立的体系，在整个人与自然的生物圈里面，有机农业只是系统中的一个生态链。

与西方的有机农业出发点不同的是，在中国，食品安全是有机农业的主要推动力之一。由于不断出现的农产品、食品安全事件，极大地刺激了消费者的神经，也从侧面反映了市场对安全健康产品的需求。随着小康社会的建设，人们已经开始从数量上的吃饱转变为品质上的吃好，这就倒逼生产有机食品的有机农业尽快完成产业化，提供更多、更安全的有机食品以满足市场需求。

在有机农业体系中，可持续发展是其重要属性，至少包括：

（1）土壤利用可持续（soil sustainable）。减少外来物质的投入，通过技术手段强化对光能、空气固氮、土壤固碳固氮的利用，以及资源的再生循环，如剩余物资的返还（秸秆、畜禽粪便等），需要研究生态农业条件下土壤可持续的生态学机理。

（2）环境可持续（environment sustainable）。通过人工构建和环境保育，使得生产区域的生物多样性在满足高生产力的同时得以持续稳定，提出农业剩余物资高效率循环利用的量化模型和生物多样性对病虫害的前端控制模型。

（3）生产能力的可持续性（productivity sustainable）。以销定产的订单制生产是最佳选择，通过合理组织周年生产计划，实现均衡生产和产销平衡，减少生产环节的浪费。

2. 循环经济与有机农业

循环经济是以物质闭环流动为核心，运用生态学原理把经济活动重新构架组织成一个“资源—产品—再生资源”的反馈式流程和循环利用模式，实现从“排除废物”到“净化废物”再到“利用废物”的过程，达到“最佳生产，最适消费，最少废弃”（冯之浚，2006）。

循环经济的操作原则为“减量化（reduce）、再使用（reuse）、再循环（recycle）”，简称3R原则。农业循环经济强调把过去“自然资源—农产品—农业废弃物”的物质单向流动变为“自然资源—农产品—农业废弃物—再生资源”的循环过程，最大限度地提高资源、能源利用率，实现经济活动的生态化，达到消除环境污染、提高经济发展质量的目的。

有机农业是贯彻实施循环经济最适合的产业形态。有机农业要求建立一个相对封闭的物质循环体系，有机生产所需要的大部分资源来自体系内部，体系内部的各种资源都能得到充分合理的利用，实现体系内的物能交换，使资源利用最大化。因此，有机农业是循环经济的深度解读。

有机农业相对封闭的养分循环系统，把人、土地、动植物和生产农场结成一个相互关联的整体，养分循环在培肥土壤、健康养殖、作物健康、废弃物再利用、降低成本和节约能源方面具有极其重要的地位和作用。类似“猪—沼—果（粮菜）”、“四位一体”的农业循环工程模式和区域生态农业循环模式都是有机农业展现循环经济特点的雏形。

有机农业的产业化更离不开循环经济。当把一个相对封闭的养分循环系统建立之后，期望在这个系统中大幅度地提高单位产出，形成高生物量、高产出的高量级动态生态平衡时，对体系内物质能量的交换、废弃物质的处理循环再利用和构建相对稳定的动态生态平衡均提出了极高要求，其中，高效率的循环技术成为决定因素。

4.3.2 有机农业发展缓慢的核心问题

自从1995年中国发出第一张有机认证证书到现在，在这26年时间里，中国的有机农业从零发展到有机农业总产值占全国农业总产值的1.04%（2018年），有机生产面积占农业生产总面积仅为2.2%（2017年），按年度计算每年的平均增长幅度不超过0.05%。尽管有机农业受到很多注重健康和关心环境保护的消费者喜爱，但是有机农业在中国的发展普遍存在“叫好不叫座”的现象，能够坚持常年从事有机农业的农场、农庄和从业者普遍处于亏损经营的状况，目前还很难看到良性运行的前景。

造成有机农业这样困境的原因很多，既有有机农业发展导向的问题，也有社会消费的问题，但更主要的是有机农业尚未形成一套具有高生产力特征的基础体系，形成目前发展艰难、“曲高和寡”的局面。我们仅从产业发展的角度探讨一下我国有机农业发展缓慢的几个主要问题。

1. **有机农业需要理论创新**

有机农业应当是一套具有完整的、高生产力水平的理论体系，涵盖土壤、环境、种植、养殖、废弃物循环、生产效率、农业机械化和智能化等方面。

依笔者来看，有机农业的理论至少要包括以下四个方面：

（1）循环理论。

从国际有机运动联盟（IFORM）的有机农业定义可以看出，有机农业生产很大程度上依赖于生产物质的循环利用，可以说无循环不有机。从理论上看，有机农业的良性循环应该具有以下特征。

①高生产力。农业生产本身就是自然再生产和经济再生产的密切交织，要求更高的投入产出比，而提高投入产出比就需要解决循环的效率。自然农业基本上属于低生产力的自然再生产，其投入产出比值较低。

②稳定性。即使具备循环的要件，靠天吃饭的自然生产力是不稳定的，良性循环应该能够抵御一定的自然风险，比如气候突然变化和病虫害的爆发等，这需要依靠创新的生态技术和现代化设施加以解决。

③可持续性。从农业投入物资源的循环利用和产出的平衡，每个环节都需要略有冗余，以保证在转换效率变化时可以保持循环系统的可持续发展而不至于受到某个环节的不利影响，例如较差的土壤改良需要额外的农业废弃物资源的投入，根据地理气候和种植产出等情况，以适当的冗余度予以补充。

④多维性。从有机农业的定义不难看出，有机农业的生产尽可能地依靠生产单元内部的物质循环来实现，这就要求有机生产的多维性，例如种植养殖一体化和废弃物转化等。充分利用阳光和土地资源的多样性种植及间作套种、初级产品和加工产品的链条化、向体验服务延伸的产业多元化等，增加的这些维度，都是为了维护循环系统的稳定性和可持续性。

以种植生产为例，深根系物种和浅根系物种组合，可最大限度地利用不同土层的水分和养分；不同冠层结构的物种搭配，可有效利用空间资源和光能资源；不同物候期的物种构建的群落可在不同阶段充分利用有限的养分。这也符合了生物多样性的资源互补理论，多样性的增加使群落中物种的功能特性（如根系深度、冠层高度、生长速度、竞争能力及对不良环境的耐受力等）的多样化增加，从而可实现对有限的资源在不同的时间、空间，以不同的方式进行利用，使资源利用率最大化，进而导致系统功能水平的提高。

（2）可持续发展理论。

推广有机农业的本质是推动普及可持续的农业生产方式，这个核心点与1981年马世骏先生在农业生态工程学术讨论会上提出“整体、协调、循环、再生”生态工程建设原理不谋而合。

有机农业的可持续理论是多维度的，一是农业自然资源的永续利用和农业生态环境的良好维护；二是在经济上可以自我维持和自我发展；三是高品质高产出水平的长期维持；四是能满足人类食、衣、住等基本需求和农村剩余劳动力就业机会不断增加以及农村社会环境良性发展。

（3）比较优势理论。

品质差别（高营养、无农残）。优质优价在成熟的市场会得到体现，即使在目前鱼龙混杂和不良竞争的市场，由于越来越多的消费者开始注重食品安全和环境保护，消费者愿意支付较高的溢价食用有机食品来取代低营养的、有安全隐患的常规产品，但是需要有机农业给出更多的科学验证和案例，证明有机产品品质的比较优势。

技术差别（化学技术和生物技术）。农业生产过程中的不确定因素很多，受自然地理气候季节的影响又比较大，采取创新的技术和先进的现代化设施设备能够提高系统生产力，这方面和常规现代农业的目标是一致的，只不过手段有所不同，比如用生物农药替代化学农药，用有机肥替代化学肥料等，但是仅仅考虑替代是不够的，需要系统地研究更高效能而且对环境更友好的技术。

成本差别（生产成本和环境成本）。如果将环境成本计算在内，化学农业的生产成本将比系统化的有机生产更高，尽管这方面还有赖于政府和企业及农户的共同努力，希望农产品生产的真实成本能够涵盖环境成本。在常规农业巨大的产品数量和低成本的压力下，有机农业的核心竞争力完全依赖于技术的进步，在当前无法计入环境成本的压力下能否与化学农业生产展开市场竞争，是有机农业创新的重任，我们不能指望市场很快接受环境成本叠加到农产品成本上，唯一的突破口就是依靠环境友好型的先进技术的应用，提高生产力来与化学农业竞争。

有机农业内部的生产成本对比化学农业能否取得比较优势主要取决于是否具备完整的、高效率的生产技术体系。从国内有机农业的实践来看，高品质低成本的规模化有机农业生产完全可以与化学农业一较高下，说明技术的进步能够带来生产力的大幅度提升和成本的下降。

（4）组织创新。

1912 年，熊彼特在《经济发展理论》中指出，创新是指“企业家对生产要素的新的组合”，也就是把一种从来没有过的生产要素和生产条件的“新组合”引入生产体，形成新型生产力，以获取潜在利润。生产要素和生产条件的新组合，构建创新的组织模式，核心目标仍然是提高生产力。生产要素包括劳动力、土地、资本、企业家才能、信息等，生产条件包括技术、产品、设施装备等。

作为有机农业生产组织形式，需要依据地域化、地理化进行优化组合，并非普适性的，这也体现了农业生产和地理地域高度相关的特性，例如人烟稀少的偏远山区适宜发展以家庭为单位的特色有机农场，而非规模化的产业农场，反而是效率最大化的选择，而土壤广袤的平原和城市近郊，则需要以更高效率的现代化企业有机农场为组织形式。

在中国广大的农村，农户土地承包经营权导致的分散经营，乡村农业集体经济极度萎缩，乡村农业基础资源的碎片化，不利于现代化先进技术的应用，也是造成当下农村农业生产力水平低下的一个重要原因。在有机农业推广的组织形式中，发展壮大乡村集体经济组织，重新恢复以村为单位的土地适度集约经营，是农村发展有机农业的核心组织问题。

生产者和消费者的关系构建，是为构建互信模式。传统的产销不见面在食品安全危机的影响下，信任度大幅下降，尽管有政府监管做背书也很难打消消费者的顾虑。互信型生产—消费模式需要多方面配合，包括可信的科普教育、消费者对生产者的了解、第三方监管的背书等。例如日本的农协体制，所有农户的产品都明确标识着生产者的情况，便于增加消费者的信任，又如近年来兴起的CSA社区支持农业，其本质是增进消费者对生产的了解和对农业生产的了解。随着互联网和物联网的发展，生产者直销进入消费领域将是未来的主要趋势，这就要求生产者有足够的能力和自信面对消费者的检验，这是构建新型互信型产销模式的关键，而生产者的背信也将承担被市场抛弃和严厉处罚的后果。

2. 有机农业需要技术创新

限制多，创新少；传统多，科技少；情怀高，效益低。这些现象，仍然是有机农业发展几十年的真实写照。科技创新和技术进步能够提高生产力，增加效益，降低成本，是有机农业与化学农业竞争乃至替代的核心武器。

（1）土壤改良技术创新。

中国古代先秦时期就提出的“土脉论”，认为土壤肥力是土壤的本质，并且是可以变动的物质，反映了古代先民的智慧和经验，限于时代的关系，这种观点是现象的总结，知其然而不知其所以然。现代化学农业依仗1840年德国化学家李比希创立的矿质营养理论和生物最小因子定律，把作物这个复杂生命体的营养需求简化为矿质元素，于是化肥工业应运而生，在化学农业快速发展的百多年间，土壤的作用一再地被忽视，以至于过量的化肥对土壤造成了严重的伤害。有机农业反思化肥对土壤的破坏，但是并未提出系统的恢复、改良土壤的理论体系。

随着科学研究的深入，我们知道土壤产生各种养分几乎全部来自土壤微生物的贡献，但是限于目前的科技水平，我们无法知晓95%以上的土壤微生物的产生、繁殖以及相互关系，对于土壤肥力的主要指标——腐殖质，它的形成目前也只有四种假说（糖-胺缩合、多酚聚合、木质素假说、微生物合成假说）。目前有机农业主要的方法是利用腐熟的有机肥（农家肥，也包括秸秆和绿肥还田）为主增加土壤肥力，那么这样的做法，是否符合上述的科学原理和科学假说，有没有更贴近科学的办法呢？

使用有机肥和秸秆还田，并没有解决贫瘠土壤或被破坏的土壤如何能尽快修复的问题，更何况这些基于传统的培肥土壤肥力的手段被证实效率很低，无论是秸秆直接还田或是制作腐熟的有机肥再还田，对土壤有机质的增加每年平均不超过0.1%①，若要是中国将近8亿亩有机质含

① 赵士诚等．长期秸秆还田对华北潮土肥力、氮库组分及农作物产量的影响［J］．生植物营养与肥料学报，2014（6）；刘晓霞．秸秆还田对作物产量和土壤肥力的短期效应［J］．浙江农业科学，2017（3）．

量低于1.5%的耕地提高到有机农业要求的2.5%以上，至少需要8年。

（2）作物养分调控技术创新与农产品营养。

作物在生长期间，所需要的养分不仅仅只是矿质养分，更不可或缺的是微量元素和一些生物活性物质，但是根据国内外多年的跟踪调查，化学农业方式生产的农产品的营养品质大幅度下降。有机农业生产的产品除了安全之外，更要求产品的内在品质——营养达到更高的水准，因为这是人类食物的本原。有机产品的高品质和有机营养理论有着重要的关系，但是最新的有机营养理论还只是在初级阶段，我们还不能确切地知道有机营养（氨基酸、有机酸、小肽、微量元素组合、生理活性物质和生长因子）对农产品的营养积累和风味物质形成的作用和机理。正是由于理论的缺失，导致某些人认为化学农业的农产品和有机的农产品在营养方面“实质等同”。可是如果有机农业完全以矿质营养为理论基础，那么如何与化学农业的产品区别，又如何生产出营养更高、口味更好的产品呢？

从内含物质来说，真正的有机农产品的营养内含物质的确高于石化农业的农产品，尽管几项主要的指标差异不大，比如蛋白质、糖分、粗纤维等，但是按照最小因子定律，人们获得营养应当是全面均衡的，即使某些营养物质的含量绝对值很低，但是缺乏了就会造成营养不良，即所谓“隐形饥饿”，例如对人体大脑发育有益的锌，有机的和常规的差异极其明显，而有些极其微量的活性物质，如对人体有益的黄酮类物质和抗氧化物质，有机的和常规的差异也是极其显著。

（3）病虫害防治前端控制技术创新。

化学农业对付病虫害，除了在育种方面筛选抗病抗虫品种以外，主要是依靠全系列的化学药剂来控制或杀灭。有机农业如果只用物理加生物药剂替代有毒的化学农药，在思路上就认可了化学农业“后端治理”的方法，而且实际效能还远低于化学农药。生物多样性控制病虫害的原理是基于多样性导致环境稳定性的理论，在原始自然的环境条件下形成的假说（天敌假说、资源集中假说、联合抗性假说、干扰作物假说），在大尺度人为生产环境中的效果还缺乏普遍验证。

（4）农业废弃物的循环利用技术创新。

循环农业在中国古代有很多例证，在唐代以前，土壤地力的恢复主要还是依靠休耕和豆科植物的轮作，《齐民要术》中写道，耕地“每年一易，必莫频种”，属于借助自然力量的简单地力循环。到了宋代以后，由于人口增加，耕地面积有限，必须要提高复种指数和单产，开始施用粪肥等外来物质补充土壤养分，为了保证粪肥来源，与种植生产配套的养殖业开始逐步形成。据明末《沈氏农书》记载，当时江浙湖嘉一带饲养猪羊较多，养猪可以为种稻提供肥源，栽桑养蚕为养羊提供饲料，养分用来壅地。不仅如此，当地农户还把加工业引入到循环当中，农户购买糟麦制酒，榨酒后余下糟渣喂猪，猪粪当做肥料，养殖种植加工为一体，已然是多重产出的循环生产体系。桑基鱼塘则是把种桑与养蚕、养鱼结合起来，动物与植物互养，形成良性的生态循环，是古代循环农业的典范。

中国古代生态循环农业，重要的一笔当属清代杨屾在《知本提纲》中提出的“余气相陪”论，提出人畜之粪，乃不尽余气，“化粪而出，沃之田间”，而羽毛、麸皮、蹄角等物，“皆属余气相陪，滋养禾苗”，精辟地论述了物质循环和能量转化的关系，使得人畜粪便、生活垃圾和其他废物，都作为肥料回到土地上参与物质循环。中国古代用于循环补充肥料的来源其实也很广泛，如人工种植豆科植物，并在没有收获之前，便“犁掩杀之”，成为后作的基肥；秸秆则通过焚烧、垫圈、喂饲的方式，分别以草木灰、厩肥、粪肥等形式进入农田；厕肥、河泥和城市生活垃圾也都是广泛使用的肥源，这些“废弃物”的循环利用，成就了中国古代的循环农业，也是地力不减、常用常新壮的根本保证。

现代化学农业属于“只经济不循环”的生产系统，为了提高产量，需要依赖更多的化学投入物，造成环境污染和农产品危害物质残留，如果把解决环境污染和食品安全的成本都考虑进去的话，就是“既无循环也不经济”。

有机农业强调生产环节的循环，不仅仅是为了降低成本，更重要的是保护土壤、保护环境，实现可持续的生态发展，但是真正的有机循环农业生产多年来“只听楼梯响，不见人下来”，究其原因除了观念的因素，技术体系的缺失也是主要原因。

有机农业循环的目的有三个方面：

其一，通过循环建立高生产力条件下的物质流（能量）平衡。与自然农业的低生产力条件下的循环和平衡不同，在高产出的有机农业体系中，由于收获的农产品带走的能量物质（营养）比自然平衡状态要高出很多，所以要求建立的高位的平衡关系，需要根据产出的作物养分总量，对土壤和环境采取补偿措施，保证有机农业的生产持续稳定。在有机农业中，还要求这些补偿尽可能来自生产体系内部，减少对外部资源的依赖。

其二，有机农业生产属于复合型产品生产体系，种养一体化是基本配置，养殖的目的不仅仅是提供养殖产品，更重要的是提供安全的养分物质（畜禽粪便），而循环的目标就是如何快速高效地转化这些物质，用于补偿从土地上带走的养分。

其三，降低成本是有机农业的重要组成部分。循环的经济学意义是依靠多重产出获得收益，并利用废弃物的价值化来降低成本。产业链方式的循环属于外延式循环，从初级产品到加工产品，从自然属性产品延伸到社会属性产品，从实物价值扩展到文化价值，进入消费环节以后的物质，再以交换的手段返还到生产端，形成广义的循环。有机农业生产端的循环属于内涵式循环，通过补充资源维持土壤地力，为种植作物提供养分，构成土壤养分——产出的良性循环，而补充的资源又来自于生产体系内的废弃物（畜禽粪便、污水以及秸秆、稻壳、余果余菜等），在高效率技术和装备的支持下，完成形态转换重新成为极低成本的生产资源，实现生物量全利用，从而整体上降低生产成本。

但是，目前的有机农业行业，实现真正意义上的循环案例屈指可数，大致可划分为以下三种情况：

其一，缺乏整体规划设计和技术体系。如鱼稻共生、蟹鸭稻共作、林下养鸡鸭鹅等循环方式，属于初级生产级别的简单循环，生物量尚未达到全利用的程度，但是仍然起到了资源的利用和生态简单平衡的效果，如果能够结合周年生产进行循环生产设计，生产力会进一步提高，但是周年生产的循环涉及的技术系统更加复杂，一般的有机农业企业大多止于简单循环模式。

其二，“只循环，不经济”。多见于概念为主的所谓有机农业示范园。这类示范园往往都配备高大上的设施，重金投入的循环设备由于成本高、效率低，示范效应和实际生产完全不匹配。

其三，“有循环，无量化”。这种循环模式多见于小型农场，以沼气为纽带的循环农业模式为代表，这类农场使用的沼气池属于严重落后的技术设备，其效率很低，与果树生产配套还勉强（需肥量呈现周期性供应特点，典型的模式为猪沼果），如果与需肥量大而且频繁的有机蔬菜生产则无法匹配。

土壤和肥料是农业的主要生产要素，农作物的高产需要更多更及时的养分投入。在循环农业中，农业生产和农村生活的废弃物（如人粪尿、生活污水、养殖粪便、余菜余果、秸秆树枝等），需要经过转化才能作为有机养分肥料使用，这个环节中，转化技术成为了循环的限速步骤，例如传统堆肥需要两三个月、沼气池发酵需要三四个月，技术落后严重阻碍了有机循环农业的发展。

3. 有机农业需要全面权威的技术导引手册

随着有机农业在世界范围内的兴起和推动，越来越多的人加入到有机农业行业中，推动了全社会关注有机农业和环境生态，但是，很多的有机农业从业者，往往花费太多的时间和资源，反复地做着前人已经做过无数遍的低水平重复工作。土壤改良是有机农业可持续生产的重点，但是绝大多数的有机农业从业者都不掌握基本原理和有效的技术，各种浪费资源和实践的尝试也在反复地进行着。例如，堆肥是一项很古老但很成熟的基础技术，但很遗憾地我们看到很多新农人仍在不断地自行摸索。这些现象，表明有机农业技术推广和服务的缺失，因此，迫切需要一套系统的技术指引手册，提高有机农业从业者的技术和水平，减少自然资源和社会资源的浪费。

让更多的有机农业从业者掌握科学的理论和技术，才能够更好地为有机农业的推广做出示范。当前，迫切需要组织多学科的科学家、有机技术人员和实践者，编撰一套《有机农业技术指引手册》。《有机农业技术指引手册》可以分为：有机农业的基础理论、土壤分册、循环分册、种植分册（果蔬粮）、养殖分册（畜禽动物）、生态分册、病虫害防治分册、采后处理分册、实用技术分册，有机农业模型案例（规模化农场、专业化农场、家庭农场、小农经济等）等内容，集共性和特性于一体，供全世界的有机农业从业者参考，并组织培训推广和应用指导，让有机农业不但成为一种风潮，更是实实在在用先进的生产力取代化学农业的长期行动，实现农业生产方式的变革这一目标，在保护地球生态环境的同时，提供更多更优质的农产品，满足消费市场的需求。

4.3.3 有机农业实现模式及成功案例

有机农业的产业化是一项汇集多学科的系统工程，需要具备完整的技术体系和组织管理体系，在过去的几十年中，全世界的有机农业发展过多地关注小型化的有机农场和家庭农场，鲜有成体系的规模化、产业化生产案例。上海特石生态科技有限公司的“特石模式”和“弘毅农场”是目前国内外少见的高科技、高生产力的有机农业理论体系的代表。

1. 特石模式

特石生态循环有机农业产业化技术体系，简称“特石模式”，是由上海特石生态科技有限公司在中国科学院专家团队的支持下，自建30多位多学科专业人员的技术研发团队，历时十年研发，以可持续的有机农业创新理论和自主创新技术为基础、以一系列先进技术为支撑，并结合高效率作业计划和管理系统，组成的生态循环有机农业产业化基础技术体系，并经过国内北方、中部、南方各个地区的规模化生产验证。

特石模式的突出特点为：两高两低，即高品质（所有种植养殖产品均达到欧盟有机标准）、高产出（种植产品基本达到或超过常规农业的产量）、低投入（投入产出比很高）和低成本（规模化有机生产后的生产成本接近常规农业）。特石模式中的所有技术已经完成了设备化和产品化、生产过程完成了规范化和标准化，整套体系经过短期培训即可实现标准化生产，具有极强的复制性。

特石有机农业模式如图4－4所示。

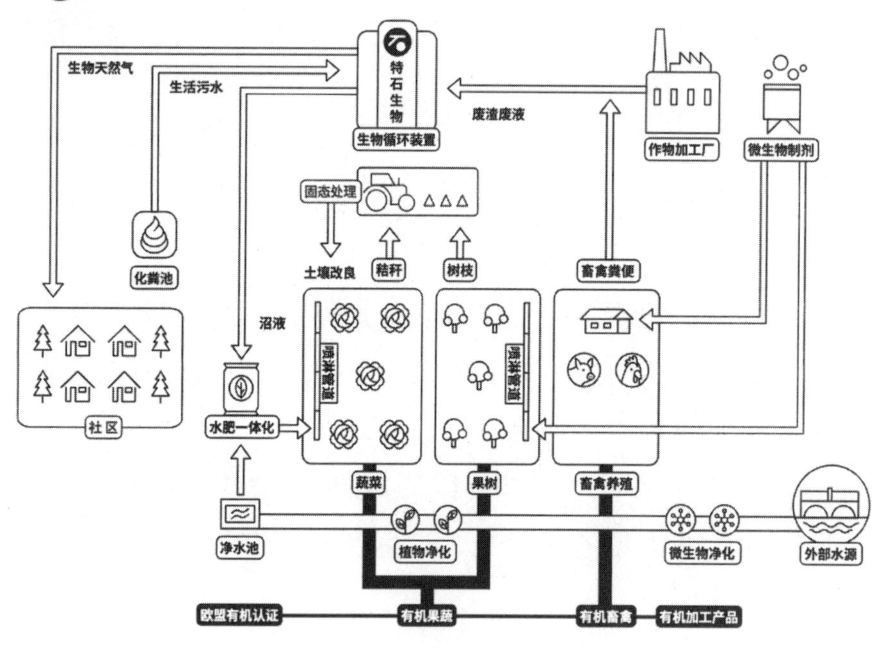

图4－4 特石有机农业模式

资料来源：由上海特石生态科技有限公司提供。

（1）土壤地力概念和土壤改良创新技术。

无论是常规农业还是有机农业，都遵循着矿质营养理论和最小因子定律，但是目前对于土壤养分基本上都采用土壤肥力的概念和指标，例如通过取样检测测定土壤中大量元素含量（氮、磷、钾）中微量元素(钙、铁、镁、锰、锌、硅等)，作为衡量土壤养分水平的指标。这些指标首先是静态的，是在特定的时间和特定的物理条件下取样测定的，可以作为参考，但并不能反映土壤供应这些养分的能力，比如磷这个指标，测定土壤总磷和土壤有效磷，通常土壤有效磷只有土壤总磷的1/10甚至更少，无法确定磷养分到底有多少可以被作物吸收利用。除此之外，大部分的微量元素都呈现出总量远远大于有效量的情况，这说明静态的肥力指标不能真实地体现养分有效性，另外，没有指标可以表达对于总量中非有效态的元素到底有多少可被利用。

传统的土壤构成把土壤分为固相、液相和气相，长期以来忽略了土壤中最重要的一相—微生物相。众所周知，土壤中几乎所有的矿物元素的转化都是在土壤微生物的直接或间接作用下，成为离子形态后方可被作物吸收利用，那么土壤微生物的总量和功能种群数量级，再结合土壤矿质元素的总量，至少更全面地反映了总养分的冗余程度和土壤能够持续提供矿质养分转化的能力，这种能力，我们称之为土壤地力（soil productivity）。表达土壤地力的主要指标即为土壤微生物的总量和种群数量级，可参照的健康的土壤微生物总量为8亿~10亿个/克土壤，种群数量级为：细菌10^9，酵母菌10^7，放线菌10^6，真菌10^5，土壤动物10^3。

土壤地力概念的提出，更倾向于用土壤微生物的指标，动态的反映土壤可持续转化供给矿质养分的能力。无论是分解有机质、分解矿物质还是形成腐殖质，为作物提供全面的养分，都离不开土壤微生物的数量和丰度，为此，以土壤微生物的丰度和数量为标志的土壤地力概念，可成为有机农业改良土壤的最重要的理论基础。

土壤健康质量是土壤影响动植物以及人类健康的能力，它包含土壤肥力质量、土壤环境质量和土壤健康质量①。在各个国家的有机农业标准中，并没有明确的数量指标来衡量有机耕作土壤，其描述都是模糊

---

① 陈怀满．环境土壤学［M］．2版．北京：科学出版社，2010.

且定性的，例如“增加土壤生物活性；维持土壤长期肥力；循环使用植物性和动物性废料，以便向土地归还养分，并因此尽量减少不可更新资源的使用”[①]。“有机栽培应有利于维持和提高土壤肥力；有机农业生产中的植物废弃物应回收养分归还土地，最好是通过堆肥方式”。定量的部分只限于土壤安全指标，例如有机农业的耕作土壤应当符合《GB15618－土壤环境质量标准》，对于提高土壤生产力或者说肥力指标均未提及。

土壤有机质是通过土壤取样测定土壤有机碳，再通过经验系数转换而来，虽然不能够准确地反映土壤中有机碳的动态情况，但是就农业生产而言还是一项便于衡量土壤优劣的指标。在有机农业行业内，比较有共识的土壤养分指标是土壤有机质的含量要达到25克/千克土壤（2.5%）。

传统理论认为，土壤有机质的形成，土壤微生物的贡献不超过5%，现在越来越多的研究和证据表明，土壤微生物对于碳固持的贡献可能超过50%甚至更高。如图4－5所示，是一个土壤碳固持的假设模型，依据这个假设，特石公司做了十年的探索和多种土壤条件下的试验，目前已经取得了阶段性的成果，可以实现快速、低成本、有效地提高土壤有机碳的固持（有机质大幅度提升），同时将有机碳在土壤中的固持由30%提高到50%。在中国三个不同土壤类型下的改良结果表明，这种创新的技术方法具有时间短、效果好、成本低等突出特点。

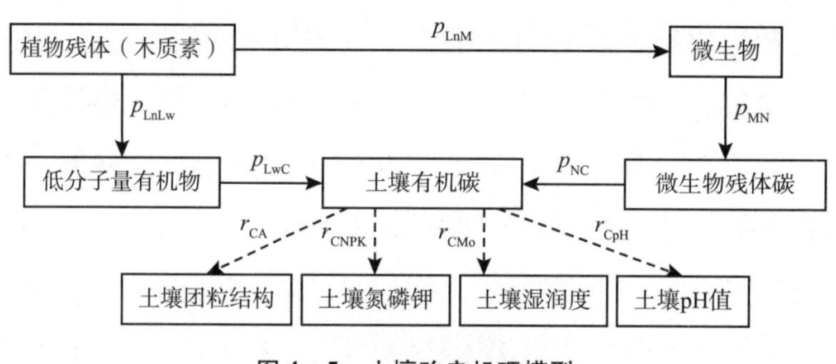

图4－5 土壤改良机理模型

---

① 食品法典委员会，田晓，杨玉荣．食品法典：有机食品［M］．北京：中国农业出版社，2012.

图4－5 箭头方向代表了从一种状态向另一种状态的转化，虚线代表了两种因素之间的相关性，p = 转化概率，Ln = 木质素，M = 微生物，N = 微生物残体，Lw = 低分子量有机物，C = 土壤有机碳；r = 相关系数，A = 土壤团粒结构，NPK = 土壤氮磷钾，Mo = 土壤湿润度，pH = 土壤 pH 值。

特石模式标准化作业流程：

①土壤调查。采用伽马射线技术对全部生产区域绘制矿质元素分布地图，一般采用多点取样测定的方法，确定土壤各主要指标，如有机质含量、pH 值、氮磷钾等大量元素和铁、锰、锌、钙、硅、镁、锰、硒等中微量元素的含量，以及土壤表征（黏性、沙性、团粒结构、板结程度等），以综合数据决定改良土壤各个原料的组分比例。

②改良原料选择。原料分为有机质原料和矿质原料两大类，原则上全部就地取材，收集附近的各类廉价或免费的农业废弃物，如秸秆、菇渣、锯末、酒糟醋糟、畜禽粪便、豆腐渣、树枝树叶等有机质原料，矿质类原料则主要由石灰、粉煤灰、炉灰炉渣、矿粉等富含矿质成分的废弃物组成。

③微生物。分为专用快速处理有机质的菌种和富集的本地土著微生物菌群。专用的微生物菌种系特石微生物实验室经过筛选并在南北方和各类有机质原料分解试验后选定，土著微生物菌群则是用多点取样法本地收集种源、利用定向培育技术富集培养而成。

④结构破坏处理。根据本地可收集的有机质原料和部分矿质原料混合，混合专用分解菌进行快速结构破坏而非彻底的矿化分解，其作用是利用专用微生物将一些难分解的有机质结构破坏，使得处理后的物料易于在土壤中被土著微生物分解利用转化。该环节的处理时间视环境温度一般在 5 ~7 天。

⑤改良作业。根据土壤调查的结果，选择各类物料的比例，将其混合后均匀撒布在待改良的土壤表面，喷洒富集扩培的土著微生物菌群后，用旋耕机旋耕，使土壤和物料混合均匀，然后休耕 15 ~20 天，就可以进行种植生产了。

特石在各个地区的实际作业结果表明，依据土壤地力理论实施的新型改良方法，可以实现以下几个目标：

◇提高有机质。

◇土壤有机质从不足1%提升到3%～4%，改良次数2～3次，时间不超过2年。

◇碳减排。

特石模式采用的技术，首先是运用微生物技术控制秸秆类生物质进行不完全的分解反应，即通过微生物产生的特定酶使得秸秆组织破坏，从分子层面说就是对难分解的木质素等进行开环处理，在含有有机碳的物质完全矿化反应之前就施入到耕地上，再配合本地筛选定向富集的土著优势微生物菌群，使得物料在土壤中继续完成不完全的矿化反应，同时会发生再聚合反应，从而使更多的有机碳被固定在土壤中。根据我们多地的数据对比，采用特石模式处理秸秆的方法比直接还田或者堆制有机肥再还田，降低有机碳损失的比例超过30%。

◇土壤PH趋于中性。在两年之内，北方盐碱地土壤PH值从8.3降至7.3，南方酸性红壤PH值从4.5提高到7.03。

◇土壤结构变好。无论是盐碱地还是酸性土壤，改良后的土壤呈现褐色至深褐色，土壤团粒结构明显改善，不再有板结现象，耕作层逐年加深，两年后从不足15厘米，增加到25～30厘米。土壤的持水性明显增加，大大减少了水土流失和养分流失。

◇土壤健康。改良后的土壤，微生物分布呈现细菌为主的特征，从种植有机蔬菜的过程来看，土壤病害程度大幅度下降。原有常规化学农业大量使用化肥农药造成的残留，在改良一年后的果蔬产品中均未检出，说明土著微生物的快速增殖对于消解土壤中的农残有着非常大的作用和效果。

土壤养分呈现持续稳定供应的状态。改良后种植需肥量较少的叶菜类蔬菜，无需使用底肥和追肥就可以达到标定产量的效果，对于需肥量较大的茄果类和果蔬类生产，则需要补充部分底肥和厌氧发酵液叶面追肥，同样达到品种标定产量。由于土著微生物的作用，土壤养分是逐步释放的，基本上匹配了果蔬生长期的不同养分需求。同时，根据种植产品取出的养分数量，进行补充性土壤改良，以保持土壤的可持续养分供应。

采用特石模式改良土壤的特点：

◇快速—从物料处理到改良完成仅需要 20 天左右，每年一次的改良，可以实现土壤有机质每年 0.5% ~1% 的增长，效率比传统做法提高 5 倍以上。

◇低成本—由于所有物料均为就地取材的“农业废弃物”并且就在田间地头处理，就地改良，没有物料来回运输的成本，成本比商品有机肥降低一半以上。

◇可持续—特石专用技术的应用大幅度降低了有机物料的碳氮损失，转化为土壤有机质固持，只要每年根据产出农产品带走的养分，用“农业废弃物”再经过处理转化为土壤有机质，可以长期保持土壤有机质维持在 3% 左右。

在这个土壤地力概念的框架下，充分利用本地的废弃资源，如各类秸秆、糟渣等有机质以及炉灰粉、煤灰等工业废弃物，在专性分解菌和定性扩培的土著微生物协助下，实施在地转化，就地丰富土壤微生物的种群和数量，快速提高土壤有机质和腐殖质，为作物生产提供稳定持续的养分供应。

（2）高速高效的废弃物循环利用创新技术。

农业生产有价值的废弃物主要是养殖的畜禽粪便污水和农产品加工的废弃物，快速高效低成本处理技术决定了有机农业是否能够形成产业化运营的关键。传统的做法不外乎堆肥和沼气池两种处理技术，但是目前的堆肥和沼气化技术无论是转化时间还是转化效率，都不能令人满意，况且使用常规养殖场畜禽粪便作为原料，还有抗生素和重金属残留的风险，所以要实现真正的循环，需要更先进的、更高效率的循环处理技术。

循环生产是所有行业应当遵循的生态准则，废弃物回收循环利用也是降低生产成本的重要措施。在农业生产中会有大量的“废弃物”产生，如何快速高效率地处理回用并且降低环境污染，是农业循环的核心技术。

目前对于农业“废弃物”的处理大体分为两类，固体形式的如秸秆树枝，作为制作有机肥的原料或者直接翻入田间，液体形式的如畜禽粪便和生活污水，较好的处理是厌氧发酵，目前更多的是露天发酵，不但养分大量损失而且污染环境。

从减少排放的角度，秸秆等有机物料无论是直接还田还是堆肥制作有机肥，其碳氮的损失都是很高的（秸秆直接还田碳损失 70%，堆肥过程氮损失最大达 70%，碳损失最大达 63%）①。

厌氧发酵是一种比较彻底的废弃物转化技术，但是目前的厌氧消化技术设备效率太低，消化周期太长，难以满足规模化生产时废弃物转化与种植生产所需养分的及时供应，成为循环生产的“瓶颈”。

值得注意的是，目前国家正在推行的乡村人居环境工程中，农村生活污水的处理仍然沿袭了工业化处理的思维和做法，即农户旱厕改为水冲式厕所→户用三格式化粪池→乡村污水处理厂（站）→达标排放。这样的处理方式，不仅增大了农村生活污水的处理运行成本而且浪费了宝贵的养分资源。

特石公司全球首创的专利技术装备——特石两相变压厌氧生物发酵装置（见图 4－6），大幅度提高了废弃物转化的效率，原料（畜禽粪便、居民生活污水等）的转化率在 14 个小时内（传统沼气技术消化时间 >28 天）就可以达到 95%（传统沼气设施的消化率为 70%），相比目前常见的 UASB 消化器或传统的沼气池，消化时间缩短了数倍乃至十几倍。

---

① Chang R., Yao Y., Cao W., et al. Effects of composting and carbon based materials on carbon and nitrogen loss in the arable land utilization of cow manure and corn stalks [J]. Journal of environmental management, 2019, 233 (MAR. 1): 283 – 90; Tiquia S. M., Richard T. L., Honeyman M. S. Carbon, Nutrient, and Mass Loss During Composting [J]. Nutrient Cycling in Agroecosystems, 2002, 62 (1): 15 – 24; Bhamidimarri S., Pandey S. P. Aerobic thermophilic composting of piggery solid wastes [J]. Water Science & Technology, 1996, 33 (8): 89 – 94.

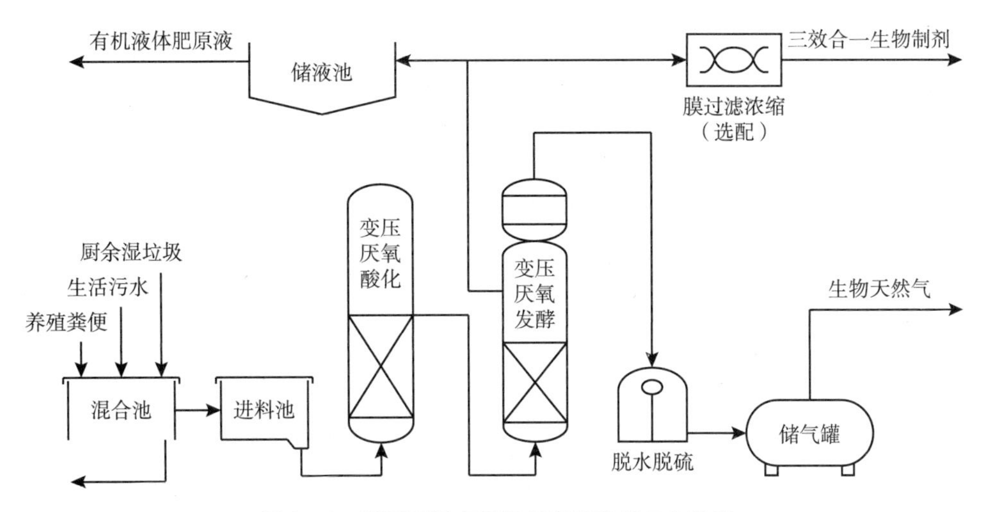

图4－6　特石两相变压厌氧发酵装置工艺流程

经过特石变压厌氧发酵装置产出的厌氧发酵液，消除了畜禽粪便原料中可能存在的抗生素残留和重金属残留（通过硫酸盐反应和铁锰氧化络合在装置污泥中）超标的问题。

产出的厌氧发酵液作为速效的有机肥料，与水肥一体化节水灌溉设施结合，可以满足有机农业生产中随时随地追肥的需求，真正实现变废为宝的目标。

选配的膜过滤装备，可以将厌氧发酵液原液浓缩8倍，再联合植物和矿物质提取物，制成速效养分＋杀菌＋杀虫三效合一的纯生物制剂，用于有机种植防治病虫害并同时增加作物的有机养分。

特石两相变压厌氧发酵装置的主要技术经济指标：

原料：农业剩余物质（秸秆、畜禽粪便、生活污水、厨余垃圾），进液浓度允许高达20万COD（毫克/升）。

效率：14小时达到90%以上的消化率，单位容积产气率3立方米/立方米·天。

指标：（10吨型）每天10吨液体有机肥原液，稀释5～10倍使用。

副产品：高热值生物天然气（甲烷含量85%以上，热值28MJ）。

（3）病虫害防治的前端控制技术。

有机农业提倡生物多样性，但是只是提出了倡导原则，在具体的生产实践中如何实现，仍然缺乏具体的指引。

生物多样性导致环境的稳定性是生态学界的基本共识，从农业生产的角度，过去的许多研究都是在特定试验条件下的单对单（single to single）完成的，包括所谓的推拉（push-pull）和趋避效应（flight from），在复杂的开放式的大田中应用是否有效还缺乏实证。

依据生物多样性的生物天敌假说，结合地域条件和生物天敌的习性，在大田中以宽度0.5～3米不等的条带形式，人工种植多种特定种类的花草乔灌植物，并同时设置适宜生物天敌越冬、越夏的栖息地环境（如湿地、土石堆、树林），再造生产环境下的生物多样性措施，该项技术被命名为“特石生态条带”。

经过在不同纬度和不同生产环境条件下的实践验证，结果表明，实施了“特石生态条带”的生产区，各类昆虫的种类和数量大幅度增加，许多生物天敌表现出定居现象，有机农业生产中病虫害大幅度减少，生物农药的使用也大幅度下降，表明该技术方法对农业生产中的虫害有着比较好的前端控制特点，大大降低了虫害后端治理的难度。

由于在开放式的大田环境中，不同地区的害虫——天敌生态链也有不同的组合类型，很难做出普适性的标准来配置生态条带植物，我们根据十二年的实践，确定了在中国北方、中部和南方三个典型气候和环境条件下的标准条带植物配置。目前，我们正在与有关科研机构合作，进行更大面积内实施“特石生态条带”效果的数据验证，包括昆虫种群数量的变化、稳定情况、农作物虫害的变化、对大田作物的品质和产量的影响等。

（4）系统集成。

有机农业产业化是一项多学科特点的系统工程，涵盖土壤学、生态学、生物化学、微生物、植物及动物生理学等多个自然科学学科，还包括管理学、人类学、心理学、市场营销等社会学科，需要以系统工程的角度进行统合。

特石模式在核心技术的基础上，集成了微生物技术和产品、有机养殖技术、有机种植技术、作物营养品质强化技术、田间作业管理规范等一系列技术，组成了可以规模化进行有机农业生产的全套技术体系。

特石公司编撰了《特石生态循环农业技术标准》，将所有特石模式技术的应用标准化、规范化。从2008年起，特石模式分别在山西、广东、上海、甘肃、河北等地落地，生产规模从200亩到3000亩不等。

土壤有机质：山西基地从1.5%提高到4%，用时3年；广东基地从0.9%提高到3.94%，用时3年，上海基地从2%提高到2.5%，用时两年。

生物循环：山西基地养殖有机鹅8000只，所产粪污使用特石两相变压厌氧发酵装置处理回用，覆盖有机蔬菜种植面积200亩，畜禽粪污和作物秸秆余菜等100%全循环利用；广东基地养殖有机鸡10000只，所产粪污使用特石两相变压厌氧发酵装置处理回用，覆盖有机蔬菜种植面积300亩，100%生物量循环利用；上海基地受限禁养规定，使用生活污水和外购粪污为原料，利用特石两相变压厌氧发酵装置处理回用，覆盖有机蔬菜、有机果树面积480亩，秸秆余菜余果100%生物处理和100%循环回用。

产品品质：山西、广东和上海均获得欧盟有机认证，其中山西和广东基地还获得中国有机认证。

产能和市场：各个基地均采取B to B面向餐厅、幼儿园和团购订单，以及B to C面向家庭用户，均达到产销基本平衡，销售价格基本上按照逐步平民化的方向推进，目前的价格水平仅为市场有机产品价格的50%。

管理：由于实施了《特石生态循环农业技术标准》，生产环节包括采收包装等，均实现标准化作业，保证了产品的品相和品质。

特石模式目前推进的几个样板，展现了特石模式低成本、高品质、规模化生产有机农产品的实力，给中国有机农业产业化做出了良好的示范，为下一步全国推广打下了坚实的基础。

特石惠东基地土壤改良效果：2014年特石惠东基地开始进行土壤改良，同年即进行有机生产，于2015年获得欧盟有机认证，其中耕地土壤改良采用秸秆、蘑菇渣为主要原料，使用特石模式技术进行改良（每年一次），从检测结果看，土壤有机质在短短的三年内从 0.949% 快速提升到 3.994%（见表 4－5），有效态矿物质营养成倍增加。

表 4－5 特石惠东基地改良前后土壤理化性质比较

序号	检测项目	改良前	评级	改良后	评级
1	土壤 PH 值	7.97	碱性	6.3	微酸
2	碱解氮　毫克/千克	51.94	低	146.92	很高
3	有效磷　毫克/千克	3.29	低	25.73	高
4	速效钾　毫克/千克	23.62	很低	244.69	极高
5	有机质　克/千克	9.49	很低	39.94	极高
6	铁　毫克/千克	4.59	中等	43.62	很丰富
7	锌　毫克/千克	<0.5	很低	5.24	很丰富

备注：由广州沃土现场取样封存，清华大学粉体实验室 2017 年检测。

2. 弘毅农场“六不用”模式

弘毅生态农场由中国科学院植物研究所研究员、中国科学院大学岗位教授、山东省人民政府首批泰山学者特聘教授蒋高明博士，于 2006 年创建，研发总部在山东省临沂市平邑县卞桥镇蒋家庄。该农场在全部种植过程中采取“六不用”原则：即不用化肥、不用农药、不用农膜、不用人工合成激素、不用除草剂、不用转基因种子。自 2011 年后，弘毅农场的试验田就达到吨粮田产量水平（玉米小麦周年产量），在大田环境下，农场花生、玉米、小麦、小米、苹果等均超过普通农田产量。

弘毅生态农场拥有十大原始创新技术：①综合有机增产技术体系（在“六不用”前提下将低产田改造为吨粮田）；②大型青贮技术（实现牛粪无臭味）；③土壤有机质快速提升技术；④植物病害综合防控技术体系；⑤虫害综合防控技术体系；⑥农田杂草综合防控与利用技术体系；⑦植物源有机肥综合利用技术（不需发酵）；⑧果园（水果、坚果、葡萄、猕猴桃）生草技术；⑨无农残、无塑化剂、无抗生素优质中草药种植技术；⑩旱作有机农业综合增产技术。同时，弘毅生态农场还拥有其他技术：如粮菜互作与套种技术（解决连作障碍问题）、莲藕鱼共生技术、食物森林设计与管理技术、地膜替代技术、有机茶叶高产栽培技术、生态种子扩繁技术、有机农田生物多样性管理技术、采后储存、运输与销售技术、优质农产品加工技术、“六不用”农产品质量监管技术等。围绕上述技术，中科院弘毅生态农业团队已获得国家发明与实用新型专利 15 项，在“企业标准信息公共服务平台”发布企业标准 8 项。

在养殖环节，弘毅生态农场自制饲料，所有饲料都是植物型的。拒绝为牛、鹅等草食动物提供任何动物型饲料，也不为猪、鸡等动物提供所谓骨粉鱼粉饲料。牛、猪、鸡、鸭、鹅等动物都不催肥，自由成长。鸭可在河水里自由觅食，鸡在树林下自由觅食，鹅和鸭有亲水空间，猪自行饮水。在这样的生长环境下，动物的基本福利得到基本满足。

农场利用遮雨式大型发酵青储池专利技术建造 3 个大型青贮池，基本解决了周围三个村庄的秸秆焚烧问题，保护了农田生态环境。秸秆经过动物消化变成粪便，再经堆肥发酵，变成几乎没有臭味的优质有机肥（农场自繁自育，养牛 300 多头，年需消耗秸秆 1500 吨）。发酵青储池不仅解决了饲料问题，也从源头解决了有机肥来源问题。

农场污水零排放。生态农场不使用化肥，种植区需要大量有机肥，养殖场里的肥水排入肥水池，用清水冲淡后为庄稼、蔬菜和果树施肥。农场还建有沼气池，沼气用于做饭，沼液用于防治蚜虫、红蜘蛛和部分病害，沼渣是优质的肥料。

告别农药使用，在弘毅生态农场最先取得成功，害虫防治采用物理 + 生物防治法。农场对于杂草的防治，不使用除草剂灭杀，仅在苗前管理，后期用杂草养地，鼓励果园生草。对于病害防治以预防为主，大量利用有益微生物控制有害病菌。弘毅农田不使用地膜，没有反季节大棚，不用矮壮素（因覆盖地膜植物徒长后有人发明让植物矮小的技术），植物自由生长的。

弘毅生态农场的农田设计是乔灌草结合，对杨树纯林进行改造，恢复了生物多样性，恢复天敌庇护地，设计成食物森林，树林理想的宽度是10米，总产量和经济效益均比不用树林的农田高。弘毅生态农场里有30多种经济乔木植物和100多种天然草本植物，形成了多样化的本地森林群落。此外，弘毅生态农场将旱地改造成人工湿地，增加了湿地植物，为鸟类提供饮水点，春季农民也可以利用湿地水源进行灌溉。

目前，弘毅生态农场核心产品如下："六不用"小麦系列产品（面粉、面条、包子、馒头、水饺、桃酥、月饼），"六不用"杂粮系列产品（小米、绿豆、红小豆、红芸豆、豇豆、高粱、莜麦、乔木、大麦），"六不用"水果系列（苹果、樱桃、梨、杏、柿子、柑橘、柠檬等），"六不用"古法酿制酱油，"六不用"古法酿制米醋，"六不用"花生油，"六不用"大豆油，优质牛肉，优质猪肉，优质禽蛋等。

弘毅生态农场于2013年10月建立了网上销售平台，目前已有城市消费会员7300人，解决了产品销路问题，产品供不应求。弘毅生态农业模式已经在全国各地迅速发展，共有"六不用"基地50多家，耕地面积30多万亩。其中，山西省大宁县全县发展旱作有机农业，聘请蒋高明团队进行技术总指导。江西省泰和县人民政府聘请蒋高明团队，在泰和县雁门水流域规划设计73平方公里规模的以"六不用"技术为主导的，山水林田湖草高质量发展农业产业园区。该园区为江西省生态文明三大重点工程之一。

4.4 功能农业理论与实践：治本方案之三

4.4.1 功能农业的概念及优势

2009年，中国科学院院士赵其国先生在《中国至2050年农业科技发展路线图》中，提出了功能农业的雏形，2016年在其编撰的《功能农业》一书中，首次提出了功能农业的定义，即功能农业是通过生物营养强化技术和其他生物工程生产出具有健康改善功能的农产品。

简单地说，功能农业就是要种植出具有保健功能的农产品。

功能农业的提出与“隐形饥饿”有着密切的关联，所谓“隐性饥饿”是由于营养不平衡或者缺乏某种维生素及人体必需的矿物质，从而产生隐蔽性营养需求的症状，简单说就是在能量、蛋白质、脂肪等摄入充足甚至过量的同时，微量元素和生理活性物质摄入不足导致的“非健康”体态，大多数表现为虚胖、经常性身体乏力和代谢不良等，还会增加癌症、糖尿病、心血管疾病等慢性病的风险，会影响人的智力、体力、免疫力等，严重危害身体健康。据联合国世界粮食计划署专家估计，全球约有20亿人处于这种状态，其中中国约有3亿人。

随着人们生活水平的不断提高和物资极大丰富，食物的多样性和丰富程度得到了极大的提高，按理说营养程度应该是越来越好才对，但是，正是在物资极大丰富的同时，人们的健康饮食观念没有及时跟上来，高油、高蛋白、高能量的食物充斥着人们的餐桌，导致矿物质和膳食纤维等物质的摄入相对减少。农产品内在品质严重下降则是另外一个重要的因素，根据中国疾病预防控制中心发表的“2002～2012年中国居民能量营养素摄入状况及变化趋势”，我国居民的食物营养摄入和标准营养素摄入量之间，有相当多的指标出现了较大的变化，一些重要的营养素缺乏已经相当严重（见表4－6）。

表4－6　　2002～2012年中国居民能量营养摄入状况

类别	摄入量	营养参考值	比例（%）
能量/千焦	9079	8400	108.1
蛋白质/克	64.5	60	107.5
脂肪/克	79.9	60	133.2
碳水化合物/克	300.8	300	100.3
膳食纤维/克	10.8	25	43.2
维生素A/微克	443.5	800	55.4

续表

类别	摄入量	营养参考值	比例（%）
维生素 B_1/毫克	0.9	1.4	64.3
维生素 B_2/毫克	0.8	1.4	57.1
维生素 C/毫克	80.4	100	80.4
钾/毫克	1616.9	2000	80.8
钙/毫克	366.1	800	45.8
锌/毫克	10.7	15	71.3
硒/微克	44.6	60	74.3

注：数据未全部列出。

在城市中的打工一族，很多都处于连续长时间伏案工作、运动减少、熬夜等不利于健康的工作和生活习惯，在本来就营养素摄入不足、不全面的情况下，更加剧了身体的负担。

在这样的趋势下，具有特定营养功能的农产品生产必然要在整个农业体系中占有一席之地，特定营养功能的农产品既可以来自功能农业的生产实现，也可以通过农产品的二次加工复配实现，总之，人们通过食用功能农产品，对特定营养物质进行补充，达到均衡营养保障身体健康的目的。例如，在碘摄入不足的情况下，会引起甲状腺疾病或不育症，通过食物和加碘盐补充，可以有效预防因缺碘引发的疾病；在硒摄入不足的情况下，会引发克山病、大脖子病，通过富硒食物补充后，可以提高身体免疫力，明显改善甚至消除症状，长期食用还可预防癌症。

4.4.2 功能农业的技术及难点

功能农业技术的本质，就是通过现代科学技术和农艺措施，优化或强化农产品的营养成分，生产能够满足特定营养缺乏人群的需求的功能性农产品，其关键技术的开发方向主要集中在以下五个方面：

（1）育种强化技术。以高产、富集微量营养成分、抗病、提高种子活性、提高发芽率、抗非生物胁迫和耐受力为目标，采取传统植物育种、突变育种、分子育种等多种方式，培育适合不同地域、气候条件的富集微量元素的种子，包括高能量和单项营养素富集、多项微量元素富集的品种①。

这类技术的难点在于品种选育导向和时间成本，众所周知，几十年来农业发展一直是“数量导向”，对于作物高产的需求几乎成为育种行业唯一的目标，在这样的方向引导下，育种的过程，大量和营养品质有关的基因在育种过程中“被丢失”，导致绝大多数的作物品种富集微量元素和生理活性物质的能力大大下降，而开发具有强化富集功能的新品种绝非短时间可以取得，需要育种工作者长期坚持开发实验验证，直到可以商品化生产，这可能是一个比较漫长的过程。

（2）农艺强化技术和措施。包括以富集土壤微量元素为目标的定向土壤改良技术和微量元素补充肥料技术应用，以及标准化、规范化的田间作业管理技术。

农艺强化技术相对比较容易实现，但是也面临着耕地土壤本身质地不同、气候环境条件变化、添加外来物质的可利用性和长期稳定性等方面的问题，导致功能农产品内含营养物质的变化幅度加大，标准化生产还需要更多的实验验证才能推广应用。

（3）生物强化和微生物调控技术。通过分子生物技术，可以控制植物合成养分物质的过程，抑制非营养物质，促进有益营养物质的合成。微生物调控技术则可以通过“根际互作”或者叶面吸收的方式，干预和影响植物的养分物质合成过程，强化微量元素以及生理活性物质的富集。

生物强化技术可能会涉及社会以及消费者比较敏感的基因技术，其成果的商业化也存在政策、伦理等方面的社会问题。微生物调控技术对于作物富集或强化特定营养成分尚处于研究阶段，尽管有一些试验成果显示出其优异的效果，但由于其中的机理不是十分清楚，也很难实现定

---

①　赵桂慎．中国功能农业发展与政策研究［M］．北京：科学出版社，2018.

量化控制。

（4）精深加工技术。在功能农产品初级产品的基础上，通过精深加工和提取、筛选和复配技术，实现单一初级农产品不易实现的多重营养素富集的目的，制作成功能性食品、保健品、饮料、护肤品等，使得功能农产品的受众范围更加扩大、功能食品的食用更加方便。

精深加工技术可能是实现农产品功能化最快实现的方式，尽管特定营养成分的功能农产品的生产技术存在诸多技术难点，但是通过精深加工和多种作物的加工提取筛选组合，可以比较容易定量化地富集诸如微量元素、黄酮类生理活性物质等功能性物质，从而生产出功能性食品，满足市场需求。

（5）标准化生产。功能农业的另一个重要特征是能够实现标准化生产。发展功能农业，制定相关标准是关键，首先是通过膳食摄入的微量元素日摄入量标准，这方面世界卫生组织（WHO）、联合国粮农组织（FAO）以及各个国家都制定了相关的推荐值作为参考摄入标准。

目前中国颁布的与食品功能性有关的标准大多集中在食品添加方面，在功能农产品生产环节的标准则相对缺乏，富硒产业制定了一批地方或行业标准，基本上覆盖了生产过程、产品检定和管理规范等方面，但是，其他营养物质富集和强化的标准则基本上空白，这对于发展功能农业来说也是急需补强的环节。

4.4.3 功能农业的现状和今后发展的导向

富硒农业和富硒农产品是目前中国发展功能农业的代表。由于发现了硒对人体免疫力的增强作用以及防癌抗癌的功能，加上宣传比较普及，所以进入21世纪后，中国的富硒农业产业得到了快速发展，但是，由于富硒产业起步相较西方发达国家较晚，富硒产业相对集中在几个天然富硒地区中，产品质量参差不齐，产业链也不成熟，加上市场上鱼龙混杂、品牌众多，客观上也制约了富硒功能农产品的健康良性发展。目前富硒产业比较发达的地区主要集中在湖北恩施、湖南桃源、陕西安康和黑龙江海伦等地。在这些主产地中，产业化生产的标准化较弱，大多数为产品初级加工企业，精深加工缺乏。无论是生产端还是加工生产端，同质化现象严重，品质保障体系缺失，品牌影响力较弱，核心竞争力严重不足。

其他功能性农产品仅有少数产品可在市场上见到，比如富锌鸡蛋、高钙挂面等比较单一的功能性产品，产业化的生产几乎为零，营养强化类的产品，尤其是婴幼儿营养添加食品，则是国外品牌一统天下。

功能农业在中国，仍处于初始的研发试验阶段，在理论研究创新、专项技术研究与应用、标准化建设等方面还需要加大力度推进，可喜的是，在山西、广西、宁夏等地政府的大力支持和推动下，已经开展很多的研究试验和推进示范工作，例如，山西省成立了功能农业研究院，立项推进功能农业关键技术研发和示范项目；2017 年 4 月 25 日，由中国科学技术大学、苏州硒谷科技、中华供销合作社北京商用机械研究所、苏州大学、中科院南京土壤研究所等十家单位联合参与的国内首个富硒产品分类标准《富硒农产品》，并首次提出硒代氨基酸含量标准和硒代氨基酸检测标准，历时两年、十多轮修改，正式通过审定。这标志着我国富硒功能性农产品在全国范围尺度上有了第一个统一的参考依据①。

4.5　小结

土壤生命元素缺乏，依靠土壤生命元素修复技术向土壤中施用矿物质营养液或矿物质肥，虽然能够在当季或者有限的几个季节获得明显的效益，但是从长远来看这种技术只能算是急救措施，就像得了重病去医院医治一样，治标不治本。而生态农业、有机农业则强调土壤利用可持续，即尽可能资源化利用秸秆、人畜粪便等来维持“地力常新”，本质上与五谷还田一脉相承，从源头上解决土壤生命元素缺乏问题，目的在

① 赵其国，尹雪斌，孙敏等 . 2008—2018 年功能农业的理论发展与实践［J］. 土壤，2018，50（6）：5－15.

于为人类提供营养元素均衡、矿物质养分充足的食物。而功能农业虽然其目的是要为人类提供具有保健功能的、某类生命元素含量高的食物，但是其前提为土壤中生命元素充足。第 2 章中的核算结果表明，作物秸秆与人畜粪便共同还田，理论上可以为土壤提供充足的生命元素。因此，要利用现有的科技手段，疏通作物秸秆、人畜粪便还田的技术路径，将其整合在生态农业、有机农业、功能农业的理论体系中，以新的五谷轮回模式支撑起未来三大新型农业的发展，为人类提供营养均衡、矿物质元素丰富的食物以及具有保健治病功能的特殊食材，实现“防病于口”“治病于口”，保障人类生命健康。

第5章
回归五谷轮回的策略与路径

自然生物利用几亿年时间形成的土壤，奠定了人类演化的物质基础。人类祖先利用腐殖土和草炭土生长的植物及其果实以及食用这些植物的动物作为食物，历经700多万年演化，最终与动物“分道扬镳”，进化为具有高等智慧的人类。可以说，腐殖土和草炭土是人类诞生和演化的最重要的元素和物质基础。

大约一万年前，人类发明了农业，起初是易地耕种，后来定居下来，采用固定土地种植各种农作物，几千年的漫长时间，导致土壤的元素组成发生缓慢变化，这种变化必然通过农产品食物造成人体元素和物质组成缓慢失衡。

最近几十年，化肥让农业获得了令人兴奋的高产，保障了世界人口快速增长对食物的供给。然而，当五谷、蔬菜和水果以及农业废弃物从农田带走的矿物元素几十年不回归土壤，必然造成土壤矿物元素严重流失，从而造成在这样的土壤上生产的农作物不仅缺乏矿物元素，而且缺乏由这些元素构成的物质，最终造成人体细胞元素和物质失衡以及组织、器官和系统失衡。

目前从实践看，在有关机构和人员，基于五谷轮回理念和生态有机农业情怀的推动下，在全国各地一定范围和一定规模实现了五谷轮回和生态有机农业的示范性发展。习近平总书记于2018年春节前夕前往四川视察期间的谆谆嘱托“发展现代农业要走质量兴农之路”①，农业农村部也在推动从数量型农业向质量型农业转型。但是总体上五谷轮回的理念距离深入人心尚有很大的距离；推动五谷轮回发展生态有机农业的法律、法规和政策整体上缺失；支持鼓励五谷轮回相关技术创新还没有纳入日程；生态环境保护仍然以关注有害污染物为主，对因为生活污水处理和秸秆禁烧对生命元素生物地球化学循环打断的健康效应尚未有认识；土壤缺素、食品营养空洞、人群隐性饥饿和健康恶化的状况缺乏基础的信息资料。所有这些都需要我们从认识、法律法规、技术支持、生态环境保护和基础科学数据诸方面发力，打造促进五谷轮回、矿物元素完整土壤、元素和物质组成完整食品和人民生命健康的法律政策体系、技术支持体系和基础数据支撑等。

5.1 从决策者至全民科普生命元素和五谷轮回理念：价值认同

1. 强化决策者生命元素和五谷轮回概念理论和实践的科普

在包括中央党校、国家行政学院在内的各级干部培训教程中，增加五谷轮回的相关内容，使得各级决策者在进行尤其是推动厕所革命和农业发展工作中，有五谷轮回的底线思维，把五谷轮回上升到农业可持续发展和人民生命健康保障的高度重新认识，自觉地把五谷轮回作为一个首要原则和优先技术路线，贯彻在具体工作部署和落实安排之中。

2. 加强中小学生生命元素和五谷轮回概念理论和实践的教育

在中小学生通识课程、农学、健康科普等教程中增加五谷轮回的相关内容，从娃娃抓起，从小树立五谷轮回的概念和常识，充分认识生命

① 四川：坚定不移走质量兴农之路［Z］. 中国青年网，2018－2－28.

元素在生命起源、生物演进、生态系统演替和生态安全中的功能和作用，深刻理解五谷轮回链断裂造成的土壤矿物元素流失对农业可持续发展和人民生命健康的重大危害，牢固树立人与自然的整体观以及正确的生态循环和健康观念。

3. 补齐全民大健康教育中生命元素和五谷轮回的短板

党的十九大把健康中国提升为国家战略，全民健康已经成为基本国策。党中央和国务院明确指出，要把以治病为中心转变为以人民健康为中心。人民健康的核心是预防、控制和康复疾病。然而，五谷轮回链断裂导致的土壤生命元素流失作为源头致病因素对生命健康造成的危害尚未得到关注和重视。在开展全民健康教育中，补齐全民大健康教育中生命元素和五谷轮回的短板，增加相关内容，普及元素医学、功能医学、营养医学的基础知识，养成良好的生活习惯和饮食习惯，形成全民食用全元素营养食物的社会氛围，从健康观念和日常生活的源头奠定全民健康的基础。

5.2　制定推动五谷轮回的法律、法规与政策：法治保障

1. 制定推动五谷轮回的法律

吁请相关机构和人大代表，利用自己的知识优势和行政资源，推动最高立法机关，制定推动五谷轮回的法律，为制定相关法规、推动技术创新和相关规范出台奠定法律基础。

2. 鼓励规制创新

在有自主立法权限的地方人大，根据地方农村环境整治、发展高质量农业和全元素营养农业的需要，可以制定指导地方区域的鼓励五谷轮回的地方性法规，鼓励和规范地方人畜粪便和秸秆还田工作的开展，为发展高产、优质、安全和健康的新型农业提供充足的全元素富有机质的

有机肥。

3. 鼓励政策创新

吁请相关部门在自己管辖的业务范围内，制定相应的财政、税务、金融、环保、产业、人才、就业、政采等政策，拿出切实有效的措施，鼓励、支持相关机构、企业与个人开展的与人畜粪便和秸秆还田相关的实践和技术创新。

5.3 支持鼓励实现五谷轮回的技术创新：技术支撑

各级科技管理部门做好五谷轮回中长期重大科学技术发展规划，逐年加大人畜粪便和农业废弃物等生产高效肥料技术创新的科研投入，重点支持显著减少化学品投入的高产、优质、安全和健康的农业生产技术创新的科技投入。各级政府部门制定优惠政策鼓励和支持五谷轮回科技成果孵化和转化。比尔和梅琳达·盖茨基金会斥资 2400 万美元，希望科研人员能够开发出一种廉价高效的超级马桶，这种马桶必须要在没有自来水网、排污系统以及电力的情况下依然能正常使用，而且每天的维护费用不能超过 5 美分。这个目标看似简单，实际上全球真正能够达到的微乎其微。人畜粪便和秸秆尽管对于土壤健康作用巨大、生态价值高，但毕竟市场价值低廉，在满足了卫生和生态两个基本原则下，低价、方便、舒适、健康是广泛应用的前提。而源分离技术及秸秆还田技术涉及机械、化工、微生物等诸多科学技术领域，需要多专业、多部门协同配合，期望在以下诸方面技术创新取得重大突破。

1. 集中居民区源分离技术

无水无电人粪尿收集技术、高浓度人粪尿远距离输送技术、人粪尿管道除垢技术、管网优化及物联网监控技术、无水或微水人粪尿病菌灭活技术。

2. 分散居民无下水粪便原位处理系统

人粪尿碳氮等有机养分保持技术、尿液单独集输储用技术。

3. 最小碳排放秸秆还田技术

微生物秸秆还田固碳技术、食用菌秸秆还田连作技术。

5.4 生态环境保护工作实现第三次飞跃：监管驱动

（1）修改相关生态环境保护法律支持五谷轮回。

修改生态环境保护法律法规，尤其是土壤生态环境保护相关法律法规，把五谷轮回确立为立法原则，并在立法目标、责任、内容等规制各方面充分体现。

（2）制修订相关生态环境保护技术规范标准引导五谷轮回。

修改生态环境保护标准规范，尤其是与土壤监测、修复、检查验收相关的标准和规范，在相关技术路线和推荐方案中，支持鼓励五谷轮回落地有据、有矩。

（3）把土壤生命元素丰度指标纳入生态环境保护监测与考核指标体系。

修改完善生态环境保护监测、检测指标体系，补充土壤生命元素基准、标准和异常评价相关的指标。

5.5 设立国家重大专项开展相关基础及应用研究：科研创新

化肥为农业的发展与进步做出了重大贡献，保障了世界人口快速增长的食物供给。然而，长期单一施用氮磷钾肥，阻断了农作物与土壤的循环，从而导致农田矿物元素和有机质严重流失、微生物匮乏和土壤板结，给农业生产带来新的问题，如产量不增反降、绝产田显现、支柱农产品绝收、地域特色农产品越来越难吃、病虫害越来越严重等。

土壤矿物元素流失，导致食物缺乏金属离子、人体细胞酶系统活性酶蛋白缺量、细胞物质合成障碍，细胞物质缺量造成细胞缺陷和功能障碍，导致组织、器官、系统退变和病变，让人罹患疾病。

建议科学技术部、农业农村部和国家卫健委联合设立如下四项国家科技重大专项。

1. 人畜粪尿、农业废弃物和园林废弃物等生产高效农业肥料技术创新与应用研究重大专项

一是要扩大多目标地球化学调查的范围，覆盖全国粮食、蔬菜、水果所有产区范围，分析包括所有 28 种生命元素和法定的 8 种重金属（二者有重合）在内的59 种元素。二是研究制定严重土壤缺素区域的治理方案，根据轻重缓急规划修复治理优先区域，最终实现全覆盖。综合利用秸秆、稻壳等农业废弃资源、枯草、残枝落叶等园林废弃资源、腐植酸、麦饭石海底沉积岩等矿物资源、人畜粪尿等，经微生物腐殖分解后返还给土壤，不仅可以有效地恢复土壤矿物元素平衡，而且也能有效地恢复土壤综合地力和土壤生态系统平衡。

2. 显著减少化学品投入的高产、优质、安全的农业生产技术创新与应用研究重大专项

综合提升土壤矿物元素、有机质、氮磷钾和微生物四大短板，特别是补足土壤流失的矿物金属元素，解决农业的基础问题和共性问题，可以实现“高产、优质、安全”的高效农业生产方式，实现高品质农业可持续发展。具体讲，可以让产量比单一施用化肥的产量更高；让农产品口感比小时候更好吃；让抗病虫害能力达到基本不需要使用农药。具有“高产、优质、安全”特点的农业生产技术，其技术水平在国际上处于领先地位，将为我国高标准农田建设以及保障国家粮食和食物安全供给发挥重大作用，其深远意义在于它可以永恒地终结人类饥荒。

“三农问题”和乡村振兴的根本是人的问题。高效农业强大的动力引擎将催生农业六次产业升级，创造新经济体和新经济价值，可以让农民获得可观的稳定收入，调动农民的积极性，拉动田园综合体、生态小镇、美丽乡村、乡村旅游、健康促进和创造、农业文创、农业健康教育等新经济体的建设和发展，实现精准扶贫和精准脱贫，有效解决三农问题，助力乡村振兴战略。

3. 道地植物与生命健康重大专项

中医讲究道地药材，是指在特定自然条件和生态环境区域内所产的药材，具有明显的地域性特点。所谓“道地”可以理解为一种特质土壤，所生产的植物对于生命健康具有保障作用。

“道地”的科学性可以理解为合适的矿物元素组成和含量，使得所生产的植物具有维持和促进生命健康的不可替代作用。其中一类“道地植物”恰好满足人体金属酶蛋白系统对金属离子种类和数量的需求，维持生命健康，称之为食物；另一类“道地植物”的金属离子含量较高，能够弥补人体金属酶蛋白系统的金属离子不足，用于治疗疾病，称之为药物。

道地药材的治病功效，就其本质而言是通过金属离子激活酶蛋白而发挥的作用，如驱寒祛湿、补气益肺、生津养血、化淤疏堵和增强免疫力等，其基本科学道理是通过道地药材丰富的金属离子激活各种酶蛋白实现的。

通过补足土壤流失的矿物元素，恢复土壤的“道地性”，生产道地植物，以金属离子适量的食物和富含金属离子的药材和膳食补充剂，补足人体缺量的金属离子，激活酶蛋白活性，促进细胞物质合成，保障细胞物质组成完整，修复细胞缺陷，恢复细胞功能，强化代谢，化瘀疏堵，将开辟一条有效预防、控制和康复疾病的新路线，助力健康中国目标的实现和促进人类生命健康。

以上各大专项如果能够如期全面开展，相信全民营养水平和健康水平会有极大的显著提升，慢性病和亚健康发生率显著降低，全民大健康水平会提升到一个与新时代相匹配的水准！届时国家医疗和健康投入水平一定会同步显著下降！

4. 通过五谷轮回实现人与自然和谐共生重大专项

地球和大气中的碳总量是不变的，埋藏在地下和储藏在土壤中的碳以二氧化碳形式进入大气层，导致全球变暖，改变了热循环、大气循环和水循环的固有规律，造成狂风、暴雨、冰雹、干旱、极热和极寒天气频发，并且强度和破坏力越来越大，给人类健康和生命财产造成巨大损失。

土壤是个巨大的天然碳储库，通过五谷轮回，实现人畜粪尿、农业废弃物和园林废弃物等资源循环利用，初步计算结果表明，如果将土壤有机质从目前的1%提高到5%，我国18亿亩耕地储存的有机质大约相当于1000亿吨二氧化碳，这对于实现“碳达峰”和“碳中和”目标既简单又可行，将有效缓解能源、工业和交通的碳减排压力，从而避免经济下滑，最终为缓解全球变暖、改善人类生存环境、恢复生态系统和谐、实现人与自然和谐共生发挥重大作用。

参考文献

[1] 毕于运. 秸秆资源评价与利用研究 [D]. 北京: 中国农业科学院, 2010.

[2] 参木友, 曲广鹏, 陈少锋等. 西藏岗巴羊羊肉品质分析研究 [J]. 畜牧与饲料科学, 2017, 38 (3): 4-51.

[3] 曹毛毛, 陈万青. 中国恶性肿瘤流行情况及防控现状 [J]. 中国肿瘤临床, 2019, 46 (3): 47-51.

[4] 产量与经济效益共赢的高效生态农业模式: 以弘毅生态农场为例 [J]. 科学通报, 2017 (4): 97-289.

[5] 陈怀满. 环境土壤学 [M]. 2 版. 北京: 科学出版社, 2010.

[6] 陈丽红, 黄金洲, 李俊恒. 基于数据视角的农村生活污水处理效果研究 [J]. 资源节约与环保, 2019 (7): 49-50.

[7] 陈艳兰, 董光平, 王光灿等. 云南省白族长寿区猪肉中19种元素的测定分析 [J]. 微量元素与健康研究, 1999 (4): 7-45.

[8] 程义勇.《中国居民膳食营养素参考摄入量》2013修订版简介 [J]. 营养学报, 2014, 36 (4): 7-313.

[9] 程志斌, 葛长荣, 李德发. 浅谈猪肉的营养价值 [J]. 肉类工业, 2005 (5): 34-40.

[10] 池福敏, 次顿, 谭占坤等. 不同产地藏猪肉矿物元素含量差异分析 [J]. 现代食品, 2019 (11): 9-126.

[11] 崔明赵, 田宜水, 孟海波, 孙丽英, 张艳丽, 王飞, 李冰峰. 中国主要农作物秸秆资源能源化利用分析评价 [J]. 农业工程学报,

2008，24（12）：6－291.

［12］德庆卓嘎，央金，扎西等．西藏多玛绵羊羊肉品质研究［J］．家畜生态学报，2014，35（9）：78－82.

［13］邓宏玉，刘芳芳，张秦蕾等．5种禽肉中矿物质含量测定及营养评价［J］．食品研究与开发，2017，38（6）：4－21，103.

［14］邓华，姚文，叶景虹等．2002－2018年上海市虹口区居民心脏病死亡情况及人口构成影响分析［J］．心脑血管病防治，2021，21（1）：72－75.

［15］丁声俊．生态农业，主导农业生产模式［Z］．人民网，2014－10－7.

［16］方佳英，陈霖祥，唐文瑞等．2002～2011年中国心脏病死亡的流行病学分析［J］．汕头大学医学院学报，2014，27（2）：7－125.

［17］冯之浚．循环经济的范式研究［J］．中国软科学，2006（8）：14－26.

［18］高定，陈同斌，刘斌等．我国畜禽养殖业粪便污染风险与控制策略［J］．地理研究，2006（2）：9－311.

［19］高涛．天津玉米主产区土壤重金属的形态分析及生物有效性研究［D］．北京：北京交通大学，2020.

［20］高月娥，王馨，刘彦培等．云岭牛、婆罗门牛、中甸牦牛肉的矿物质含量及其营养价值评价［J］．中国牛业科学，2017，43（6）：6－12.

［21］郭冬生，彭小兰，龚群辉等．畜禽粪便污染与治理利用方法研究进展［J］．浙江农业学报，2012，24（6）：70－1164.

［22］郭鹄飞，乔杰，魏小渊等．人体微量元素及检测技术在临床应用的研究［J］．世界最新医学信息文摘，2019，19（5）：6－155.

［23］郭泓利，李鑫玮，任钦毅等．全国典型城市污水处理厂进水水质特征分析［J］．给水排水，2018，54（6）：5－12.

［24］侯萌瑶，张丽，王知文等．中国主要农作物化肥用量估算［J］．农业资源与环境学报，2017（4）.

[25] 黄昀. 矿物质：支撑人体筋骨的营养素 [M]. 沈阳：辽宁科学技术出版社，2008.

[26] 贾士杰，范慧敏，刘伟等.2002~2011年中国恶性肿瘤死亡率水平及变化趋势 [J]. 中国肿瘤，2014，12 (12)：999.

[27] 贾小黎. 秸秆直接燃烧供热发电项目资源可供性调研和相关问题的研究 (1) [J]. 太阳能，2006 (2).

[28] 姜子英，潘自强，邢江等. 中国核电能源链的生命周期温室气体排放研究 [J]. 中国环境科学，2015，35 (11)：10-3502.

[29] 蒋勇，阜葳，毛联华等. 城市污水处理厂运行能耗影响因素分析 [J]. 北京交通大学学报，2014，38 (1)：7-33.

[30] 孔令为，邵卫伟，叶红玉等. 农村生活污水治理技术应用的浙江经验及发展方向 [J]. 中国给水排水，2021，37 (2)：7-12.

[31] 兰永清，吴志勇，王荣民等. 江西地方品种黄牛产肉性能及肉品质分析研究 [J]. 中国畜牧兽医，2011，38 (10)：8-203.

[32] 李京京，任东明，庄幸. 可再生能源资源的系统评价方法及实例 [J]. 自然资源学报，2001，16 (4)：80-373.

[33] 李静，依艳丽，李亮亮等. 几种重金属 (Cd、Pb、Cu、Zn) 在玉米植株不同器官中的分布特征 [J]. 中国农学通报，2006 (4)：7-244.

[34] 李文范. 地球化学元素与癌 [J]. 长春地质学院学报，1978 (3)：8-112.

[35] 梁业森. 非常规饲料资源的开发与利用 [M]. 北京：中国农业出版社，1998.

[36] 廖启林，刘聪，蔡玉曼等. 江苏典型地区水稻与小麦字实中元素生物富集系数 (BCF) 初步研究 [J]. 中国地质，2013，40 (1)：40-331.

[37] 刘刚，沈镭. 中国生物质能源的定量评价及其地理分布 [J]. 自然资源学报，2007，22 (1)：132.

[38] 刘根娣. 兰州大尾羊生长发育规律与屠宰性能及肉质分析研

究 [D]. 兰州：西北民族大学，2010.

[39] 刘宏伟，聂西度，谢华林. 不同肉类食品肌肉组织中微量元素的分布研究 [J]. 食品工业科技，2013，34 (20)：7 – 365.

[40] 刘建明，亓昭英，刘善科等. 中微量元素与植物营养和人体健康的关系 [J]. 化肥工业，2016，43 (3)：85 – 90.

[41] 刘丽华，蒋静艳，宗良纲. 秸秆燃烧比例时空变化与影响因素——以江苏省为例 [J]. 自然资源学报，2011 (9)：45 – 1535.

[42] 刘美玲. 内蒙古绵羊肉常量与微量矿物质元素指纹特征初探 [D]. 呼和浩特：内蒙古农业大学，2017.

[43] 罗思颖，周卫军，潘诚良等. 钾硅钙微孔矿物肥对水稻重金属镉的降阻效果研究 [J]. 中国农学通报，2017，33 (29)：4 – 90.

[44] 骆世明. 农业生态学研究的主要应用方向进展 [J]. 中国生态农业学报，2005，13 (1).

[45] 骆世明. 农业生态转型态势与中国生态农业建设路径 [J]. 中国生态农业学报，2017 (1).

[46] 雒林通，万红玲，李小珍等. 火焰原子吸收光谱法测定 6 种动物鲜肉中的微量元素的含量 [J]. 光谱实验室，2013，30 (2)：12 – 907.

[47] 马冠生，李艳平，武阳丰等. 1992 至 2002 年间中国居民超重率和肥胖率的变化 [J]. 中华预防医学杂志，2005 (5)：17 – 21.

[48] 马宏宏，彭敏，刘飞等. 广西典型碳酸盐岩区农田土壤—作物系统重金属生物有效性及迁移富集特征 [J]. 环境科学，2020，41 (1)：59 – 449.

[49] 马梦斌. 基于矿物质元素指纹特征的滩羊肉产地溯源方法研究 [D]. 银川：宁夏大学，2019.

[50] 马忠海，潘自强，贺惠民. 中国煤电链温室气体排放系数及其与核电链的比较 [J]. 核科学与工程，1999 (3)：74 – 268.

[51] 毛守白. 对人体寄生虫分布调查的几点看法 [J]. 中国寄生虫病防治杂志，1989 (4)：6 – 242.

［52］你的健康，正从土壤中流失［Z］. 搜狐网，2018－9－11.

［53］牛若峰，刘天福. 农业技术经济手册［M］. 北京：农业出版社，1983.

［54］农村生活污水处理问题现状［Z］. 2019.

［55］潘晓东，汤鋆，黄百芬等. 畜禽肉及内脏中矿物元素含量分析［J］. 预防医学，2018，30（12）：8－1194.

［56］庞之列，殷燕，李春保. 解冻猪肉品质和基于LF－NMR技术的检测方法［J］. 食品科学，2014，35（24）：23－219.

［57］邱翔，王杰，黄艳玲等. 成都麻羊肉氨基酸和矿物质含量的分析［J］. 安徽农业科学，2008（18）：90－7686.

［58］全国农业技术推广服务中心. 中国有机肥料资源［M］. 北京：中国农业出版社，1999.

［59］冉强，吴锦波，李铸等. ICP－OES法测定三江牛肉中的微量元素［J］. 畜禽业，2020，31（9）：3－5.

［60］任福民，毛联华，阜葳等. 中国城镇污水处理厂运行能耗影响因素研究［J］. 给水排水，2015，51（1）：7－42.

［61］尚柯，米思，李侠等. 泰和乌鸡、杂交乌鸡与市售白羽肉鸡的营养成分比较研究［J］. 肉类研究，2017，31（12）：6－11.

［62］沈峥，刘洪波，张亚雷. 中国“厕所革命”的现状，问题及其对策思考［J］. 中国环境管理，2018，10（2）：8－45.

［63］石祖梁，贾涛，王亚静等. 我国农作物秸秆综合利用现状及焚烧碳排放估算［J］. 中国农业资源与区划，2017，38（9）：7－32.

［64］食品法典委员会，田晓，杨玉荣. 食品法典：有机食品［M］. 3版. 北京：中国农业出版社，2012.

［65］史可江，刘桂立，刘均. 牛羊肉不同部位微量元素含量的测定［J］. 山东食品科技，1999（1）：3－12.

［66］宋大利，侯胜鹏，王秀斌等. 中国秸秆养分资源数量及替代化肥潜力［J］. 植物营养与肥料学报，2018，24（1）：1－21.

［67］宋孟娜，程潇，孔静霞等. 我国中老年人超重，肥胖变化情

况及影响因素分析［J］. 中华疾病控制杂志，2018，22（8）：8－804.

［68］苏春田，唐健生，潘晓东等．重金属元素在玉米植株中分布研究［J］. 中国农学通报，2011，27（8）：7－323.

［69］唐豆豆，袁旭音，汪宜敏等．地质高背景农田土壤中水稻对重金属的富集特征及风险预测［J］. 农业环境科学学报，2018，37（1）：18－26.

［70］王丛雅，胡梦娇，黄世业等．温州市农村生活污水处理现状与问题［J］. 给水排水，2019，55（S1）：4－181.

［71］王红武，张健，陈洪斌等．城镇生活用水新型节水"5R"技术体系［J］. 给水排水，2019，35（2）：7－11.

［72］王夔．生命科学中的微量元素分析与数据手册［M］. 北京：中国计量出版社，1998.

［73］王丽，李雪铭，许妍．中国大陆秸秆露天焚烧的经济损失研究［J］. 干旱区资源与环境，2008（2）：7－172.

［74］王陇德，王金环，彭斌等.《中国脑卒中防治报告2016》概要［J］. 中国脑血管病杂志，2017，4（14）：53－60.

［75］王明，霍晓婷，任广志．不同品种猪肉矿物质元素含量研究［J］. 肉类工业，2008，(4)：6－34.

［76］王腾云，周国华，孙彬彬等．福建沿海地区土壤—稻谷重金属含量关系与影响因素研究［J］. 岩矿测试，2016，35（3）：295－301.

［77］王拥军，李子孝，谷鸿秋等．中国卒中报告2019（中文版）(2)［J］. 中国卒中杂志，2020，15（11）：55－1145.

［78］王玉军，窦森，李业东等．鸡粪堆肥处理对重金属形态的影响［J］. 环境科学，2009，30（3）：7－913.

［79］王增武，王文．中国高血压防治指南（2018年修订版）解读［J］. 中国心血管病研究，2019，17（3）：7－193.

［80］翁伯琦，雷锦桂，江枝和等．集约化畜牧业污染现状分析及资源化循环利用对策思考［J］. 农业环境科学学报，2010，29（S1）：9－294.

[81] 吴传星. 不同玉米品种对重金属吸收累积特性研究 [D]. 雅安：四川农业大学，2010.

[82] 吴发富，王建雄，刘江涛等. 磷矿的分布、特征与开发现状 [J]. 中国地质，2021，48 (1)：82 - 101.

[83] 吴萍，祝溢锴，周岩民. 南京和潍坊猪肉中重金属及部分微量元素含量调查 [J]. 养猪，2011 (5)：1 - 60.

[84] 吴子松，依火伍力，张晓胜等. 以控制传染源为主的血吸虫病综合措施实施效果 [J]. 寄生虫病与感染性疾病，2009，7 (3)：30 - 126.

[85] 伍劲屹，周艺彪，李林瀚等. 基于垸尺度的以控制血吸虫病传染源为主综合措施效果评价 [J]. 中国血吸虫病防治杂志，2013，25 (4)：7 - 343.

[86] 武毛妮. 陕南农村生活污水处理实例 [J]. 给水排水，2018，34 (24)：9 - 95.

[87] 夏斌，盛晓琳，许枫等. A^2O 与人工湿地组合工艺处理长三角平原地区农村生活污水的效果 [J]. 环境工程学报，2021，15 (1)：92 - 181.

[88] 夏欣，钟权. 水电站生命周期温室气体排放研究综述 [J]. 中国农村水利水电，2020 (11)：92 - 188.

[89] 谢春生，黄建翔，王水木. 生态水培槽/生态滤池组合工艺处理农村生活污水 [J]. 中国给水排水，2019，35 (16)：9 - 86.

[90] 邢廷铣，李丽立，彭艺. 土壤 - 作物 - 动物生态体系中微量元素含量 [J]. 生态学杂志，2000 (2)：9 - 24.

[91] 许沙沙，周志，朱照武等. 3 种猪肉的品质分析 [J]. 食品科学，2015，36 (23)：30 - 127.

[92] 鄢明才，顾铁新，迟清华等. 中国土壤化学元素丰度与表生地球化学特征 [J]. 物探与化探，1997 (3)：7 - 161.

[93] 颜世铭. 实用元素医学 [M]. 郑州：河南医科大学出版社，1999.

［94］杨举华，张力小，王长波等．基于混合生命周期分析的我国海上风电场能耗及温室气体排放研究［J］．环境科学学报，2017，37（2）：92－786.

［95］杨俊峰，梁晓峰．中国国民脑血管疾病死亡分析［J］．中国公共卫生，2003（6）：1－90.

［96］杨立国．我国化肥行业现状及加入世贸组织后发展战略研究［D］．北京：中国农业大学，2005.

［97］杨丕才，曹海月，张忠新等．无量山乌骨鸡肉质性状及养分含量的性别差异分析［J］．中国畜牧杂志，2021，57（2）：3－80.

［98］杨文英．中国糖尿病的流行特点及变化趋势［J］．中国科学：生命科学，2018，48（8）：8－15.

［99］叶新贵，安冬．农村卫生厕所建设综述［J］．中国卫生工程学，2013，12（1）：79－81.

［100］尹吉山，尹宗柱．微量元素与生命——生命动力素技术原理及其应用［M］．北京：中国计量出版社，2010.

［101］于冬梅，何宇纳，郭齐雅等．2002—2012 年中国居民能量营养素摄入状况及变化趋势［J］．卫生研究，2016，45（4）：33－527.

［102］于冬梅，赵丽云，琚腊红等．2015—2017 年中国居民能量和主要营养素的摄入状况［J］．中国食物与营养，2021，27（4）：5－10.

［103］余成蛟，雒林通，万红玲等．生态放养鸡鲜肉中有害重金属和微量元素的检测及分析［J］．国外畜牧学（猪与禽），2018，38（10）：9－66.

［104］远辉，郝明明，张煌涛等．新疆两种产地羊肉中营养成分分析及评价［J］．黑龙江畜牧兽医，2018（1）：2－10.

［105］张灿，李鹤琼，余忠祥等．自然放牧方式下欧拉羊羊肉中矿物元素、脂肪酸及氨基酸含量分析［J］．中国畜牧杂志，2020，56（1）：63－159.

［106］张福春，朱志辉．中国作物的收获指数［J］．中国农业科学，1990，23（2）：7－83.

［107］张健，李孟飞，李萌等．负压排水技术在乡村污水收集中的应用［J］．中国给水排水，2020，36（22）：66－71.

［108］张树清，张夫道，刘秀梅等．高温堆肥对畜禽粪中抗生素降解和重金属钝化的作用［J］．中国农业科学，2006，39（2）：43－337.

［109］张晓琳，鄂勇，胡振帮等．污泥施田后土壤和玉米植株中重金属分布特征［J］．土壤通报，2010，41（2）：84－479.

［110］章杰，罗宗刚，陈磊等．荣昌猪和杜洛克猪肉质及营养价值的比较分析［J］．食品科学，2015，36（24）：30－127.

［111］赵桂慎．中国功能农业发展与政策研究［M］．北京：科学出版社，2018.

［112］赵建宁，张贵龙，杨殿林．中国粮食作物秸秆焚烧释放碳量的估算［J］．农业环境科学学报，2011，30（4）：6－812.

［113］赵其国，尹雪斌，孙敏等．2008—2018 年功能农业的理论发展与实践［J］．土壤，2018，50（6）：5－15.

［114］赵其国，尹雪斌．我们的未来农业——功能农业［J］．山西农业大学学报（自然科学版），2017（37）：68－457.

［115］中国超 3 亿"隐性饥饿"人口　我们该关注些什么［Z］．新浪网，2019－10－20.

［116］中国心血管健康与疾病报告（2019）节选二：脑血管病［J］．心脑血管病防治，2020，20（6）：52－544.

［117］中华人民共和国住房和城乡建设部网站．［Z］.

［118］钟华平，岳燕珍，樊江文．中国作物秸秆资源及其利用［J］．资源科学，2003（4）：7－62.

［119］朱喜艳．青海省牦牛、藏羊肉及乳制品微量元素含量的对比分析［J］．黑龙江畜牧兽医，2011（12）：39－40.

［120］Cardenes I.，Hall J. W.，Eyre N. et al. Quantifying the energy consumption and greenhouse gas emissions of changing wastewater quality standards［J］. Water Science and Technology，2020，81（6）：95－1283.

［121］Chen X. －X.，Liu Y. －M.，Zhao Q. －Y. et al. Health risk

assessment associated with heavy metal accumulation in wheat after long-term phosphorus fertilizer application [J]. Environmental Pollution, 2020, 262: 114348.

[122] Doorn M. R. J., Towprayoon S., Vieira S. M. M. et al. Wastewater treatment and discharge, 2006 IPCC guidelines for national greenhouse gas inventories [J]. Intergov Panel Clim Change, 2006: 61 –628.

[123] Du F., Yang Z., Liu P. et al. Accumulation, translocation, and assessment of heavy metals in the soil-rice systems near a mine-impacted region [J]. 2018, 25 (32): 30 –32221.

[124] Hall M. J., Hooper B. D., Postle S. M. Domestic per Capita Water Consumption in South West England [J]. Water and Environment Journal, 1988, 2 (6): 31 –626.

[125] Langergraber G., Muellegger E. Ecological Sanitation – a way to solve global sanitation problems? [J]. Environment international, 2005, 31 (3): 44 –433.

[126] Lazarova V., Hills S., Birks R. Using recycled water for non-potable, urban uses: a review with particular reference to toilet flushing [J]. Water Supply, 2003, 3 (4): 69 –77.

[127] Li Y., Wang S., Nan Z. et al. Accumulation, fractionation and health risk assessment of fluoride and heavy metals in soil-crop systems in northwest China [J]. Science of The Total Environment, 2019, 663: 14 –307.

[128] Lu A., Li B., Li J. et al. Heavy metals in paddy soil-rice systems of industrial and township areas from subtropical China: Levels, transfer and health risks [J]. Journal of Geochemical Exploration, 2018, 194.

[129] Lu J., Zhao Y. Combined Stable Isotopes and Multi-element Analysis to Research the Difference Between Organic and Conventional Chicken [J]. Food Analytical Methods, 2017, 10 (2): 53 –347.

[130] Qi J., Li Y., Zhang C. et al. Geographic origin discrimination

of pork from different Chinese regions using mineral elements analysis assisted by machine learning techniques [J]. Food Chemistry, 2021, 337.

[131] Wang S., Wang F., Gao S. et al. Heavy Metal Accumulation in Different Rice Cultivars as Influenced by Foliar Application of Nano-silicon [J]. Water, Air, & Soil Pollution, 2016, 227 (7): 228.

[132] Wang S., Wu W., Liu F. et al. Accumulation of heavy metals in soil-crop systems: a review for wheat and corn [J]. Environmental Science and Pollution Research, 2017, 24 (18): 25 – 15209.

[133] Wang T., Zhu B., Zhou M. Ecological ditch system for nutrient removal of rural domestic sewage in the hilly area of the central Sichuan Basin, China [J]. Journal of Hydrology, 2019, 570: 49 – 839.

[134] Water – Energy Nexus 网站。

[135] Xie W. J., Che L., Zhou G. Y. et al. The bioconcentration ability of heavy metal research for 50 kinds of rice under the same test conditions [J]. Environmental monitoring and assessment, 2016, 188 (12): 675.

[136] Zhang Z., Wu X., Wu Q. et al. Speciation and accumulation pattern of heavy metals from soil to rice at different growth stages in farmland of southwestern China [J]. 2020, 27 (28): 91 – 35675.

[137] Zhao Y., Zhang B., Guo B. et al. Combination of multi-element and stable isotope analysis improved the traceability of chicken from four provinces of China [J]. CyTA – Journal of Food, 2015, 14: 1 – 6.

[138] Zhou X. N., Wang L. Y., Chen M. G. et al. The public health significance and control of schistosomiasis in China-then and now [J]. Acta tropica, 2005, 96 (2 – 3): 97 – 105.

附　　录

本书初稿出来后，在一定范围内征求意见，陆续收到各界专家领导对五谷轮回的许多洞见与共识，在此印出以飨读者。2011 年霍山县即被原环境保护部正式命名为第一批“国家生态县（区、市)”，2020 年又获得了国家“绿水青山就是金山银山”实践创新基地称号，在过去和现在，都积累了丰富的五谷轮回实践经验，在此也一并共享给大家，以资借鉴。作者更愿意与更多有远见和担当的地方领导和专家一起，推动更多的实现全面五谷轮回（全量人畜粪便和秸秆还田）的示范政区，逐步跳出化石农业的藩篱，真正地把绿水青山变成金山银山，在保护好优良生态的同时造福一方百姓。

附录1　各界专家对五谷轮回的共识

五谷轮回，顺天道、尊自然！改变目前农业的耕作模式，提升农产品质量，保障人群健康，应该是农业生态文明建设的应有之义。本书开辟了一个全新的环境与健康的研究领域，非常值得深入探索与实践。

中国环境科学研究院院长　李海生

2021 年 8 月 7 日

五谷轮回，是打通大环境、大生态、大农业和大健康的命脉，实现五谷轮回可以极大地改善环境、优化生态、永续农业和健康生命！

生态环境部环境工程评估中心主任　谭民强

2021 年 8 月 7 日

五谷轮回，补齐生命永续的元素，是面向人民健康和注重绿色循环发展的重要体现，我们必须立即行动起来，经济、社会、环保、科技协同发力，在更高、更深、更广层面变废为宝，进行厕所革命，发展农业循环经济，补齐土壤矿物生命元素的短板。

中国环境科学研究院总工程师　席北斗

2021 年 8 月 22 日

“五谷轮回”，促进生命元素的良性循环，实现人类健康与生态系统健康的双赢，本书提供了一个认识人与自然和谐共生的新视角。

中国科学院生态环境研究中心主任　欧阳志云

2021 年 8 月 27 日

人类与土地之间物质循环是靠“五谷轮回”这一场景载体。生态学就是经营人类“窝”的学问，追究因子与系统、循环与平衡的自然法则，实现人与自然和谐可持续相处的生存哲学。任景明主编的《五谷轮回——生命永续之元源原》一书，找到了中国农业安全基础性、深层次、战略性的背后的核心科学逻辑，全书贯穿了理性讨论问题精神，务实拿出办法的治学作风。

中国管理科学研究院商学院院长

《发现》杂志社社长　陈　贵

2021 年 8 月 28 日

五谷轮回，永续农业；

健康食品，美丽身心！

妈妈在线国际公司董事长　马博士

2021 年 8 月 28 日

实现五谷轮回，恢复生物地球化学循环，打造健隶的土壤生态系统，提供营养均衡的食品，造福人类永续地繁衍。

德缘女士

2021 年 8 月 30 日

实现五谷轮回，可以大幅度提升人民的生活质量和人民的身心健康水平。对生态环境和气候变化的质量的提升也有一定的积极作用。支持五谷轮回，永续农业，健康食品，健康身心。

中国人民解放军　原中部战区空军审计处长

原导弹兵第四师后勤部长　杨金山

2021 年 8 月 30 日

实施和实现五谷轮回，保护和养护好健康的土地，生长出营养均衡丰富的有机健康农产品，才能保证中国农业高质量的发展，筑基人类健康。

原国务院参事　陈全生

2021 年 9 月 4 日

从无机到有机，从原核生物到复杂生命，人类的演化都是顺应自然、动态平衡的结果。只有人类的生命活动遵从自然法则，改善环境质量，减少人为生态破坏，方能保证机体功能的正常运转，减少慢病的发生，维持我们机体健康。五千年的农耕文明、五谷轮回，天人合一、道法自然，正是一种实现自然界动态的、友好的、人文的平衡。

《功能医学》主编

中国医药卫生事业发展基金会功能医学专业委员会副主委兼秘书长

北京亚太友邦功能医学研究院　院长　厉　昀

2021年9月5日

厕所是五谷轮回之地。任景明研究员的书将五谷轮回的道理用科学方式讲给我们、讲给后代，非常深刻。五谷轮回无疑是粮食安全、生态安全、气候安全的必需，是人类可持续发展的应有之义。随着生物等方面科学技术的发展，使厕所设备及五谷轮回更卫生安全、更人性化、更精准，传统的尬厕及刀耕火种将永远成为历史。

联合国儿童基金会原水、环境卫生与个人卫生项目专家　杨振波　博士

2021年9月7日

元素循环利用，从源头治理环境污染，净化人类食物链，减少重大疾病发生概率，五谷轮回功在当代，利在千秋。

中国科学院植物研究所　蒋高明　研究员

2021年9月7日

厕所革命，是循环经济产业观念的转换器。我们的未来，希望的田野，需反思原始农耕文明，创新现代生产与生活的新常态——即动物、植物、微生物，生命永续，生存有根，生活有节，生产适度，生态循环，生生不息，归复自然永续的循环。

中国建筑文化研究会生态人居及康养专委会秘书长　马丽亚

2021年9月7日

中美最佳合作的领域，生态与环境是人类共同体最大的共识。

美国中国企业家协会首席代表　闫宗伟

2021年9月7日

民以食为天，食以洁为冠。

中国书法家会员　任赛成

2021 年 9 月 8 日

五谷轮回，展示的是人类与自然相处的智慧，也是实现社会可持续发展的全人类共识。厕所革命是实现五谷轮回的重要抓手。

北京科技大学环境科学与工程系主任　李子富

2021 年 9 月 8 日

五谷轮回，打通大环境、大生态、大农业、大健康之间的命脉。实现五谷轮回，可以大幅度提升生态环境质量和人民身心健康水平！五谷轮回，永续农业，健康食品，健康身心。

陈　刚

2021 年 9 月 9 日

深入理解食物—水—能源—土地复杂系统关系是实现联合国可持续发展目标（sustainable development goals，SDGs）目标的重要视角。中国传统哲学思想就提出“五谷轮回”理念，促进人畜粪便和秸秆等有机物归还田野，恢复营养元素的地球生物化学循环，打造有弹性的农业土壤生态系统，将是可持续发展的重要标志。

清华大学环境学院院长　刘　毅

2021 年 9 月 11 日

本书以厕所革命为主线，通过详实的研究，深入浅出的语言，打通了大环境、大生态、大农业、大健康等诸多领域，让人看后深刻领悟到“五谷轮回，天人合一”的真谛，不仅充分展示了他数十年深耕生态环境研究的厚重功底，也体现了他为国为民为人类社会的大境界，为我们实现生态环境保护、人体健康保障为一体的“五谷轮回”道路指明了方向。

清华大学国家战略研究院研究部主任　钱　峰　研究员

2021 年 9 月 12 日

做环保几十年，走着走着就容易一头扎到“术”里，离“道”越来越远，离生态逻辑越来越远。“五谷轮回”理论诠释了大道至简的生态法则，阐述了人类与环境的关系，有利于跳出平时工作和行业的专业局限和思维惯性，思考人体健康与环境的关系。

北控水务西部大区高级总监、高级工程师　孙晓航

2021年9月13日

推行人畜粪便和秸秆还田，实现五谷轮回，既有利于降低生活和农业农村面源污染，恢复自然生物地球化学循环，又有利于培育健康的土壤和作物生态系统，打造有机绿色农业，提供营养均衡的食品，提升人民生活品质。本书是一篇环境与健康、环境与保护、人与自然和谐共生理论的深入探索和生动实践，值得推荐。

中国环境科学研究院　吴丰昌院士

2021年9月14日

附录2　霍山县五谷轮回实践经验*

一、霍山县五谷轮回历程和总体情况综述

霍山县地处安徽省西部、大别山主峰腹地、淮河一级支流淠河源头，地貌特征为“七山一水一分田、一分道路和庄园”，全县农村常住农户7万余户，农村常住人口14万余人，年产人粪尿6.64万吨，资源化利用率96.43%；全县农作物种植面积30余万亩，产生各类农作物秸秆14余万吨，可收集量10万吨左右，资源化利用率95.94%；全县生猪存栏量5.3万头、禽类73万只、山羊1.19万头、肉牛0.287万头，产生各类畜禽粪便242.47万吨，资源化利用率为96.01%。

霍山县人民是勤劳的人民，在日常生活和生产中，自觉不自觉在进行着五谷轮回，一直以来，固定的厕所和畜禽圈舍是家家户户必备的硬件设施，将人畜粪便收集起来用作种植农作物的有机肥料；收获了庄稼之后，或将田地深翻，肥秸秆深埋地下，沤作有机肥，或将秸秆割倒，铺在茶地果园，一方面保温保墒，另一方面还可以除草。这些看似是垃圾的废弃物，在老百姓的眼中都是宝贝，没有人舍得随意丢弃，有机质在动植物间相互依存、相互转化，保持着土壤的肥力和地力。

随着科学技术的进步，农民群众的生活生产越来越便捷，但农村五谷轮回的优良传统始终没有改变，只是工艺更加成熟、施用更加有效。从20世纪80年代开始，霍山县就大力推广农村沼气工程，2017年开始

---

* 本部分中的所有数据均来自霍山县生态环境局和农业农村局。

大力实施农村厕所革命，2014 年开始实施农作物秸秆禁烧和综合利用工程，2020 年实施畜禽养殖废弃物资源化利用省级整县推进项目，这些工程项目的实施，为霍山县更加有效地实现五谷轮回提供了保障。

二、霍山县目前五谷轮回的主要做法

为进一步提升五谷轮回效果，霍山县的主要做法有以下几个方面：

（一）人粪尿还田

近年来，霍山县大力实施农村改厕民生工程，并与美丽乡村中心村建设、卫生城镇创建、脱贫攻坚易地扶贫搬迁、农村危房改造等工作相结合同步实施农村改厕；全县从 20 世纪 80 年代开始实施农村沼气工程，共建设农村户用沼气近 8000 户，截至目前，共完成农村改厕近 2.2 万户，占全县农村常住户数的 31.43%；每年无害化处理人粪尿 2.1 万余吨。其中近 2.1 万户完成改厕户的人粪尿由农户自主清掏或服务机构清掏用于农业生产，实现了五谷轮回，另 1000 余户进入污水处理设施集中处理。霍山人民一直具有良好的卫生习惯，将厕所作为家庭生活中一项重要设施建设，无露天茅坑和有墙无顶的茅房存在，也无一到雨天污水横流导致居民无法上厕所的现象存在，随着生活水平的提高，即使未实施改厕的农户，厕所的标准也逐步提高，由原来的篱笆墙、茅草顶到现在砖墙瓦顶，由原来的一个缸两块板到现在的水泥池、水泥地面，从直接蹲在茅坑上到蹲位和茅坑分离，居民的如厕条件得到逐步改善。霍山农民也有着勤劳的美德，即使现在化肥得到广泛应用，将粪污收集起来作为有机肥施用的习惯也没有丢弃。

（二）规模化养殖粪污还田

霍山县在 2019 年被确定为省级畜禽粪污资源化利用整县推进项目县，共投入 586 万元，为全县 61 家规模化养殖场新建了畜禽粪污处理设施，建设内容包括饮水改造、雨污分离、清粪工艺改造、密闭收集设施建设、堆粪场地建设、粪水还田及固粪堆肥等内容。截至目前项目建设已全部完成，实现规模化养殖场粪污处理设施配套率 100%；养殖场采用固体粪便堆肥利用 + 污水肥料化利用模式，采取干清粪方式对干粪和尿液（包括少量污水）进行分离，干粪在堆粪内预处理后进入堆肥棚，和秸秆、菌种合理配比后进行发酵腐熟制成有机肥，销售给本县和周边农户利用，既能提高肥效，又能解决本乡镇畜禽粪污的处理和利用。污水进入沼气池后深度厌氧发酵，就近还田种植牧草实现资源化利用。据统计，当前规模化养殖场月产粪污 45817.99 吨，资源化利用量 43996.78 吨，资源化利用率 96.03%。

（三）秸秆还田

霍山县主要农作物包括水稻、玉米、油菜、红薯 4 种，目前秸秆还田的方式主要有两种：一是直接还田。这种方式占水稻、玉米种植面积的 53.24%，霍山县的主要农作物除油菜外都是单季作物，收割后，能机收的直接粉碎还田，不能机收的将秸秆砍倒铺在田间，到来年耕地时，秸秆也腐烂的差不多了，直接翻入土中，作为有机肥；为提高秸秆还田效果，2018 年、2019 年实施了秸秆机械化还田示范片项目，采用秸秆机械化粉碎全量还田的技术方案，按每 100 公斤秸秆施用 1 公斤的比例施用尿素，深耕后再整平，犁耕的深度不小于 20 厘米，秸秆还田后，可优化碳氮比，提高肥效，有效杀灭虫卵和病原菌，降低来年病虫害的发生率。霍山县是产茶大县也是养蚕大县，有的农户将秸秆铺到茶地、桑田，一方面可以保温保墒，茶叶提高采摘 2～3 天；另一方面病虫害与原宿主分离，隔断了传播途径，降低病虫的发生率；再一方面秸秆腐烂后可以转化为有机肥，提高茶地、桑田中的有机质含量。二是过腹还田。霍山县现存栏生猪 8.59 万头、山羊 1.19 万头、肉牛 0.287 万头，需要大量饲料，年产红薯秸秆 0.12 万吨基本都用养殖饲料，水稻、玉米用作饲料的有 2.05 万吨，这些秸秆通过牲畜的消化转化成粪尿，再通过沼气工程发酵、堆沤发酵等方式，转化为优质的有机肥用于农业生产。霍山县依托养殖场建设了商品化饲料试点项目 1 处、收储点 3 处，同时依托种植大户建成收储点 2 处，为养殖户提供了充足的饲料，也为秸秆离田过腹还田提供保障。

三、五谷轮回取得的成效

（一）人粪尿还田的成效

1. 大幅降低农村自然水体中污染物的含量

通过人粪尿的还田利用，利用自然力量消化、吸收、利用，将大幅减少农村自然水体中污染物的含量，切实改善农村自然水体生态环境。

2. 改良土壤，促进有机农业的发展

农村厕所粪污中含有大量的有机质、氮、磷、钾和微量元素，通过将粪污还田利用，可增加土壤中有机质含量，土壤容重减小，透水性、透气性、蓄水保墒能力增强，并可使土壤团粒结构发生改变，保持土壤疏松状态，有效缓解土壤板结问题，可提高土壤肥力，增强农作物的抗病性，降低农产品在种植过程中化肥和农药的使用量，有利于提高农产品品质，有效促进了有机农业的发展。

3. 实施农场改厕后还田成效更加明显

推行农村厕所无害化改造，配套建设水冲式厕所，农民如厕环境卫生、安全、方便，幸福指数普遍提高。把农户粪污进行无害化处理和资源化利用，改善了农村卫生状况，卫生形象大幅提升，使居家生活环境清洁，大幅减少蚊蝇滋生及病原菌的传播，减少传染病的发生，在改善农民群众的生活环境、提高生活质量、改善村容村貌等方面具有十分重要的作用。

（二）规模化养殖粪污还田的成效

1. 节约化肥

养殖粪污通过专业化设施处理后，营养更加全面，氮（N）、磷（P）、钾（K）含量超过粪肥，同时兼有化肥和粪肥的优势，将极大地减少项目户施用化肥的费用，据推算，施用经过处理的有机肥，每亩可节约化肥购买和施用支出80元左右。

2. 节约农药

养殖粪污通过专业化设施处理后，病原菌和虫卵杀灭率达到98%以上；经沼气池发酵后的沼液的杀虫和抑制病原菌的作用效果与许多农药一致或相近，从使用的角度来看，既可作为肥料，同时又是一种广谱性的“生物农药”。从机理来看，不会带来抗性问题，也不会对环境造成类似化肥、农药的污染，据推算，每亩可节约农药购买费用和施用支出60元左右。

3. 提高土壤肥力

通过粪污还田，对土壤有机质的改善优于秸秆单独连续还田的效果，连续施用3～4年后，可增加土壤有机质0.06%～0.1%。对土壤有机质含量有了显著改善。

4. 提高单产、改良品质

养殖粪污还田利用，有效提高了农作物的单产，并改善农产品品质。霍山县作为“霍山黄芽”的产地，经高效发酵处理的有机肥施用于茶园，肥料中的养分有利于茶叶的吸收，更加适合茶叶的生长，持续施用3年后效果特别明显，施用沼肥的茶园的茶叶可以大约提前3天上市，对茶树株高增长有一定作用，使茶叶芽头粗壮，叶片光泽厚实，提高了质量。

（三）秸秆还田的成效

1. 缓解大气污染，减少碳排放

通过秸秆还田项目的实施，实现了秸秆焚烧火点控制目标，杜绝了秸秆露天焚烧，霍山县通过各种形式的还田秸秆7.42万吨，减少10.68万吨二氧化碳排放。

2. 提高土壤品质

农作物秸秆中含有大量的有机质、氮、磷、钾和微量元素，通过秸秆还田的实施，提高了土壤肥力和有机质含量，土壤容重减小，透水性、透气性、蓄水保墒能力增强，并可使土壤团粒结构发生改变，保持土壤疏松状态，有效缓解土壤板结问题。

3. 促进有机农业的发展

通过农作物秸秆还田，一方面，可以提高土壤肥力，降低农产品在种植过程中化肥的使用量；另一方面，经过有效的覆盖，可大大减少杂草的生长，降低除草剂的使用量，有利于提高农产品品质，有效促进了有机农业的发展。

四、值得推广的经验

突出群众的主体地位，群众的事由群众自己办、群众全程参与，提高项目实施成效，不做形象工程、无效工程、闲置工程、累赘工程。到目前，所实施的项目全部正常运行，群众满意度高，无弃用报废的现象发生。

（1）在实施人粪尿还田的农村改厕项目中，实施前采取召开座谈会、印发宣传单、集中宣传日、移动宣传车、进村入户等多种方式，宣传厕所革命的意义、政策、效益等，提高农户的知晓率。是否改厕由农户自愿申请，不替群众做主，不搞强迫命令；改厕过程充分尊重群众合理的意愿和要求；充分发动群众全程参与改厕的建设和验收。在改厕模式上继续推广砖砌三格式化粪池，避免了因施工人员操作不当和地质条件不利而造成的质量问题。在改厕方式上采取了群众自建、资金补助到户，镇、村统一组织建设等灵活多样的建设方式，不搞统一模式，进一步提高了农户的认可度和满意度。将施工质量管控作为改厕重中之重的工作，一方面，发动群众全程参与改厕的建设和验收，另一方面，县、乡、村将施工质量督查作为常态化的工作，及时发现问题并立即整改。

（2）在实施畜禽粪污资源化利用整县推进项目中，按照“源头减量、过程控制、末端利用及处理”的总体思路，紧密结合养殖场（户）实际，细化“一场一策”实施内容。并聘请安徽猪小明环境科技有限公司为技术支撑单位。项目在县委农村工作领导小组领导下实施，成立了项目专家组（农业、环保），对全县规模化养殖场的存栏、圈舍现状进行了摸底调查、审核和初步筛选，并对筛选通过的畜禽养殖场进行现场勘验，内容包括养殖场现有的粪污处理设施、平面布局、匹配土地扭转面积等。项目的实施既切合了实际，也保证了成效。

（3）在实施秸秆综合利用工程中，采取“三个自主”原则，保障各项目有效实施、正常运行并持续发挥效益，确保各项目能促进企业发展。一是自主申请原则。在县政府门户网站及时将每年的农作物秸秆综合利用工程奖补政策向社会公开，由秸秆利用市场主体根据实际发展需要，自主申请实施项目。二是自主设计原则。在业主申请的项目符合奖补政策的前提下，由业主根据实际发展需要，以有利于企业发展为前提，在省印发的技术方案允许的范围内，由业主自主选择工艺流程、自主设计建设内容，并通过乡（镇）、村审核，确保所有建设内容都能开工建设，然后再报县主管部门审批。三是自主施工原则。项目批准后，各业主与主管部门签订责任书，由业主严格按批准的建设内容自主实施、监管质量，包括所有设备的采购和设施的建设，强化了建设业主的主体责任、保证了项目建设质量。

五、未来五谷轮回的规划愿景或行动计划

未来，霍山县将持续推进五谷轮回，从新技术、新方法的应用上着手，努力提高轮回的技术含量、提高还田产品的附加值。一是继续实施农村厕所革命。到 2030 年基本消灭传统旱厕，全面推广无害化卫生厕所，实现人粪尿无害处理率 100%、资源化利用率达到 95% 以上；建管并重，建立健全农村改厕后续管护长效机制，采取“政府主导、农户主体、社会参与、市场运作”的运行模式，依托社会化服务机构，充分利用农村生活垃圾治理等管养体系，整合资源，一站多用，建立农村改厕后续管护服务体系，从根本上解决农村改厕后的管理、维修及尾水处理问题，达到“坏了有人修、脏了有人扫、满了有人掏、粪水有处理”的总体目标，全力保障农村改厕成果和实现农村厕所粪资源化利用。二是持续开展畜禽养殖粪污资源化利用。开展畜禽养殖规模场畜禽粪污处理设施设备配套及运行情况检查，开展种养结合试点，提升畜禽液态粪肥还田水平，支持商品有机肥补贴推广、畜禽粪肥质量检测基础设施建设；做好国家整县推进项目总结评估和绩效评估，最大限度发挥资金使用效益；开展畜禽粪肥制作技术和利用技术培训，进一步完善“调度监管 + 技术指导”相结合的项目监管工作机制；鼓励支持中小型养殖场建设粪污处理设施，进一步提高养殖场处理设施配套，确保霍山县畜禽养殖废弃物资源化利用维持在 90% 以上。三是持续推进秸秆产业化

利用。一方面加快农林废弃物热解炭（肥）、气（热）多联产生产线项目建设，该项目引进法国能源科技公司（THRECY）、博顿科技（BIOTOR）技术及设备，利用农作物秸秆、竹制品下脚料等农林废弃物，采用固定床连续低温热解气化碳化工艺，生产生物质炭燃料、炭基肥、竹（木）醋液等产品，工艺过程具有自动化程度高、生产成本低、生产过程清洁、产品质量稳定、可大规模生产等优点，项目建成后每年可处理水稻等农作物秸秆近6万吨，生产4万吨生物质炭基肥、0.8万吨木醋液。项目计划2022年投产运行，如果项目所需要秸秆全部由霍山县提供，加上饲料利用的过腹还田，霍山县农作物秸秆将有80%实现五谷轮回。另一方面，全力构建布局合理的收储体系，提高秸秆离田利用率，实现秸秆高质高效还田，提高还田产品的附加值，提高五谷轮回的效果。

霍山县在农业生产、农村生活废弃物资源化利用中创新工作思路、推广高效技术产品，去莠存优，将废弃物转化为高质高效的肥料还田，构建了一定的产业链，正向五谷轮回的专业化、产业化逐步迈进。